"十二五"江苏省高等学校重点教材

林业工程概论

（第 2 版）

赵　尘　主编

U0199225

中国林业出版社

内 容 简 介

本书的基本内容覆盖林业工程的 3 大专业领域：森林工程、木材科学与工程、林产化学加工工程，包括各领域的基本理论、技术、产品和方法等，涉及了各学科、专业领域的发展历史、现状和前景。

本书的特点有三。一是知识较全面，全方位地涵盖了林业工程、森林工业的基本知识，展示了学科的全貌。二是体系较新颖，把森林工程、木材科学与工程、林产化学加工工程三者有机地结合，具有较强的系统性。三是适应初学者，内容反映一般专业知识，理论通俗易懂。

本教材适用于林业工程的初学者，可作为林业工程类专业低年级学生的专业入门导论教材、非林业工程类专业的"森工概论""林业工程概论"等课程的教材，也可为自学者参考。

图书在版编目（CIP）数据

林业工程概论/赵尘主编. —2 版. —北京：中国林业出版社，2016.6（2024.1 重印）
"十二五"江苏省高等学校重点教材
ISBN 978-7-5038-8627-0

Ⅰ.①林… Ⅱ.①赵… Ⅲ.①林业 – 高等学校 – 教材 Ⅳ.①S7

中国版本图书馆 CIP 数据核字（2016）第 167614 号

"十二五"江苏省高等学校重点教材 编号：2014-1-139

国家林业局生态文明教材及林业高校教材建设项目

中国林业出版社·教育出版分社

策划编辑：吴 卉　　　　　　　　　责任编辑：肖基浒 张 佳
电 话：(010) 83143555　83143561　　　传 真：(010) 83143561

出版发行　中国林业出版社（100009　北京市西城区德内大街刘海胡同 7 号）
　　　　　E-mail: jiaocaipublic@163.com　电话：(010) 83143500
　　　　　网 址：http://www.forestry.gov.cn/lycb.html
经　销　新华书店
印　刷　三河市祥达印刷包装有限公司
版　次　2008 年 1 月第 1 版
　　　　2016 年 6 月第 2 版
印　次　2024 年 1 月第 2 次印刷
开　本　850mm×1168mm　1/16
印　张　21
字　数　498 千字
定　价　58.00 元

未经许可，不得以任何方式复制或抄袭本书之部分或全部内容。

版权所有 侵权必究

《林业工程概论》（第2版）
编写人员

主　编：赵　尘（南京林业大学）

参编人员：（按姓氏笔画排序）

王大明（南京林业大学）

王伟杰（南京林业大学）

左宋林（南京林业大学）

刘志军（河北农业大学）

杜洪双（北华大学）

张力平（北京林业大学）

张正雄（福建农林大学）

张宏健（西南林业大学）

赵　康（南京林业大学）

赵　曜（南京林业大学）

钟黎黎（北京林业大学）

常建民（北京林业大学）

董万才（北京林业大学）

景　宜（南京林业大学）

曾　滔（南京林业大学）

雷亚芳（西北农林科技大学）

前　言

（第2版）

　　《林业工程概论》是中国林业出版社的高等农林院校"十五"规划教材，于2008年首次出版。2014年作为江苏省高等学校重点教材立项，修订后由中国林业出版社出版第2版。本教材初版由南京林业大学主编，参加编写的单位有南京林业大学、北京林业大学、西北农林科技大学、内蒙古农业大学、河北农业大学、福建农林大学、北华大学等高校。此次修订版由南京林业大学主编，参加修订人员来自南京林业大学、北京林业大学、福建农林大学等高校。

　　本教材的基本内容覆盖林业工程的3大专业领域：森林工程、木材科学与工程、林产化学加工工程。主要内容为：森林工程篇包括森林工程案例与热点、森林资源建设与保护工程、森林资源开发利用工程、林区道路与运输工程、森林作业技术与管理、森工经济与管理；木材科学与工程篇包括木材加工概述、制材、木材干燥、人造板生产工艺、人造板表面装饰、木材材质改良、木家具生产工艺；林产化工篇包括林产化学加工工程案例与热点、松香与松节油生产、栲胶生产、植物原料水解工艺、木材热解及活性炭生产、木材制浆与造纸；书后附各专业的认识实习要点。本教材包括各领域的基本理论、技术、产品和方法等，涉及了各学科、专业领域的发展历史、现状和前景。

　　本教材的定位是面向林业工程的初学者：一是林业工程类专业学生作为专业入门导论，二是非林业工程类专业（如林学、农林经济管理等）的概论课。内容上注重知识性、全面性、系统性、启发性、创新性，适当弱化专业性和理论性。形式上注重趣味性、通俗易懂。本教材适用于30~50学时的课程教学。

　　本教材可作为林业工程类专业低年级学生的专业入门导论课教材、非林业工程类专业的"森工概论""林业工程概论"课程教材，也适于自学使用。

　　本教材由南京林业大学赵尘任主编。编写人员及具体分工如下：赵尘编写了第1章至第3章；王大明编写了第4章；赵康编写了第5章、第7章；王伟杰编写了第6章6.1~6.3节；张正雄编写了第6章6.4~6.6节；赵曦编写了第8章；张宏健编写了第9章；董万才编写了第10章；常建民编写了第11章；杜洪双编写了第12

章；刘志军编写了第 13 章、第 14 章；雷亚芳编写了第 15 章；曾滔编写了第 16 章、第 17 章；张力平、钟黎黎编写了第 18 章；左宋林编写了第 19 章、第 20 章；景宜编写了第 21 章。

本书得以顺利完成，感谢中国林业出版社、各参编高校以及各位参编人员的大力支持和精诚合作。

本教材是在林业工程新的内容体系格局下的一次尝试，必定会有众多的商榷之处，诚请各位读者不吝赐教。

赵 尘

2016-05-30 于南京

前 言

（第 1 版）

　　《林业工程概论》是中国林业出版社高等农林院校"十五"规划教材，由南京林业大学赵尘主编。参加编写的单位有南京林业大学、北京林业大学、西北农林科技大学、内蒙古农业大学、河北农业大学、福建农林大学、北华大学共7所高校。

　　本教材的基本内容覆盖林业工程的三大专业领域：森林工程、木材加工工程、林产化学加工工程。本教材的主要内容为：森林工程篇，包括森林资源、森林工程学科专业、森林资源建设与保护工程、森林资源开发利用工程、林区道路与运输工程、森林作业技术与管理、森工市场经济学；木材加工工程篇，包括制材、木材干燥、人造板及其表面装饰、木材改性、木家具；林产化学加工工程篇，包括松香松节油生产、栲胶生产、植物原料水解、木材热解及活性炭生产、木材制浆与造纸。本教材包括各领域的基本理论、技术、产品和方法等，涉及了各学科、专业领域的发展历史、现状和前景。

　　本教材的定位是面向林业工程的初学者：一是林业工程类专业低年级学生作为专业入门导论；二是非林业工程类专业（如林学、农林经济管理等）的概论课。内容上注重知识性、全面性、系统性、启发性、创新性，适当弱化专业性和理论性。形式上注重趣味性，通俗易懂。本教材适用于30～50学时的课程教学。

　　本教材可作为林业工程类专业低年级学生的专业入门导论课教材、非林业工程类专业的"森工概论""林业工程概论"课程教材，也适于自学使用。

　　本教材具体编写工作分工如下：赵尘编写第1章；王大明和周新年合作编写第2章；赵康编写第3章3.1～3.2节和第5章；姜东民编写第3章3.3节；马健霄编写第4章4.1～4.4节；黄新编写第4章4.5节；林涛编写第6章6.1、6.3～6.5节；王大明编写第6章6.2节；张宏健编写第7章；董万才编写第8章；常建民编写第9章；杜洪双编写第10章；刘志军第11章、第12章；雷亚芳编写第13章；曾韬编写第14章；张力平编写第15～18章；姚春丽编写第19章。本书得以顺利完成，感谢中国林业出版社、各参编高校以及各位参编人员的大力支持和精诚合作。

　　本教材是在林业工程新的内容体系格局下的一次尝试，必定会有众多尚待商榷之处，诚请各位读者不吝赐教。

赵 尘

2007-08-30 于南京

目 录

第 2 篇 木材科学与工程

第3篇　林产化工

第1章

林业工程总论

【本章提要】本章给出森林、资源、工程、科学、技术的定义。简要介绍林业工程学科专业的研究内容和专业人才培养要求。介绍林业工程类专业的知识和能力体系、课程体系、专业学习方法以及职业发展方向。

林业工程(forestry engineering)指面向林业行业的工程学科专业领域。林业工程学科在国务院学位委员会、教育部最新颁布的《学位授予和人才培养学科目录(2011年)》中列为工学门类下的一级学科，其下包括3个二级学科：森林工程(forest engineering)、木材科学与技术(wood science and technology)、林产化学加工工程(chemical engineering of forest products)。这3个二级学科在教育部颁布的全国普通高等学校本科专业目录(2012版)中，分别对应为工学学科门类中林业工程专业类下属的森林工程、木材科学与工程、林产化工3个本科专业。

本章首先介绍森林资源、林业工程、科学技术的有关概念，进而阐述林业工程领域和学科专业，介绍林业工程领域的知识体系、课程体系、专业学习内容和方法以及职业前景。为后续各篇、章具体介绍各专业学科的知识提供一个全面的视野。

1.1 关于森林、资源、工程、科学、技术的概念

（1）森林(forest)

森林是由树木为主体所组成的地表生物群落(biome)。自然界生长的森林是地球表面自然历史长期发展的地理景观。森林是陆地生态系统中组成结构最复杂、生物种类最丰富、适应性最强、稳定性最大、功能最完善的生态系统(ecosystem)。联合国粮农组织(FAO)把森林定义为土地被树冠所覆盖(林分郁闭度)的面积大于10%、树高在5m以上、能生产木材、面积大于0.5hm²的林地。这个定义包含了郁闭度标准和面积标准(又称规模标准)2个方面。

一般人都知道"众木为林"，汉《淮南子》一书中，就把"木丛曰林"作为森林的定义。近代日本给森林下的定义为"大地之上，树木丛生之地。其木曰林木，其地曰林地。二者合称谓森林。"

我们把铺盖在地球表面上的众多植物称作"植被"，植被划分为各种类型的植物群落，森林就是植物群落的一种类型，其他植物群落类型还有草原、湿地、荒漠、冻原等。现在一般认为，森林是地球植被类型之一，以乔木为主体，包括灌木、草本植物以及其他生物在内，含有相当大的空间，密集生长，并能显著影响环境的生物群落。森林

与环境是一个对立统一的、不可分割的总体。

在森林里，不光有许多树木即木本植物，还有草本植物、蕨类植物、苔藓植物、藤本植物和菌类植物等，形成了一个千姿百态的生长层。植物下面是土壤，土壤里还有微生物。此外，森林里还有鸟类、兽类、爬行类、两栖类、昆虫类等动物。森林中的所有生物都息息相关，构成了一条完整的生态链。

（2）资源（resource）

按《辞海》（2010 年版）中的解释，资源为一国或一定地区内拥有的物力、财力、人力等物质要素的总称，分为自然资源和社会资源 2 大类。前者如阳光、空气、水、土地、森林、草原、动物、矿藏等；后者包括人力资源、信息资源以及劳动创造的物质财富。

森林资源（forest resources）是自然资源的重要组成部分。按我国 2011 年修订实施的《森林法实施条例》，森林资源包括森林、林木、林地以及依托森林、林木、林地生存的野生动物、植物和微生物。森林，包括乔木林和竹林。林木，包括树木和竹子。林地，包括郁闭度 0.2 以上的乔木林地以及竹林地、灌木林地、疏林地、采伐迹地、火烧迹地、未成林造林地、苗圃地和宜林地。

森林资源是有生命的可更新再生资源，具有多效益、多功能作用。人类只要按森林发展的自然规律，实行科学经营，合理利用，积极保护，有效管理，森林资源的生命力将永不停息，生产力将永不枯竭。随着社会生产力的发展、科学技术和人类文明的进步，森林资源对人类生产、生活以及生存环境的影响愈来愈大。

（3）工程（engineering）

工程是人们将科学技术的原理应用到经济建设和社会发展各部门中去而形成的人工事物的总称，故广义上有人把工程解释为"人工的过程"，以区别于自然的过程。一般把工程定义为人工造物的过程及其产物，如土木建筑工程、水利工程、冶金工程、机电工程、化学工程、海洋工程、生物工程等。工程学科是应用数学、物理学、化学、生物学等基础科学的原理，结合在科学实验及生产实践中所积累的技术、经验而发展出来的，主要内容包括工程基地的勘测、设计、施工，原材料的选择研究，设备和产品的设计制造，工艺和施工方法的研究等。

工程是应用科学知识使自然资源最佳地为人类服务的一种专门技术（《简明大英百科全书》）；但工程并不等于技术，它还受到政治、经济、法律、美学等非技术因素的影响。工程是利用和改造自然的实践过程，技术存在于工程之中。

工程的完整概念是运用科学原理、技术手段、实践经验，利用和改造自然，生产开发对社会有用产品和实践活动的总称。

（4）科学（science）

指关于事物的基本原理和事实的有组织有系统的知识。科学的任务是研究关于事物和事实（自然界和社会）的本质和机理，以及探索它们发展的客观规律。其中，基础科学（basic science）如数学、物理、化学、地学、生物学等，其任务是研究自然界最基本的客观规律。技术科学（technological science），如固体力学、流体力学、机械学、电工学、电子学等，则是研究相邻几门技术或工程方面共同性的自然规律。

（5）技术（technology，technique）

指根据生产实践经验和自然科学原理而发展成的各种生产工艺、作业方法、操作技能、设备装置的总称。技术的英文名词有 2 个：technology 和 technique。Technology 指技术学，是一种学术，有它的理论基础，也有实用技术；technique 指单纯经验性的技术。技术的任务是利用和改造自然，以其生产的产品为人类服务。其中工程技术有土木、机械、机电、电讯、化工、计算机等；农业技术有种植、畜牧、造林、园艺等。

简言之，科学旨在发现知识，探索事物的规律性，也即"认识世界"；技术旨在应用知识解决实践问题，也即"利用自然，改造自然"。

林业工程则是依据对林业发展规律的认识，利用和改造森林，开发对人类社会有用的产品和服务的生产活动和工程技术。这种产品可以是木材、竹材、药材、食材、人造板、家具、林化产品、纸浆、纸品等，也可以是林区土建工程、景观工程、防沙工程、水土保持工程等工程建筑物，还可以是森林游憩、物流运输等服务项目。林业工程与森林资源、科学技术之间的关系如图 1-1 所示，图中左右两侧为林业工程的资源与环境，中间由下往上为科学、技术对林业工程的层层支撑。

	林业工程：产　品——木材、竹材、人造板、家具、松香、栲胶、纸浆、纸品……	森林资源：
	建筑物——道路、桥梁、木建筑、堤坝、河道、港口……	
	服　务——景观旅游、产品营销、交通运输、物流……	
自然界	农业技术：种植、造林、园艺、畜牧……	林地
社　会	工程技术：土木、机械、材料、化工、电工、电子、运输、环境……	林木 植被
	技术科学：工程力学、测量学、制图学、机械学、电子学、材料学……	微生物 ……
	基础科学：数学、物理学、化学、生物学、地质学……	

图 1-1　林业工程与森林资源、科学、技术的关系

1.2　林业工程概述

如前所述，林业工程是运用对林业发展规律的认识，利用和改造森林，开发、设计、加工、制造、提供对人类社会有用的林产品、制品以及服务的生产活动和工程技术。

林业工程是伴随人类发展进程最具历史渊源的工程技术之一，是我国国民经济和生态环境建设的基础产业工程，具有与其他行业不同的特点与功能。林业工程通过开发和利用森林资源，产生直接和间接的经济效益、社会效益和生态效益，在我国生态建设、生态安全与生态文明中发挥着重要作用。通过森林抚育经营与生态采伐、林业机械与装备自动化、林产品开发与利用、木制品加工、人造板制造与应用、农林生物质复合材料

的研制与生产、家具制造、生物质化工材料与化学品及生物质能源的开发与利用等，为我国国民经济、生态环境、社会发展等做出了巨大的贡献。

林业工程的主干学科包括森林工程、木材科学与技术、林产化学加工工程等。林业工程是在多学科交叉融合的基础上发展起来的，学科涉及面广，包括林学、生物学、化学、物理学、机械工程、控制科学与工程、化学工程与技术、设计学、美学、材料科学、土木工程、管理学、计算机科学与技术等。作为一个综合性的传统学科，林业工程学科近年来取得了新的发展，逐渐形成以林业工程建设一体化、连续性和集成性为优势，生物质资源培育、加工利用和环境工程等多学科交叉融合的可持续发展模式。

林业工程的研究内容涵盖了森林抚育、森林作业、林区道路工程与物流工程、林业装备工程、森工产品及剩余物利用、林业工程管理与林业信息工程、木制品加工、木材等森林资源的生物形成、木材生态学属性与环境学特性、功能性木材及复合材料制造、林产资源的化学利用、生物质能源与生物基材料、制浆造纸工程、家具设计制造、林业资源保护、智慧林业与敏捷生产等工程技术领域。随着生物科学、材料科学、纳米技术、信息技术、电子技术和自动化技术的高速发展与渗透，学科的研究范畴也在不断拓展，不断向更高层次的理论与应用技术方向发展。根据今后国民经济和社会发展的科技需求，林业工程学科将重点开展用材林精细化经营、林木生态采伐、木材的生物形成与材性改良、木材低碳加工与环境效应、生物质基复合材料制造、精细林产化学品制备、低碳环保家具制造、生物质能源、林产品物流一体化、先进林业装备及信息控制等技术的研究，进一步完善林业资源利用高效化、产品属性生态化、加工技术自动化的理论与技术。

林业工程类专业具有基础性强、应用面宽、知识更新快的特点。培养的学生除了掌握较系统扎实的专业基础知识、基本理论和基本技能之外，还应具备较全面的人文素质，具有较强的辩证意识和发展理念，富有创新意识和实践能力，具有学科和行业适用面宽、工作能力强的特点。

林业工程专业人才在业务上应达到以下要求：

①系统地掌握林业工程基础知识、基本理论和专业知识。

②熟练地掌握林业工程实践的基本技能。

③了解林业工程的发展历史、学科前沿和发展趋势；认识林业工程在社会经济发展中的重要地位与作用。

④初步掌握林业工程研究的基本方法和手段，初步具备发现、提出、分析和解决林业工程相关问题的能力。

⑤具有高度的安全意识、环保意识和可持续发展理念。

⑥掌握必要的信息技术，能够获取、加工和应用林业工程及相关领域的信息。

⑦具有较强的学习、表达、交流和协调能力及团队合作精神；具有一定的创新意识和批判性思维；初步具备自主学习、自我发展的能力，能够适应科学技术和经济社会的发展需要。

1.3　林业工程知识和课程体系

1.3.1　林业工程的知识构成

林业工程的知识可分为通识类知识、基础知识和专业知识 3 类。

（1）通识类知识

包括人文和社会科学、外国语、计算机与信息技术、体育和艺术等方面的知识。

（2）基础知识

主要包括数学、物理学、化学和工程图学。数学主要包括微积分、常微分方程等基础知识。物理学主要包括力学、热学、光学、电磁学等基础知识。化学主要包括有机化学和无机化学。工程图学主要包括制图基本知识和基本技能、投影法、投影面体系、简单立体三视图、换面法、平面立体和回转体、组合体、轴测图、标准结构和零件图等。

（3）专业核心知识领域

①森林工程　森林资源合理开发与利用；林区规划理论与作业技术；林业机械设计理论与方法、设备自动控制理论与方法；林区道路的勘测设计、施工组织与管理等。

②木材科学与工程　木材的形成、构造与性质；木材干燥的理论、工艺与设备；胶接原理、胶黏剂与涂料的制备及应用；人造板制造原理与生产工艺；木制品设计原理与生产工艺；木材加工装备等。

③林产化工　植物资源基本组成与结构；植物提取物的分离、分析、转化与应用；生物质能源转化；生物质材料与化学品；植物资源化学化工实验的基本技能和方法；常用仪器设备的原理与应用；植物资源化学及生物转化综合利用信息的获取、处理和表达等。

（4）专业知识

①森林工程　林业生产规划与伐区规划设计，森林抚育技术，森林多种经营规划，森林作业与环境，木材生产规划，木材生产工艺与技术，木材生产管理，采伐剩余物收集与利用等；森林抚育机械、木材采伐机械、集材机械、造材机械、削片与剥皮机械设计与应用，工程机械和起重运输机械的结构、原理及应用，森工装备的电气控制技术，林业机械与装备自动化、信息化与智能化等；道路规划设计与勘测，道路选线与定线，路基与路面工程，道路施工与维护，工程材料等。

②木材科学与工程　木材的宏观与显微构造，木材的识别，木材的物理、化学和力学性质，木材的环境学特性，木材保护与利用；木材干燥理论，木材干燥设备的结构和原理，木材干燥工艺技术；胶接理论与接头破坏，木材胶黏剂的合成原理、合成工艺，影响胶黏剂质量因素及其改性方法；涂料的性质、组成及其应用技术；人造板的制造原理、结构与性能、生产工艺及车间设计；木制品的结构、设计、生产工艺及其应用；木工机械与人造板机械的结构、工作原理、加工特性及使用等。

③林产化工　植物纤维原料的细胞壁组成；纤维素的物理形态及化学结构、分析方法、性能及其改性方法；半纤维素的化学结构、分析方法、化学性质及其应用途径；木

质素的组成单元、分离分析方法与理化性质；植物纤维原料微生物转化利用基本原理与方法；重要天然产物的组成结构、理化性质及其提取、分离与鉴定；天然产物精细有机合成的原理及其技术方法；树木提取物性质及其利用；生物质水解；生物质炭化、干馏、气化和液化；活性炭的制备原理、方法、结构性能及其应用等。

林业工程类专业的知识体系和知识领域见表 1-1。

表 1-1　林业工程类专业的知识体系和知识领域

序号	知识体系	知识领域
1	工具性知识	外国语、计算机应用、信息技术基础
2	人文社会科学知识	政治、历史、法律、伦理学、心理学、管理学、体育、艺术
3	自然科学知识	工程数学、物理学、化学、地质学、环境学、生态学、工程图学、工程力学
4	专业知识	(1)森林工程：工程材料、工程结构、工程经济、工程管理、工程测量、机械学、机械设计、机械制造、工程设计原理、工程施工、采运工程、木材生产规划设计、森工机械与装备、道路工程、桥梁工程、运输工程、岩土工程、专业技术相关基础 (2)木材科学与工程：工程材料、机械学、机械设计、电工及电子技术、热工理论、木材学、木材干燥、木材保护、木材胶黏剂与涂料、制材学、人造板生产工艺、木材切削原理与刀具、木材加工机械、建筑木制品结构、木制品生产工艺、专业技术相关基础 (3)林产化工：有机化学、物理化学、生物化学、植物化学、化工原理、天然产物化学、林产化工工艺学、精细化学品生产工艺、专业技术相关基础

1.3.2　林业工程的专业技能

工程是理论和实践相结合的产物。林业工程的专业实践技能是将所学理论和知识在实践中综合应用的能力。

(1)森林工程专业实践技能

森林工程专业各培养方向的具体专业技能包括：林区踏查、木材生产规划、伐区规划设计、采伐运输作业、木材加工操作、生产组织管理等；金属加工操作、机械设计、机械制造、机械操作等；工程制图、工程测量、工程材料与结构试验、道路勘测设计、工程结构设计等。

(2)木材科学与工程专业实践技能

木材的宏观与显微构造、木材识别、木材的力学性质；木材干燥室技术性能测试、木材干燥工艺实验；胶黏剂的合成、胶黏剂性能测定；人造板制造实验、板材物理力学性能实验；原木特性识别、锯材的质量评等、计算机设计下锯图等。

(3)林产化工专业实践技能

化学化工实验安全知识；化学化工实验基本操作；现代仪器分析方法在本领域的应用；天然产物基本物理量测定；植物资源化学成分分离与分析；生物质微生物转化与利用；天然产物提取、分离、表征鉴定；天然产物的化学转化、修饰及表征；生物质炭化、干馏、气化和液化；活性炭的吸附性能及分析等。

1.3.3　林业工程专业类的课程体系

上述的专业知识和专业技能的教学都体现在具体的课程体系中，以便学生逐步建构、形成专业的知识、素质和能力一体化的结构。

（1）核心课程体系

核心课程体系是实现专业人才培养目标的关键。森林工程专业有森工规划设计、木材生产技术与管理、森工机械与装备、林区道路工程等；木材科学与工程专业有木材学、木材干燥学、胶黏剂与涂料、木材加工装备等；林产化工专业开设化工原理、植物纤维化学、生物化工基础、天然产物化学、林产化学工艺学等。

（2）课程体系结构

对应于前述的通识类知识、基础知识、专业知识和专业技能，林业工程类专业分别设置了通识类课程、专业基础课程、专业课程和实践教学课程，见表1-2。

表 1-2　林业工程类专业的课程体系结构

教学类型	课程类型	主要课程
理论课程	通识类课程	政治课、外语、体育、计算机及信息技术基础
	专业基础课程	(1)自然科学基础：数学、物理学、化学、林学、环境学等 (2)人文社会科学基础：法学、历史学、哲学等 (3)工程技术基础：工程制图、工程力学、工程材料等 (4)管理科学基础：技术经济学、工程管理学、工程运筹学等
	专业课程	(1)森林工程专业： 木材生产技术与管理、森工规划设计；机械原理、机械设计、森工机械与装备、工程机械；道路网规划、道路勘测设计、路基路面工程、桥梁工程、道路施工技术；工程经济、工程项目管理、工程测量、运输工程等 (2)木材科学与工程专业： 机械原理、机械设计、电工及电子技术、热工理论、木材学、木材干燥、木材保护、木材胶黏剂与涂料、制材学、人造板生产工艺、木材切削原理与刀具、木材加工机械、建筑木制品结构、木制品生产工艺等 (3)林产化工专业： 有机化学、物理化学、生物化学、植物化学、化工原理、天然产物化学、林产化学工艺学、精细化学品生产工艺等
实践性教学课程	各科实验	物理、电工电子、力学、材料、机械、化学化工、采运、土木等课程
	课程设计	(1)森林工程专业：道路工程、桥梁工程、木材生产规划设计、施工组织设计、森工机械与装备等 (2)木材科学与工程专业：机械设计、木材加工工艺、人造板工艺、木材切削、木制品工艺等 (3)林产化工专业：化工原理、化工综合设计等
	教学实习	专业认识实习、生产实习、工程测量、工程制图、金工实习、化工操作等
	毕业设计(论文)	

按照本专业必须掌握的知识和可选择掌握的知识划分，所有课程可分为必修课和选修课 2 大类。必修课反映了本专业的核心课程体系，包含了今后从事本专业工作必须了解或掌握的核心关键知识内容。如森林工程专业的木材生产技术与管理、林区道路工程等，依专业方向的不同而定。

选修课是为了满足学生知识结构和能力多样化的需要而设立的。工科专业可面向学生个人的兴趣和发展以及社会对多样化人才的需要，培养研究型、应用型、复合型、创新型、创业型、技术型、管理型等多口径多类型特色人才。选修课即服务于多样化特色人才的培养。

（3）实践性教学环节

林业工程类专业的实践技能培养主要体现在各门课程内设置的实验室实验以及现场参观考察和集中性实践教学环节 2 个方面。各门课程根据教学内容的要求，可结合课上的理论教学，设置若干实验室实验项目或现场参观项目，进行现场观摩、实际演示、动手操作等，旨在帮助学生理解理论知识、培养实践操作技能、了解工程实际。实验室实验项目可分为教学演示性、自主设计性和研究探索性等实验类型。

集中性实践教学环节则分为专业类实验、课程设计、工程现场实习、毕业论文或毕业设计等形式。每次集中性实践教学环节一般集中在一到若干周内进行，比如外语实训、物理实验、工程制图实训、工程材料实验、木材生产规划设计、道路工程设计、工程结构设计、桥梁工程设计、施工组织设计、机械设计、木材加工工艺、人造板工艺、木制品工艺、化工设计、专业认识实习、生产实习、工程测量实习、金工实习、化工操作、毕业实习、毕业设计、毕业论文等。

为了拓展学生的实践技能，一般还设置了社会实践、大学生创新创业训练、科研训练、工程训练等。

1.4 林业工程专业学习和职业

1.4.1 林业工程类专业的学习方法

大学的专业教育有别于普通中学的教学内容和教学模式，因而应转换学习方式和方法。

每个学期或学年前，按照学校制定的专业人才培养方案（也称教学计划），校方安排教师承担具体的课堂教学、实验指导或集中性实践教学的任务，学生可以在一定范围内选择选修课。学生应通过课程简介、教师咨询等导学渠道自主制订课程选修计划，选择自己的专业兴趣和发展路径。

（1）理论课程的学习

教师开设的理论教学课程，一般在第 1 节课就会简要介绍本门课程的教学目的和要求、主要教学内容、学分、学时安排、考核方式、教材和教学参考书籍等。课内的教学方法和手段多种多样，包括讲授、板书、阐述、推导、举例、提问、讨论、测验、多媒体演示、解题、答疑等，目的是让学生快速、高效、扎实地理解和掌握相应的理论知识。为了提高课堂学习效率，学生应事先预习课程内容，在课堂上紧跟教师的讲解进度，理解教师讲授的思路、重点、难点和主要结论，参与课堂讨论。课后及时复习，完成相应的文献阅读、习题练习、各种作业、思考质疑、交流总结、知识扩展等学习任务，为下一次课做好准备。

每门课程的内容都是一个有机的整体，课程之间还有着紧密的联系。应注重课内的知识概括和综合，注意课程之间的比较、交叉和联系，从知识点、知识单元到知识链，构建自己完整的专业知识结构。还要通过批判性思维，反思所学内容，自觉提出和分析新问题，将逻辑思维、形象思维、发散思维相结合，激发创新意识，培养创新能力。提倡主动式、探索性学习，扩大知识面，锻炼思维能力；避免传统的被动式接受、死记硬背和思维定式。

（2）实践性环节的学习

课堂教学适合于理论知识的传授和构建，如工程科学和数学等内容。而专业实践经验知识就需要在实验、实习等环节中通过现场参观、考察、实际操作、工程实践等方式来掌握。通过实验室实物演示和自己动手操作实验，还能使学生具体形象地了解和掌握课堂上介绍的理论知识。实践教学环节也需要事先预习和事后复习，以充分发挥有限的实验室实验或现场参观考察的空间和时间效益。一般在每次实验、实习之前要很好地复习相应的课程内容，预习实验、实习指导书，做到事先心中有数。在实验过程中了解具体的实验方法，正确使用实验仪器设备，初步掌握实验技能。每次实验、实习后，应认真回顾实验实习过程，总结分析实验实习内容，完成相应的实验、实习报告或实验、实习习题。实验、实习报告要阐述实验、实习的目的、方法、具体内容和结果，反映实验、实习的全过程。

专业的课程设计如木材生产规划设计、道路工程设计、工程结构设计、桥梁工程设计、施工组织设计、机械设计、木材加工工艺、人造板工艺、木制品工艺、化工设计等环节，也要按照设计指导书的要求，在一定期限内独立完成具体的设计任务，从而培养工程设计的能力。

毕业设计或毕业论文是工科学生的最后一个专业学习环节，一般安排在最后一个学期进行，期限为一个学期或大半个学期，旨在培养学生的工程能力和创新能力。毕业设计（论文）要求学生综合应用所学的理论、知识和技能，分析和解决工程实际问题，并通过学习、研究和实践，使理论深化、知识拓宽、专业技能延伸。在毕业设计中，针对具体设计任务，调研和整理设计资料，采用有关工程设计程序、方法和技术规范，进行工程设计计算、理论分析、图表绘制、技术文件编写等，完成设计成果。在毕业论文工作中，针对具体工程问题开展研究，运用实验、测试、数据分析、理论推导等研究技能，分析和解决工程问题，提出具体见解，推出研究成果，撰写毕业论文。毕业设计（论文）通过答辩，最终使学生形成从事科学研究工作或承担专门技术工作的初步能力，具备正确的设计思想和科研意识、严肃认真的科学态度、严谨的工作作风以及团队合作和与人交流的能力。

俗话说，教无定法，但要得法，要因材施教。同样，学无定法，但要得法。每个同学的兴趣爱好、知识基础、经历阅历、性格习惯、志向追求都不会完全一样，学习方法也不尽相同。关键是要找到适合自己的高效学习模式，培养学习兴趣，形成良好的学习习惯，就能把本专业的知识和能力掌握好，有利于今后的长远发展。

1.4.2　林业工程类职业方向

新时期各高校的办学定位和人才培养目标多样化，以适应社会对多样化人才的需要，满足学生多样化需求。学生根据个人兴趣和特长、适应社会需求，自主择业，探索自身的职业方向和发展路径。以下给出林业工程类各专业的一般就业方向。

（1）森林工程专业

森林工程专业属于工科专业，主要面向林业、机械与交通等部门的企事业单位、科研院所等。毕业生除了需要较系统地掌握森林工程的基础知识、基本理论和基本技能外，还应具有现代信息获取与分析基本技能，了解森林工程学科前沿知识，具有较强的自学能力、创新能力、专业综合实践能力、设计能力、工程应用能力以及组织协调能力，能够在林业及相关行业企事业单位从事森林工程等方面的木材生产技术与组织管理、林区道路与桥梁、森工机械与装备设计与运用、林业信息监测与管理、林产品开发与检测、森工物流与包装等方面工作。

（2）木材科学与工程专业

木材科学与工程专业属于工科专业，主要面向木材工业、生物质复合材料、家具制造业、建筑装饰装修、木制品经营与贸易、产品质量控制与检验等领域的企业、设计院和科研院所。毕业生除了应较系统地掌握木材及木质复合材料的生产技术与性能、家具及相关木制品加工等方面的基础理论与专业知识外，还应了解木材科学与工程相关领域的现代信息，具有较强的专业综合实践能力、创新能力、设计能力与工程应用能力，能够胜任木材加工和生物质复合材料制造、材料设计、家具设计制造、工程设计、工艺与设备控制、新产品开发、企业经营管理、木制品检验、经营与贸易等方面的工作。

（3）林产化工专业

林产化工专业属于工科专业，为林业工程与化学工程的交叉学科，主要面向森林采伐与农林机械加工剩余物、森林植物化学资源等生物质资源的化学、生物加工和产业应用。毕业生应较系统地掌握化学、化工或生物化工和植物资源化学的基本知识、基本理论和基本技能的基础，具备植物生物质资源化学加工或生物化学加工的基本原理、生产方法、工程设计等方面的知识与技能，具有较强的创新能力、研发能力和设计生产能力，适应未来开展相关研究、开发和指导工业生产的需要，能够胜任生物质能源、生物质材料及化学品的研究与开发、工程技术服务、生产、经营、技术管理等工作。

复习思考题

1. 举例说明林业工程领域内属于科学的问题、属于技术的内容、属于工程的现象。
2. 如何向其他专业的同学描述林业工程类专业？
3. 从林业工程的学习内容出发，如何规划自己的职业生涯发展？
4. 从林业工程的学习方法上看，你应如何安排今后的大学学习和生活？

5. 你个人的知识、能力和学习有何特点？如何扬长避短、取长补短？
6. 你认为大学阶段的学习与中学阶段有何不同？

本章推荐阅读文献

1. 陈祥伟，胡海波主编. 林学概论. 北京：中国林业出版社，2010.
2. 宋敦福主编. 现代林业概论（第 2 版）. 北京：科学出版社，2013.
3. 袁翱主编. 土木工程类专业认识实习指导书. 成都：西南交通大学出版社，2014.
4. 姚立根，王学文主编. 工程导论. 北京：电子工业出版社，2012.
5. 赵希文主编. 大学生学习方法导论. 杭州：浙江大学出版社，2015.

第1篇
森林工程

森林工程（forest engineering）指面向森林的工程学科专业领域，泛指在森林区域内与森林资源相关的采运工程、土木工程、机械运用工程、交通运输工程和管理工程。

在我国长期的森林开发利用实践中，通常将森林工程、森林工业（forest industry）均简称为"森工"。本教材所称森工主要指森林工程，与学科和专业分类相一致。

森林工程学科以林学学科为先导，以木材加工和林产化工为后继学科。因此，在林业生产过程中处于一个"承前启后"的地位，即林业生态体系和林业产业体系的结合部和交汇点。

本篇为森林工程篇，首先介绍森林工程的典型案例和工程研究前沿热点，以反映森林工程的现状和发展趋势；然后介绍中国和世界的森林资源，以及森林工程的概貌；进而分别介绍森林工程的3个主要工程领域：森林资源建设与保护工程、森林资源开发与利用工程、林区道路与运输工程；最后介绍森林作业技术、森工经济与管理。

第2章

森林工程案例与热点

【**本章提要**】本章阐述森林工程项目的典型流程，介绍 3 个代表性的采伐作业和林区道路建设项目案例，以便森林工程初学者了解本专业具体的工作内容、方法和特点，引导学生的后续学习。介绍森林工程领域的前沿热点，包括生态采运技术、森林作业机械化技术、森工人机工效技术、森工信息技术、森工生态学研究等，以扩展读者的视野，形成对本学科专业发展的前瞻性了解。

森林工程的作业对象是森林及其资源，森林、森林资源和森林环境的特性决定了森林工程较一般工程领域有着独特之处。我们从一些森林工程项目案例可以窥视到森林工程的内容、方法和特点，从当前森林工程的研究热点可了解今后的发展方向。

2.1 森林工程案例

2.1.1 森林工程项目活动

森林工程分为森林资源建设与保护工程、森林资源开发与利用工程、林区道路与运输工程 3 大类。具体的工程项目包括森林营造、森林抚育、森林采运、森林景观利用、道路建设、道路养护、道路运输等。

图 2-1 为木材采运工程的典型生产流程；图 2-2 为林区道路工程的典型建设流程。

清林 → 伐木 → 打枝、造材 → 集材 → 归装 → 运材

图 2-1 采运工程的典型生产流程

道路布线 → 桥涵施工 → 路基施工 → 路面施工 → 道路营运、养护

图 2-2 林区道路工程的典型建设流程

为了完成好相应的木材采运生产或道路工程建设任务，必须针对具体项目进行仔细的勘查、设计、实施和检测等环节的工作，其概要流程如图 2-3 所示。

勘查 → 选择策划方案 → 设计 → 实施(执行) → 竣工、验收 → 维护及保养

图 2-3 森林工程建设概要流程

在开展一项木材采运工程具体项目之初，工程师要进行资源调查和伐区现场踏勘，区划伐区；然后设计伐区生产工艺流程，选择伐区生产作业方式和机械类型，安排伐区工程布局，设计组织机构及作业体系，并核算伐区生产阶段成本，最后形成伐区规划设计方案。这些调查、设计成果都要以图纸和设计书的形式表示出来，以便各方执行、实施。因此，工程图纸也称为"工程师的语言"。在此基础上才能实施具体的生产和作业，在完工后进行验收和后续维护。

同样，林区道路工程也需要经历线路踏查、场地测绘、道路选线、布线、路基路面以及桥涵的设计、施工组织设计等工前准备。然后进行具体施工，完工后按要求通过竣工验收，才能开放交通，供运输使用。

2.1.2 森林工程项目案例

【例2.1】 南方林区木材采运工程设计案例

1. 企业概况

某国有林业采育场位于 JH 县境内，该林业采育场始建于 1954 年，是一家集森工营林为一体的综合性林业单位；由 DL 山、GP 山和 YT 山 3 大片组成。

（1）地理位置

属南岭山脉萌渚岭中低地貌，最高海拔 1 703m，最低海拔 227m，大部分林地海拔在 500~800m 之间，坡度在 25°~35°之间，系湘江支流潇水源头。

（2）自然地貌

该国有林业采育场地域气候属亚热带季风区，年平均气温 17.8℃，年平均降水量 1 512mm，年平均无霜期 308d，属中亚热带阔叶林地带的湘南山地丘陵植被区。

该国有林业采育场地貌主要成土母岩的分布规律是 DL 山以砂岩为主，GP 山以花岗岩为主，YT 山以板贝岩为主。土壤以山地黄壤、红壤为主。

（3）资源概述

● 物种分布

该国有林业采育场境内森林资源丰富，物种多样。据考察共有草本植物 500 多种，有国家和省级保护的珍稀动植物娃娃鱼、穿山甲、白鹇、獐和银杏、华南五针松、南方红豆杉、篦子三尖杉等 50 多种。

该林业采育场主要产品有杉木、松木、木荷、苦竹、松脂、杉木良种、木材制品和名贵中药材等，其中杉木素以"树干笔直、径大通梢、质韧耐腐"而名闻天下。

● 经济资源

该国有林业采育场总面积 $3.35 \times 10^4 hm^2$，其中国有经营面积 $2.21 \times 10^4 hm^2$，有林地面积 $2.02 \times 10^4 hm^2$，划定为生态公益林 $1.26 \times 10^4 hm^2$；集体山林土地面积 $1.14 \times 10^4 hm^2$，划定为生态公益林 $0.41 \times 10^4 hm^2$。该林场森林蓄积量 $228.63 \times 10^4 m^3$，森林覆盖率 90.3%，林木及固定资产近 5 亿元。

该林业采育场林分类型以杉、松人工林为主，天然林亦占有较大比例，林场分类属以保护为主的生态公益型林场。

该场总人口 7 910 人，其中在职职工 2 295 人，离退休职工 1 837 人，村民 3 778 人。

2014 年完成国有育苗 1.5hm²，造林 174.6hm²，抚育 1 315.6hm²，林场经济总收入 6 100 万元。

2. 采伐工程项目概况

（1）伐区概况

该伐区位于 WH 村 XDF 组，小地名大岭，林分为杉木人工纯林，海拔 580~650m，坡度 26°。采伐小班面积 0.8hm²，1987 年实生苗造林，树龄 28a，林种为一般用材林。林分郁闭度 0.8，平均胸径 15.7cm，平均高 11m，每公顷株数 2 040 株，林木分布不均匀，每公顷蓄积量 232.5m³，小班蓄积 186m³。

（2）采伐作业设计

鉴于采伐小班面积较小，林分已经达到成熟阶段，设计采伐类型为主伐，采伐方式为皆伐，采伐面积 0.8hm²，采伐蓄积量 186m³，商品材出材量 118m³。

采伐时间：2015 年 11~12 月，自取得采伐许可证之日起一个月内完成采伐，采伐结束后及时集运归堆，由林业站进行伐区验收。

（3）更新设计

由于该小班原为实生苗造林，林木分布不均，设计更新方式为人工促进天然更新，以伐根萌发杉木为主，在无伐根地块栽植杉木实生壮苗，更新面积 0.8hm²，密度 3 000 株/hm²。更新时间为 2016 年。

（4）附表

• 标准地调查表（表 2-1）。

• 林木采伐作业设计表（表 2-2）。

表 2-1 标准地调查表

小地名：__大岭__ 　林班：____ 　小班：____ 　海拔：__620m__ 　坡向：__北__

坡　度：26° 　部位：__上__ 　　　　标准地面积：____0.5____ 亩

实测林分因子

树种	平均年龄	平均胸径（cm）	平均树高（m）	疏密度	标准地				每亩	
					实测株数	理论株数	断面积（m²）	蓄积量（m³）	断面积（m²）	蓄积量（m³）
杉木	28	15.7	11.0	0.7	68		1.314 5	7.8	2.629 0	15.5

（以下略）

表2-2　林木采伐作业设计表

林场(采育场)、乡镇名称：＿＿＿＿＿(公章)　　　　　　　　　　　　单位：亩、株、立方米、%

作业区名称、林班号、小班号、小地名	采伐林分标准地调查情况	采伐作业设计	消耗结构	更新设计
	树种(树种组)、起源、树龄、郁闭度、平均胸径、平均树高、每亩株数、每亩年生长量、每亩蓄积	林种、权属、林权证号、采伐类型、采伐方式、采伐强度、采伐面积、采伐株数、采伐蓄积	采伐面积、商品材出材量、自用材采伐蓄积、烧材采伐蓄积	更新方式、更新时间、更新树种、更新面积、更新株数
1－4栏	5－13栏	14－22栏	23－26栏	27－31栏

(以下略)

【例2.2】　东北林区某林场商品林采伐作业设计案例

1. 作业设计概况

按照本林场森林资源现状，根据对公路两侧森林的防风固沙和提供较好的森林景观的需求，由抚育伐工段组成森调队，对森林进行现地踏查，确定4、5林班为今年伐区，并按照省《森林采伐更新技术规程》和《省地方标准立木材积表》进行计算，于2012年2月1日至2012年2月5日完成了外业调查和内业设计工作。

总设计面积39.2hm²，总砍伐蓄积2 119m³，总出材970m³；共计2个林班，4个小班。

2. 作业区概况

(1)作业区自然概况

作业区位于小冲公路西侧，这部分森林具有较高的防风固沙和提供较好的森林景观的功能，兼有释氧、固碳、吸附尘埃、调节气候、涵养水源等功能。林分类型为天然软阔叶混交林，以成熟林为主，林分密度不大，病枯木以及生长不良的非目的树种较多，严重影响着高景观价值的乔木、亚乔木和有经济价值、景观价值的灌木的正常生长。

(2)作业区概况

4、5林班位于小冲公路西侧，暨有天然林也有人工林，其中有的林班内的林木长势一般，林龄为成熟林，林分密度较小，平均直径在15cm左右，平均树高为15m左右，通风、透光性不好，这些林班地势平坦，坡度不大，平均坡度5°左右，交通方便，便于作业。

3. 林相情况

5林班的2、4作业小班，林木起源为萌生，林分类型为软阔叶混交林，郁闭度为0.6，平均年龄在48a，平均直径15cm，平均树高为16.5m，公顷株数530～596株，公顷蓄积52.9～53.6m³，林分密度较小，中小径木少，林分大部分树木已成熟且长势不良，干形不好，影响其他树木的生长，林内下木以榛材、山丁子为主，卫生状况极差，林内幼树分布均匀，天然更新能力差。

4林班的12、14作业小班基本同上，郁闭度为0.6，平均年龄在50a，平均直径15.5cm，平均树高为16m，公顷株数460～503株，公顷蓄积53.4～56.3m³。

4. 林分因子调查

包括作业小班区划、面积求算、全林每木调查、标准地选设、林分因子调查（株数、蓄积量、平均胸径、平均树高、树种组成、林分年龄、林分郁闭度、下木调查、地被物调查、土壤调查）。

5. 经营措施确定

针对 4 林班 12、14 作业小班和 5 林班 2、4 作业小班的林分情况，采用皆伐的方式进行经营，伐后及时更新树种落叶松。

6. 伐区工艺设计

(1)集材道设计

根据本作业区的地势特点，尽量利用现有的林间小路作为集材道。

(2)山楞场设计

根据本作业区的地势、交通条件、现有的集运设备和当地的集运经验，因地制宜地确定楞场。

(3)运材道设计

主要利用林间大车道和公路作为运材道。

(4)劳力、畜力设计

各道生产工序所需的劳力、畜力均由林场内职工和外委工来完成。

(5)机具、设备设计

各道生产工序所需机具和物资均由林场先行垫付购置提供。

7. 成本概算及经济效益

(1)伐区作业总成本

依据林业局核定给林场的生产成本，伐区作业总成本为 14.69 万元，单位成本 151.00 元/m³。

(2)间接管理费

即辅助生产费为 4.8 万元，单位成本 50.00 元/m³。

(3)经济效益

依据上年度林业局木材价格表计算，总产值为 48.5 万元。可赢利 29.01 万元。

8. 作业要求

(1)时间要求

采伐各道工序均在 2012 年 4 月中旬完成，集材在 2012 年 4 月末前完成。

(2)技术要求

采伐生产和更新造林的每道工序都必须严格按照《DB23T/1444 - 2011 森林采伐更新技术规程》及《森林法》执行。

(3)质量要求

作业质量执行上级的抚育伐质量验收标准。

(4)安全要求

严格执行《安全技术操作规程》。

（5）环保要求

要按照《环境保护法》的要求，严格树立环境保护意识，采取积极的措施，对作业生产期间所产生的一切生产、生活垃圾要及时清理干净。

9. 保障措施

加强领导，强化管理，推广新经验，科学经营。本设计未经批准，不得施工。

10. 附表、附图（略）

【例 2.3】　林区道路工程案例

1. 工程概况

该工程为××林区道路（公路）建设项目，建设业主为某中德合作造林项目办公室，建设地点在××区龙塘村五社。主要工程量为新建林区公路 2.0km，路面宽度为 4m，路面类型为泥结碎石路面，铺垫片石 800m³，新建边沟 2.0km，铺撒碎石 160m³，新建涵洞 3 个。

该新建道路工期只有 40d，工程进度直接影响该区域的植树造林的进度，责任重大。由于工期短，必须加大投入空压机、挖掘机、推土机、压力机以及相应的人财物投入，且该工程燃油需要用量较大，进场后需提前储备燃油。

本工程建设批文和建设手续完备，建设资金基本到位。建设单位拨付的工程款在银行设立专门账户，专款专用，当建设单位的资金暂时不到位时由施工单位内部通过资金结算中心调集资金，保证工程的正常施工。

工程现场周边有民房可租用，大型机械可停放。交通方便，各种设备及材料均可以直接运入场内。

2. 气候特点

工程所在地属亚热带季风气候区，建筑气候为Ⅲ级，四季分明，降雨量充沛，具有"冬暖、夏长、多伏旱、多秋雨、多云雾、少霜雪"的气候特点。

年平均气温 18.1℃。年平均降水量 1 625.5mm，年平均降雨日 148.3d，多集中在 5~9 月。

7~8 月最热，有高温伏旱天气，平均气温 30~32℃，本地极端最高气温可达 42℃。元月最冷，平均气温 6.7℃，极端最低气温 -3.7℃。

霜冻期短（16~25d/a），一般出现在 12 月至 1 月份。

冬季大气压力为 1 000.9hPa，夏季大气压力为 982hPa。冬季日照率 17%。

主导风向为西北风，气候温暖湿润。

3. 施工平面布置

以招标文件、图纸答疑及施工设计图为依据进行施工总平面布置。

根据施工进度计划和工程实际情况，确定机具设备。

所有临时办公、生活设施采用租房，大型机械停放、维修棚等在现场搭设。

4. 施工组织

施工单位对此工程实行"项目法"施工，组建由 1 名公司副经理挂帅、公司总工程师任工程负责人、1 名项目经理领导的项目经理部，具体负责此工程的施工管理。项目人员持证上岗、押证施工，实行项目经理负责制，对工程质量、工期、安全、成本及文

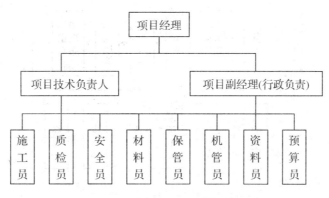

图 2-4　施工组织机构框图

明施工全面负责。施工组织机构框图 2-4 所示。

5. 施工准备

包括气象、地形、水文地质等自然条件调查分析，建立项目部、现场组织机构和人员就位、劳动班组进场、机械设备进场等工程组织准备，编制施工方案等技术准备，做好施工放样、监测点设置、照明、供水等施工现场准备，进行机械设备、材料、劳动力等施工资源准备。

6. 施工部署

根据招标文件，分解各项任务指标。采用先进的网络进度计划、先进的施工方法和技术措施，提高施工速度，达到各分部分项工期控制点要求，在 40 个日历天内完成业主要求的整个施工任务。

7. 施工测量

采用全站仪、50m 钢尺辅助经纬仪放线，选用 S3 水准仪(配备 5m 铝合金塔尺)测量和控制高程，完成工程定位放线。建立平面控制网及高程控制网。埋设和保护好控制桩。

8. 施工技术方案

采取各分部分项工程同时施工。进行实施性施工组织计划、施工计划、施工测量、路基放样、场地清理等工前准备。路基工程中完成路基土石方工程，做好路基整修、路基压实、路基维护。路面基层施工时手摆片石，完成级配碎石的工艺流程(图 2-5)。按照定位放线→开挖沟槽→砂石垫层→C10 砼找平层→安装管道→检查井砌筑→管道接口及抹带→沟槽回填→中盖的施工顺序完成排水工程。

此外，还要制订并落实好施工进度计划、工程质量保证措施、安全生产保证措施、文明施工措施、降低造价措施、减小劳动强度和提高工效的措施、环境与环卫保护措施、安全事故应急预案等。

本工程采用的主要施工机械设备包括挖掘机、推土机、装载机、压路机、打夯机、自卸车、搅拌机、空压机、发电机等。

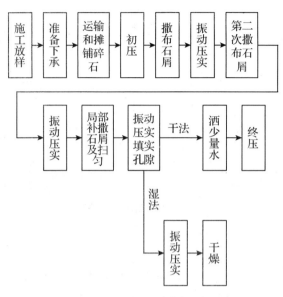

图 2-5　级配碎石的工艺流程

2.2　森林工程前沿热点

随着社会经济建设和林业科技进步，传统的森林工程也在发生深刻的变化。国内外森林工程的科学探索、技术研发和管理变革显现了今后的发展前沿和研究热点。

2.2.1　生态采运技术

（1）生态采运概念

1986 年我国采运界提出了"森林生态采伐"的概念，国外在 1988 年也提出了生态采伐的概念。类似的概念还有"无害于环境的采伐""环境友好的采伐"（environmentally sound harvesting）、"减少对环境影响的采伐"（reduced-impact logging，RIL）、"低干扰的采伐""低影响的采伐"（low-impact logging）。

联合国粮农组织 FAO 对 RIL 的定义为：RIL 是集约规划和谨慎控制采伐作业的实施过程，将采伐对森林以及土壤的影响减到最小，通常采取单株择伐作业。

（2）生态采运技术体系

森林生态采运的技术体系应包括规划设计、工艺过程、作业技术和经营管理 4 个方面。

为减少采运对森林的负面影响，提高采伐运输作业的合理性，必须进行采运规划设计。采伐运输规划、计划、设计是确保采运活动适宜、森林资源和生态环境可持续、实现采运目的的基础。

采运生产工艺指采运作业的工序及其方式。按采运的木材产品形式一般分原条、原木、木片、枝丫几种采运工艺方式。采运工艺过程一般包括道路修建、准备作业、伐木、打枝、造材、剥皮、集材、运材等工序。森林主伐方式分皆伐、渐伐、择伐 3 种，森林抚育采伐一般采用间伐，木材运输方式分陆路和水路 2 种。

采运作业技术反映在伐木、打枝、造材、剥皮、集材、装车、运材各个工序中，在机械化作业中相应地可采用各种采伐机械、集材机械、运材机械、木材装卸机械、采伐联合作业机械等。

在采运作业的管理上，要制订采运作业计划，对采运机械设备进行管理，对采运生产作业及产品进行质量管理。在采运作业中，人、机械设备及土建工程对林地环境有一定的不良影响，可能破坏土壤、保留木、水质、生物多样性、野生动物、森林景观等，均需要加以考虑，评估其影响程度，采取相应的管理措施，使其达到环境可接受的程度。

(3)生态采运发展趋势

生态采运的发展方向是逐步建立较为完备、系统的理论和技术体系，包括研究目标、研究内容体系、研究方法体系、标准体系、应用技术体系等。

森林生态采运的研究目标是寻求森林资源高效利用与森林生态系统可持续发展的和谐一致，达到经济效益、生态效益和社会效益的集成最大化，达到长短期效益的协调统一。生态采运的研究对象为森林作业系统，涉及系统的规划设计、工艺技术、机械设备、人机料管理等。

生态采运的研究内容包括采运工程与森林生态系统的相互作用机理、采运系统的评价分析与优化、生态型采运技术与设备、生态型采运规划与管理。在生态采运技术上，研究采运作业对土壤结构、养分、水分的影响机理；研究采运作业中的技术、经济与环境三者之间的关系；研究环境友好型采运作业技术，包括作业机械、作业方式、采伐更新方式等；研究生态采运技术的指标体系。在采运规划设计技术上，研究采运作业数字化、信息化技术；研究采运作业 GIS 技术、CAD 技术；研究采运作业模拟和优化技术等。

生态采运的研究方法结合了工程学和生态学方法，包括试验方法和模型方法，涉及影响因子研究、评价指标和模型、生态经济学及其方法、工业生态学及其方法等。生态经济学通过定量分析的方法来研究生态与经济的最佳结合，达到生态效果与经济效果的统一。具体涉及生态环境与经济的相互关系、生态环境价值评估、生态环境管理的经济手段、生态环境保护与可持续发展等。采用工业生态学的基本原理和研究方法，可以构建新型的生态采运研究方法体系，包括采运系统的物质、能量、信息流动分析方法，全生命周期评价方法，采运作业清洁化生产方法等。

将逐步建立生态采运的标准体系，以规范采运工程的实施、监控、评价和管理，规范采运作业安全体系和装备系统的配备。包括采运作业设计规范与指南、作业规程与指南、试验方法、评价指标和评价模型等。标准体系可分为生态采运管理、技术、装备系统、劳动与安全 4 大部分。

生态采运的研究最终以应用为目的。生态采运的应用技术体系将包括应用模式、作业模式、实用模型、应用案例、典型优选系统等。针对不同地域和不同林情应逐步推出符合生态采运要求的典型生产工艺模式、采运作业技术、机械设备与工具、作业组织与劳动保护模式、规划设计和作业规程等。

2.2.2　森林作业机械化技术

在森林作业中，作业者使用作业工具或操纵作业机械、设备，针对作业对象如林木、林地等，改变其形态或位置，从而完成具体的工程任务如植树造林、采伐运输、修路架桥等。

在林业先进国家，森林作业已经发展到全盘机械化、智能化、数字化、自动化的阶段。在我国，森林作业目前仍处于人工、畜力、机械并举的阶段，正朝着作业技术多样化、作业机械多元化的方向发展。

（1）我国采伐机械化发展趋势

现阶段，我国采运机械的品种类型主要是油锯、集材拖拉机、绞盘机、木材装载机和液压起重臂自卸车。由于南、北方的林情差异大，木材采运方式大不相同，机械装备的配备模式和数量也有很大的区别。

在我国，森林作业机械将从单项作业向多项作业集成的方向发展。针对我国目前的国情、林业生产现状及国家政策，未来 10 年我国林木采伐机械和装备的研究与发展重点是速生丰产林生态采伐与运输机械系统的研究，包括速生丰产林采伐归堆联合机、全自动化采伐归堆打枝造材联合机、打枝造材联合机、生态型集材与运输车辆、采伐剩余物收集机、采伐剩余物粉碎机、采伐剩余物打捆机、采伐迹地除根机、采伐迹地整地机等的研制和应用。

（2）采伐作业联合机械

采伐联合机是集合了采伐、打枝以及造材等工序于一体的树木作业机械，可大大提高生产效率，并且改善生产条件，提高作业安全性。一台伐木联合机主要由发动机、底盘、伐木头、臂系、液压系统和操纵装置等部分组成。其关键装置是伐木头，它用机械手抓取立木，用链锯或液压剪切断树干，由起重臂系搬动伐倒木，从而完成伐木作业。图 2-6 所示为一台履带式伐木联合机。

图 2-6　履带式伐木联合机　　　　　　图 2-7　步行伐木机器人

芬兰还研制推出了"步行伐木机器人"(图 2-7)。该机器人行走部分由 6 条步行腿构成，全部由计算机控制。每条腿上都装有传感器，探测地面支撑程度信息。工作部分可以更换，即采伐时装上伐木头、整地时换上整地铲。该伐木机器人在林中机动灵活，对道路要求低，对林地土壤破坏小。

(3)林木生物质收获机械

面对世界范围的能源危机问题，合理利用林木生物质已成为森林资源开发利用的一个新领域。研制能源林和能源灌木林收割的机械设备是大规模利用林木生物质的关键。

林木生物质收获机械分便携式割灌机和大型收割机械。其中便携式割灌机还用于清林、整地、幼苗抚育上。

德国研制生产的自走式灌木收获机和自走式林木收获机，工作部件基本相同，卸料方式分自带料箱和随车卸料 2 种。

(4)空中集材技术

在山区丘陵地区，除采用滑道、绞盘机、索道集材外，国外已试验、采用直升机集材和气球集材等作业技术。

直升机集材在发达国家有所使用(图 2-8)。这种集材方式既不破坏地表植被和水土，也不损伤幼苗、幼树和保留木，有利于保护森林环境，且生产率高，但成本也特高。

图 2-8　直升机集材

图 2-9　气球集材

气球集材是在索道集材系统中，利用大型氢气球提供升力，悬吊木材进行移运。在国外试验时，其最大起升量达 10t，主要解决沿海岸线高山森林的集材。试验表明，这种系留式气球集材方式生产效率高，不破坏地表，对幼苗、幼树和保留木无损伤，有利于生态环境的保护。但所采用的制氢系统费用昂贵，氢气易燃易爆，危险性较大。图

2-9 为气球集材的示意图。

2.2.3　森林作业人机工效学

森林作业人机工效学研究森林作业系统中，人和机械在森林环境下发挥工作能力、提高作业效率的问题。人和机械受森林资源和环境条件制约，使得森林作业成为一个艰苦、危险的工作。作业中人体容易疲劳，工效难以发挥，且容易发生事故。

人机工效学研究内容有机械作业的安全性、森林作业人体疲劳和人机环境系统评价等。

森林作业广泛应用便携式机械，如汽油动力链锯（油锯）、割灌机、背负式喷雾机等。相对于自行式机械，便携式机械必须由操作者携带进行作业，因此机械的重量、噪声、振动和热量给操作者带来疲劳，导致事故的危险性更大。

森林作业人员出现疲劳的现象包括上肢、下肢和腰部主要肌肉的酸痛，工作效率下降，大脑与动作的迟钝、反应能力的降低和心理烦躁等生理和心理问题。近年来，对人体疲劳的人类工效学研究集中在 3 个方面：影响肌肉疲劳的外部因素研究、影响精神疲劳的外部因素研究、生物疲劳研究。影响肌肉疲劳的外部因素包括不合理的作业姿势、不良的作业环境条件、不合理的机械参数和机械作业时间。为了减少森林作业人体疲劳，今后需开展的工效学研究方向有：机械的轻量化研究、作业机械的人机操作界面研究、减振和降噪研究、合理的作业时间机制等管理工效学研究等。

作业机械是构成人—机—环境系统的关键要素之一，对森林采伐作业机械的人机环境系统评价，对采伐机械的优化设计和合理运用有着重要意义。对森林采伐机械的评价内容包括生理负荷、心理负荷、人机交互界面、安全性和环境效益 5 个方面。

2.2.4　森林工程信息技术

森林工程作为在林区、森林中进行工程作业的行业，依赖于地理、地形、气候、土壤、林分、植被、水流等自然界信息和人员、机械、道路、设施等经济技术信息，开展森林工程勘测、规划、设计、施工、作业、管理等工程技术和经济活动。信息技术就是用于管理和处理各种信息所采用的各种技术的总汇，包括信息的收集、汇总、传输、处理和应用。

（1）森工 GIS 技术

地理信息系统（geographic information system，GIS）技术是对地球空间中的有关地理分布数据进行采集、储存、管理、运算、分析、显示和描述的技术系统，其核心是数字地图。把 GIS、GPS 和 RS（遥感）3 种技术集成在一起，称为"3S"技术。GIS 技术在森林工程领域的应用有 4 个方面：森林作业区域的地理信息查询、作业区域的空间分析计算、专题图的绘制输出、森林工程信息管理。

（2）数字林业技术

林业信息化是发展现代林业的必然趋势。数字林业是林业信息化的一个产物，它是在数字地球大框架指导下，应用"3S"技术、计算机技术、数字化技术、网络技术、智能技术和可视化技术，把各种林业信息用地理坐标确定并连接起来，实现标准化规范化采集与更新数据，实现数据充分共享的过程。作为一个林业信息集成系统，它具备三维显示模式，采用虚拟现实技术。

数字林业的基本框架包括网络环境、数据资源、安全保障、应用平台 4 个重要部分，其中数据资源分为 3 类：基础数据、林业专业知识、科研成果、人才等静态数据，林地、森林、林木、湿地、荒漠等资源和环境信息，森林经营、工程作业、规划设计等人为活动信息。

近年来进一步提出了智慧林业的概念，它是将"数字林业"的"3S"技术、计算机技术、数字化技术、网络技术、智能技术和可视化技术等与云计算、物联网、移动互联网、大数据等新一代信息技术相融合，通过感知化、物联化、智能化的手段，形成林业立体感知、管理协同高效、生态价值凸显、服务内外一体的林业发展新模式。

(3)森工优化与模拟技术

森林作业系统中采伐、集材、装车、运材等诸多环节是一个动态的过程，随着采运系统的复杂化和机械化程度的提高，已经难以通过现场实验来寻找最经济合理的方案。要把很多机械组织到一块林地上进行对比试验是很费钱费力的，有时甚至是不可能的。应用计算机模拟，可以迅速地揭示研究对象的内在联系和规律性，从而免除了实物试验中的物质和劳动消耗。

国外对采运系统的模拟已经从单个机械的运行模拟发展到多工序多机械的综合模拟。对伐木归堆机、集材机建立模拟模型，按照地形、林木和机械运行要素进行模拟。并可随时改变有关参数进行分析评价，提供了一种采运机械设计和选型的有效工具。采用计算机模拟和优化，可以分析比较不同的作业方式、作业机械、林地条件和树木特性对系统运作的影响，支持规划设计中的决策。森工计算机模拟的对象包括油锯采伐、地面集材、索道集材、木材装卸、木材运输、林木资源变化、生态环境演变等。

STALS(集材运材和楞场模拟)软件即应用计算机模型解决集、装、运、贮各环节的综合优化分析问题，采用单工序算法、排队理论和模拟技术，针对流水式集材楞场，对集材、装车和运材的相互关系进行分析。单工序算法对集、装、运的生产率、单位成本和设备费率分别进行估算。排队理论用于决定运材车辆在楞场的概率、运材生产率和最佳运材汽车台数，模拟技术用于计算机械延误和采运生产成本。

该软件只要求提供采伐量、楞场容量、集材机台数和运行周期、集材机平均集材量和平均费用、装载机台数和费用及平均装车时间、运材汽车台数和平均运材量及运行周期等 16 项基础数据，即可对由若干轮式集材机、装载机和运材汽车组成的集运材机械系统进行分析计算模拟。

2.2.5　森林工程生态学

我国森林工程学界自 2006 年起探索工业生态学的理论和方法，并将其应用到森林工程领域，以解决林业资源开发利用与森林资源可持续发展和生态环境保护的协调发展问题。

(1)工程生态学的概念

工程生态学将工程项目视为有机体，研究其内部以及与外部环境的物质循环、能量流动和信息传递方式，揭示工程生态系统的结构、功能机理，从而寻找其进化、发展的途径和机制，达到工程与环境的和谐相处、互利共赢、生态平衡的局面。

工程生态学的研究方向有：工程生态系统理论研究，系统中物质、能量、信息流动分析，系统内物质减量化，工程生命周期评价，清洁生产施工，工程生态工业园。

（2）工程生态系统

生态系统是生态学的一个基本功能单位，它就像一部由许多零件组成的机器，这些零件之间靠能量的传递而相互联系并完成一定的功能。

自然生态系统作为一个有机整体能把废物减少到最低限度，一种有机体排出的废物成为对另一种有机体有用的物质和能量的来源。所有动植物，无论生死都是另一些生物的食物。在这个奇妙的自然系统内，物质和能量在一系列相互作用的有机体之间周而复始的循环。

将工程与有机体类比，就产生了工程生态系统的概念。将工程系统看作自然生态系统的一部分，与工程环境一起组成工程生态系统。工程系统是有着一定时空结构的工程项目。工程环境包括自然环境和社会环境，前者分生物环境和非生物环境，后者可划分为政治环境、行政环境、经济环境、法律环境、文化环境等。

工程生态系统具有类似于自然生态系统的分层结构：个体——单项工程、种群——单位工程、生物群落——工程群、工程生态系统——工程系统与外部环境构成。工程生态系统与自然生态系统一样也具有能量流动、物质循环和信息传递的功能。

（3）木材采运系统物质流与能量流模式的分析

在木材采运系统中，木质流是物质流中的主要形式。木质流即木质材料流，木质材料以树干、树根、树枝的形式存在于立木中，在木材生产过程中其物理形态会发生变化，但其物质内容保持基本稳定，除非发生燃烧或腐朽。

木材采运系统物质流中还有非木质生物质流、养分流、土壤流和水分流。非木质生物质以树叶、树皮和植被、灌木的形式存在，他们在腐烂或焚烧后转化为土壤中的养分，同时排放出 CO_2 等气体。养分存在于土壤中，水分存在于木质材料、生物质和土壤中。养分随水分或土壤迁移，如被植物吸收或随水土流失。

图 2-10 为原木采集系统中木质流、生物质流、养分流、土壤流和水分流的耦合关系。

在原木采集生产系统中，作为原料的立木，经过加工和搬运，改变了形态和位置，最终转变为原木产品。在这个过程中，人力、畜力、燃料和电力等作为能量投入，推动着相应的物质流，如图 2-11 所示。

（4）采运系统生态效率研究

生态效率（eco-efficiency）为一定系统的产品或服务的经济价值与所造成的物质资源消耗和环境影响之比，其中环境影响包括材料和能源消耗、污染和废物排放。这样，生态效率就综合了系统的经济效益和环境生态效益这 2 大效益。

采运系统的生态效率评测模型为：

$$生态效率 = \frac{木质产品价值}{森林资源和环境消耗} \tag{2-1}$$

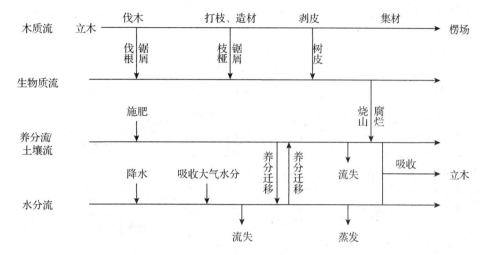

图 2-10 原木采集系统物质流的耦合

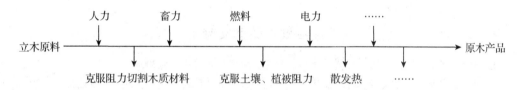

图 2-11 原木采集系统的物质流和能量流的耦合

以油锯采伐为例,按照其中各种资源、能源的实际输入输出情况,可得出图 2-12 所示系统流图。

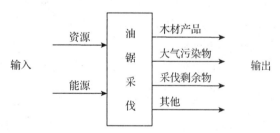

图 2-12 油锯采伐的输入输出流图

根据生态效率的定义可得到衡量评价油锯生态效率的 2 个指标:能源效率(λ_1)和环境效率(λ_2)。

$$能源效率(\lambda_1) = \frac{木材产量\ P}{能耗\ E} \tag{2-2}$$

$$环境效率(\lambda_2) = \frac{木材产量\ P}{废气污染物排放量\ W} \tag{2-3}$$

今后,采运工程生态学研究将规范人工林采运生命周期评价方法、人工林采伐作业的清洁生产评价指标体系、人工林采运的清洁生产指南,需要开展人工林作业环境—资源—经济综合分析、人工林采伐系统生态效率评价方法、人工林采伐更新系统的生物质流与养分流的时空耦合特性等方面的研究。

复习思考题

1. 森林工程的对象与其他工程如土木工程的对象有何区别？
2. 采运工程的生产流程与道路工程的建设流程有何异同？
3. 你接触过哪些工程设计案例？与本章介绍的森林工程项目案例有何异同？
4. 森林工程项目与自然资源和自然环境均有密切的关系，为什么？
5. 今后的森林作业机械上还可以应用哪些具体的先进技术？
6. 在森林作业中如何减轻人的劳动强度？
7. 进行森林作业模拟时，要涉及哪些模拟要素？
8. 从生态学和工程学的交叉、融合而产生工程生态学上，你能得到什么启示？
9. 你对森林工程的哪些研究方向感兴趣？为什么？
10. "3S"技术在我们的日常生活中有何应用？与其在森林工程上的应用有何联系？

本章推荐阅读文献

1. 赵尘主编. 森工与土木工程科技进展. 北京：中国林业出版社，2008.
2. 赵尘，张正雄，余爱华，陈俊松编著. 采运工程生态学研究. 北京：中国林业出版社，2013.
3. 黄志坚编著. 工程技术基本规律与方法. 北京：国防工业出版社，2004.
4. 黄志坚编著. 工程技术思维与创新. 北京：机械工业出版社，2007.

第 3 章

森林资源与森林工程

【本章提要】本章介绍我国森林资源的历史变迁、现状、结构和分布特点。简要介绍世界森林资源概况。阐述森林资源的三大效益。简要介绍森林工程的发展历程、内涵和特点。

森林工程的作业对象是森林及其资源，森林、森林资源和森林环境的特性决定了森林工程较一般工程领域有着独特之处。森林工程的目的是发挥森林资源的三大效益。

3.1　中国森林资源

3.1.1　建国 60 多年来中国森林资源的变化

森林是一种可再生的自然资源，有着自然生长、枯损和演替的发展过程。同时，由于人类对森林的种植经营、利用活动和自然条件的影响，森林的数量、质量和分布状况处于不断变迁之中。

新中国成立 60 多年来我国森林资源变化情况见表 3-1。目前中国森林面积占世界森林面积的 5%，居俄罗斯、巴西、加拿大、美国之后，列第 5 位；森林蓄积占世界森林蓄积的 3%，居巴西、俄罗斯、美国、刚果民主共和国、加拿大之后，列第 6 位。人工林面积为世界首位。

表 3-1　中国森林资源变化情况

时　期	森林面积 （ $\times 10^8 hm^2$ ）	森林蓄积量 （ $\times 10^8 m^3$ ）	森林覆盖率 （％）	人均森林面积 （ hm^2 ）	人均森林蓄积 （ m^3 ）
1950—1962	1.13		11.81		
1973—1976	1.22	86.56	12.70	0.14	9.63
1977—1981	1.15	90.28	12.00	0.12	9.10
1984—1988	1.25	91.41	12.98	0.11	8.41
1989—1993	1.34	101.37	13.92	0.114	8.622
1994—1998	1.59	112.67	16.55	0.128	9.048
1999—2003	1.75	124.56	18.21	0.130	9.000
2004—2008	1.95	137.21	20.36	0.145	10.151
2009—2013	2.08	151.37	21.63	0.151	10.983

3.1.2 中国森林资源现状

据第八次全国森林资源清查(2009—2013 年)结果，在我国 $960 \times 10^4 km^2$ 国土上，森林资源状况如下。

(1)林地面积资源

全国林地面积 $3.10 \times 10^8 hm^2$，占国土总面积 32.3%，其中有林地面积 $1.91 \times 10^8 hm^2$，占 61.6%，其余为疏林地、灌木林地、未成林造林地、苗圃地、宜林地和无林地。在有林地面积中，防护林 $9 967 \times 10^4 hm^2$，用材林 $6 724 \times 10^4 hm^2$，薪炭林 $177 \times 10^4 hm^2$，特种林 $1 631 \times 10^4 hm^2$，经济林 $2 056 \times 10^4 hm^2$，竹林 $616 \times 10^4 hm^2$。全国人均占有林地面积约 $0.14 hm^2$。

(2)林木蓄积资源

全国活立木总蓄积为 $164.33 \times 10^8 m^3$，其中森林(林分)蓄积 $151.37 \times 10^8 m^3$，其余为疏林、散生木和四旁树蓄积，为 $12.96 \times 10^8 m^3$。全国人均占有森林蓄积约 $11 m^3$。

(3)森林覆盖率

按有林地面积占全国国土总面积计算，全国森林覆盖率为 21.63%。在全国各省、自治区、直辖市中，森林覆盖率最高为福建省，达 66.0%；江西次之，为 60.0%；浙江、台湾位居第 3、4 位，分别为 59.1% 和 58.8%。但按活立木蓄积量排列，前 5 位依次为西藏、云南、黑龙江、四川和内蒙古，均在 $14 \times 10^8 m^3$ 以上；而上海、天津、宁夏、北京最少，均不足 $2 000 \times 10^4 m^3$。

3.1.3 中国森林资源结构

以上只是介绍了我国森林资源的数量，但其结构状况则更能反映森林资源的特点。

3.1.3.1 林种结构

我国森林按照自然、社会条件和国民经济需要以及森林经营目的和功能，划分为防护林、用材林、薪炭林、特种用途林、经济林 5 大林种。各林种的主要目的和主导功能如下：

①防护林　以防护为主要目的的森林、林木和灌木丛，包括水源涵养林、水土保持林、防风固沙林、农田和牧场防护林、护岸林、护路林等。

②用材林　以生产木材、竹材为主要目的的森林和林木，包括速生丰产用材林、一般用材林以及为培育某种工业生产所需的专业用材林，如造纸林、矿柱林等。

③经济林　以生产果品、食用油料、饮料、饲料、工业原料和药材等为主要目的的森林和林木，如油料林、特种经济林、果树林等。

④薪炭林　以生产燃料为主要目的的森林和林木。

⑤特种用途林　以国防、环境保护、科学实验、风景旅游等特种用途为主要目的的森林和林木，包括国防林、实验林、母树林、环境保护林、森林公园、风景名胜林、自然保护区森林等。

目前全国各林种面积和蓄积量分别为：防护林 9 967 × 10⁴hm²、79.48 × 10⁸ m³；用材林 6 724 × 10⁴hm²、46.02 × 10⁸ m³；特种林 1 631 × 10⁴hm²、21.70 × 10⁸ m³；薪炭林 177 × 10⁴hm²、0.59 × 10⁸ m³；经济林 2 056 × 10⁴hm²，竹林 616 × 10⁴hm²。

3.1.3.2　林龄结构

森林从幼苗培育到成熟成材，历经十数年乃至百余年。根据树种生物学特性、生长过程及经营利用方向的不同，森林按树种年龄大小划分成 5 个阶段（龄级），即幼龄林、中龄林、近熟林、成熟林和过熟林。每个龄级期限即级差定为 5 年、10 年或 20 年，南部毛竹龄级期限定为 2 年。

目前全国森林各龄组的面积和蓄积量分别为：幼龄林 5 332 × 10⁴hm²、16.30 × 10⁸ m³，中龄林 5 311 × 10⁴hm²、41.06 × 10⁸ m³，近熟林 2 583 × 10⁴hm²、30.34 × 10⁸ m³，成熟林 2 176 × 10⁴hm²、35.64 × 10⁸ m³，过熟林 1 058 × 10⁴hm²、24.45 × 10⁸ m³。

3.1.3.3　树种结构

按第八次全国森林资源清查，在全国有林地中，以针叶树为优势的乔木林面积 7 311 × 10⁴hm²，蓄积 76.81 × 10⁸ m³，分别占乔木林林分面积的 43.9% 和林分蓄积的 50.7%；以阔叶树为优势的乔木林面积 9 344 × 10⁴hm²，蓄积 74.56 × 10⁸ m³，分别占林分面积的 56.1% 和林分蓄积的 49.3%。

全国森林按优势树种或树种组统计有近 40 个林分（树种）类型，其中林分面积较大的 10 个优势树种依面积由大到小排列为：栎类、桦木、杉木、落叶松、马尾松、杨树、云南松、桉树、云杉、柏木。这 10 种林分面积合计 8 649 × 10⁴hm²，占全国的 53%；蓄积合计 70.15 × 10⁸ m³，占全国的 47%。

3.1.3.4　权属结构

全国森林按土地权属分国有林和集体林 2 类。在全国林地面积和有林地面积中，集体林与国有林之比约为 6:4，而蓄积量上则约为 4:6。在经济林和竹林面积上集体林占绝对多数，均在 95% 以上。

3.1.3.5　起源结构

全国森林按起源不同，划分为天然林、人工林 2 大类。全国天然林面积 12 184 × 10⁴hm²，占有林地面积的 64%；天然林蓄积 122.96 × 10⁸ m³，占森林蓄积的 83%。天然林主要分布在东北、西南各省（自治区）。全国人工林面积 6 833 × 10⁴hm²，占有林地面积的 36%；人工林蓄积 24.83 × 10⁸ m³，占森林蓄积的 17%。人工林面积和蓄积较大的有广西、广东、湖南、四川、云南、福建，这 6 个省（自治区）合计的人工林面积和蓄积均占全国的 42%。其中广西人工林面积最大，占全国的 9%；福建人工林蓄积最多，占全国的 10%。

3.1.4　中国主要林区

森林资源地理分布与自然条件、经济社会发展有着密切关系。森林是以乔木为主体组成的植物群落，乔木林生长发育的自然条件主要是热量和水分。中国地域辽阔，江河湖泊众多、山脉纵横交织。复杂多样的地貌类型以及纬向、经向和垂直地带的水热条件差异，形成了复杂的自然地理环境，孕育了生物种类繁多、植被类型多样的森林资源。不同气候带和水热条件组合而成的环境，适生着不同种类的森林植物，形成了不同类型森林，其分布明显反映了地带性，由北向南依次为寒温带针叶林、温带针叶与落叶阔叶混交林、暖温带落叶阔叶林、北亚热带常绿与落叶阔叶混交林、中亚热带典型常绿阔叶林、南亚热带季风常绿阔叶林、热带季雨林和雨林。

中国降水主要来源于东南部太平洋季风和西南部印度洋季风，大部分地区降水量具有从东南向西北、从沿海向内陆递减的规律性。因而从东北到西南形成了一条年平均400mm等降水线，把中国疆域分为东南与西北两半。这条等降水线正好就是有名的胡焕庸线，即黑河—腾冲一线。其西北侧年降水量低于400mm，为干旱、半干旱区，由于水分不足，绝大部分地区不能生长乔木林。在东南侧为湿润、半湿润区，年降水量大于400mm，甚至多者达2 000~3 000mm，其丰足的水热条件，到处都适于乔木林生长，中国现有森林绝大部分分布在这一区域。

由于历史原因以及地区社会经济发展的不平衡，现在的森林资源的地理分布极不均衡。总的趋势是东南部多、西北部少。在东北、西南边远省份及东南、华南丘陵山地森林资源分布多，而辽阔的西北地区、内蒙古中西部、西藏中西部以及人口稠密经济发达的华北、中原及长江、黄河下游地区，森林资源分布少。

中国林区主要有东北内蒙古林区、东南低山丘陵林区、西南高山林区、西北高山林区和热带林区5大林区。五大林区的土地面积占全国国土面积的40%，森林面积占全国的77%，森林蓄积占全国的88%。表3-2为5大主要林区森林资源统计结果。

表3-2 中国5大主要林区森林资源统计结果

林 区	森林覆盖率 (%)	森林面积 ($\times 10^4 hm^2$)	占全国比例 (%)	森林蓄积 ($\times 10^8 m^3$)	占全国比例 (%)
东北内蒙古林区	68.82	3659	15.99	35.41	23.96
东南低山丘陵林区	55.55	6127	26.78	28.95	19.59
西南高山林区	23.78	4483	19.59	52.85	35.76
西北高山林区	49.90	544	2.38	5.74	3.88
热带林区	47.79	1294	5.66	10.03	6.79
合 计	—	16107	77.44	132.98	87.85

资料来源：国家林业局编制《中国森林资源报告(2009—2013)》，中国林业出版社，2014。

3.1.4.1 东北内蒙古林区

东北内蒙古林区地处黑龙江、吉林、内蒙古3省(自治区)，包括大兴安岭、小兴安岭、完达山、张广才岭、长白山等山系。该林区地跨寒温带、温带，气候较湿润，山势和缓，森林资源丰富，是我国森林资源主要集中分布区之一。该林区优势树种为落叶树、桦木、栎类、阔叶混交林、针阔混交林等。中幼龄林比重较大。

东北林区以国有林为主，是中国开发最早、规模最大的林业生产基地，已建立 4 个大型国营森林工业企业集团，包括 84 个森林工业企业局，除生产木材外，还生产大量林副特产品。

3.1.4.2　东南低山丘陵林区

该林区包括江西、福建、浙江、安徽、湖北、湖南、广东、广西、贵州、四川、重庆等省(自治区、直辖市)的全部或部分地区。该区域地处中国湿润半湿润区，基本属亚热带气候区，自然条件优越，气候温和，雨量充沛，给林木生长创造了有利的发展条件。本区森林树种资源丰富，优势树种为马尾松、杉木、栎类、硬阔叶类林、杂木、软阔叶类林等。本林区经济林树种繁多，主要有油茶、油桐、漆树、棕榈以及各种干鲜果类树种分布。也是重要竹材产区，占全国竹林面积的 98.2%，一般在海拔 1 000m 以下广泛分布天然或人工竹林，主要有毛竹、刚竹、水竹、青皮竹和苦竹等。

本林区中幼龄林比重甚大。人工林占全国的 54%，也占本区有林地面积的 45%。本林区近 90% 的森林面积为集体所有，故传统上称为南方集体林区。

3.1.4.3　西南高山林区

该林区包括云南、四川、西藏 3 省(自治区)的部分地区。本林区纬度低，海拔高，地形起伏大，水热条件复杂，植物种类繁多，森林分布垂直带明显。其中在横断山脉地区的川西、滇东南和西藏东部分布有原始林，主要树种是云冷杉，树木高大，单位蓄积高，有的云杉林每公顷蓄积高达 3 000m³，林分平均树高达 68.5m。由于本林区森林多处于大江河流上游，对保持水土、涵养水源有巨大作用。因此，本区森林兼有防护和用材双重作用。

该林区优势树种为栎类、云南松、云杉、冷杉、杂木、硬阔叶类林、桦木、思茅松、高山松、软阔叶类林等。成过熟林比重很大。

3.1.4.4　西北高山林区

该林区主要包括新疆天山、阿尔泰山，甘肃祁连山、白龙江、子午岭，陕西秦岭、巴山等林区。本林区以天然林为主，大多分布在高山峻岭及水分条件较好的山地。对西北干旱半干旱区的自然环境而言，该林区的森林在维护生态环境方面有举足轻重的作用。该林区优势树种为云杉、栎类、落叶树、硬阔叶类林、冷杉、桦木、软阔叶类林、杨类、油杉、华山松、柏木等。

3.1.4.5　热带林区

该林区包括云南、广西、广东、海南、西藏 5 省(自治区)的部分地区。该区热量充裕，全年基本无霜。年降水量充沛，降雨主要集中在夏季，干湿季分明。森林类型有热带季雨林、热带常绿阔叶林、热带雨林、红树林等。

3.1.5 中国森林资源特点

（1）森林类型齐全，树种丰富

中国地域辽阔，自然条件复杂多样，形成了中国森林类型多样，森林植物种类繁多、绚丽多彩的特色，在世界植物宝库中占有重要地位。世界上 2 万余种木本植物中，中国有 8 000 余种，其中乔木树种 2 000 多种。在针叶树中，构成北半球主要森林树种的松杉科植物，中国就有 26 个属近 200 种。其中水杉、银杏、金钱松、水松、福建柏、台湾杉、油杉、杉木属均为中国特有。阔叶树种更为丰富，达 260 属之多。中国是世界上竹类资源最丰富的国家，有竹类 30 个属、300 种以上，竹林分布于 20 个省份，长江以南的亚热带地区是竹类分布的中心，其中以毛竹分布最为广泛。

（2）森林资源面积和蓄积量大，但森林覆盖率低，资源分布不均，人均占有量少

据 2010 年联合国粮农组织（FAO）的统计，全世界森林总面积为 $40 \times 10^8 hm^2$，森林覆盖率为 31%，森林总蓄积量 $5\ 270 \times 10^8 m^3$。在 233 个国家和地区中，中国森林面积居第 5 位，林木总蓄积量名列第 6 位。我国森林资源分布主要受自然条件的制约，分布极不均衡，东北、西南边远地区和东南部省份森林资源多，西北、华北、中原省份分布少。从人均占有量看，我国人均占有森林面积约 $0.15 hm^2$，森林蓄积约 $11 m^3$，远远低于世界人均 $0.6 hm^2$ 和 $79 m^3$ 的水平。我国森林覆盖率为 21.63%，也远低于世界 31% 的水平。

（3）林地利用率低，生产力低，单位面积蓄积小

林业用地利用率是指有林地占林业用地面积的比重，这是衡量一个国家或地区林业发展水平的重要标志之一。中国现有林业用地 $3.1 \times 10^8 hm^2$，而有林地面积仅 $1.91 \times 10^8 hm^2$，占林业用地面积的 61.6%。世界上一些林业发达国家林地利用率一般都在 80% 以上，美国、德国、芬兰等国都超过 90%。我国森林每公顷平均蓄积为 $89.79 m^3$，只相当于世界平均 $131 m^3$ 的 68.5%。

（4）人工林面积大，但质量不高，发展潜力大

我国拥有世界第一大的人工林面积，达 $6\ 833 \times 10^4 hm^2$，约占全国有林地面积的 36%。但人工林质量不高，平均每公顷蓄积量只有 $53 m^3$，仅相当于全国林分平均每公顷蓄积的 59%。中国人工林造林保存面积居世界之首，而且目前还有未成林造林地超过 $1\ 000 \times 10^4 hm^2$，经过经营、培养和管护，几年后将可郁闭成林。

3.1.6 近 5 年中国森林资源的变化

在 2008—2013 年的 5 年间，全国森林面积、蓄积增长，森林覆盖率提高；天然林逐步恢复，人工林快速发展；森林质量和结构有所改善，健康状况趋于好转，供给能力逐步加大。我国森林资源总体上呈现数量持续增加、质量稳步提升、效能不断增强的发展态势。主要表现为以下变化特征：

①森林面积、蓄积持续增长　森林面积增加 $1\ 223 \times 10^4 hm^2$，增长 6.7%；森林覆盖率提高 1.27 个百分点，增长 6.2%；森林蓄积增加 $14.16 \times 10^8 m^3$，增长 10.3%。森林资源整体上继续呈现生长大于消耗的良好态势。

②天然林逐步恢复，人工林快速发展 天然林面积增加 $215 \times 10^4 hm^2$，增长 1.8%；蓄积增加 $8.94 \times 10^8 m^3$，增长 7.8%。人工林面积增加 $764 \times 10^4 hm^2$，增长 12.6%；蓄积增加 $5.22 \times 10^8 m^3$，增长 26.6%。

③人工林采伐比重进一步加大 人工林采伐量所占比重上升了 7 个百分点，达到 46%；天然林采伐量继续减少，森林采伐逐步向人工林转移。

④森林质量进一步提高 森林每公顷蓄积量增加 $3.91 m^3$，达到 $89.79 m^3$，增长 4.6%。森林每公顷年均生长量达到 $4.23 m^3$，增长 9.9%。

⑤森林健康趋于好转 按林木生长发育状况和受灾情况，综合评定森林健康状况，处于健康等级的乔木林面积占 75%，提高了 3 个百分点；处于亚健康、中健康和不健康等级的面积分别占 18%、5% 和 2%，其中亚健康的比例下降了 3 个百分点。

3.2 世界森林资源

3.2.1 世界森林区划

由于世界各地区的气候、土壤、位置等环境因素的差异，形成具有不同景观和特征的森林群落。FAO 把世界森林资源划分为 5 大基本类型：即寒带针叶林、温带混交林、暖温带湿润林、热带雨林和干旱林。

(1)寒带针叶林

分布于北纬 45°~70°之间，主要在俄罗斯、瑞典、芬兰、挪威、加拿大和美国，属大陆性气候地域，为世界重要的用材林基地。其树种单纯，北欧和俄罗斯的寒带针叶林绝大部分为泰加林。在俄罗斯，泰加林(即沼泽林)面积占有林地面积的 90%，西部主要树种为西伯利亚云杉和冷杉，东部主要树种为西伯利亚落叶松和兴安落叶松。北美主要有北美云杉和加拿大铁杉。北欧主要有欧洲赤松和欧洲铁杉。在中国东北，朝鲜北部，俄罗斯西南、西伯利亚及远东地区分布有珍贵树种红松。

(2)温带混交林

主要分布在北半球中纬度、温带海洋性气候地域，包括混交林亚型、针阔混交林和阔叶林。以针叶树种占优势的混交林主要分布在俄罗斯针阔混交林的北部和北美西海岸，其次位于欧洲山区、墨西哥和喜马拉雅山。温带阔叶林主要分布在欧洲(到北纬 60°)和远东(中国和日本北部)。在针叶林和阔叶林之间分布着一条宽广的针阔混交林带。温带混交林树种较寒带针叶林复杂，针叶树种有欧洲云杉、北美花旗松、铁杉、欧洲松、红松和加拿大云杉，阔叶林树种有山毛榉、栎、椴和槭树等。

(3)暖温带湿润林

主要分布在南、北半球的亚热带地区。亚洲为中国长江以南地区和日本南部，主要树种有桉树、杉木、油桐、竹、柳杉、核桃、山核桃、樟、松和栎。北美洲为美国东南部的佛罗里达州、佐治亚州、阿拉巴马州和路易斯安那州，主要树种有火炬松、美国长叶松、美国红皮松、美国沙松、湿地松、紫杉、铅笔柏和栎等。大洋洲为澳大利亚西南、东南地区及新西兰，主要树种为桉树。

（4）热带雨林

分布在赤道附近，属海洋性气候区域。其林分结构和树种极为复杂，主要树种为喜湿性常绿树。全球呈3大片分布：南美洲主要分布在巴西的亚马孙河流域，代表树种有青紫苏木、绿心木、钟花树和轻木等；非洲主要分布在中非和西非的安哥拉、刚果民主共和国、中非、喀麦隆、尼日利亚和加蓬等国，主要树种有加蓬榄、非洲桃花心木、非洲楝、非洲梧桐、艳榄仁树和大绿柄桑等；亚洲主要分布在南亚和东南亚的印度、斯里兰卡、泰国、越南、菲律宾、印度尼西亚、马来西亚和巴布亚新几内亚，主要树种有龙脑香、柚木、檀香、黄檀和香椿等。热带雨林对全球的生态效益具有特殊的重要意义，也是世界大径级阔叶材的主要产地。

（5）干旱林

广泛分布在亚洲、非洲、南美洲和大洋洲等部分严重干旱的地区。因生长季节极度缺雨，形成硬叶林，树干低矮，生长量很低。主要树种有齐墩果、海枣、山龙眼和石楠等。

3.2.2 世界森林资源现状

据联合国粮农组织（FAO）发表的《2011年世界森林状况》，全世界森林面积 40×10^8 hm^2，人均 $0.6hm^2$，约占世界陆地面积的31%，比十年前提高了一个百分点。世界森林总蓄积为 $5\ 270 \times 10^8 m^3$，森林总生物量 $6\ 000 \times 10^8 t$，森林的碳储量为 $6\ 520 \times 10^8 t$，其中有44%在生物量中，11%在枯死木和枯枝落叶中，45%在土壤层。图3-1为2010年世界各主要地区的森林面积。

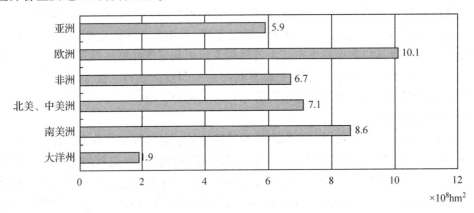

图 3-1　2010 年世界主要地区的森林面积

（资料来源：联合国粮农组织《2010 年世界森林资源评估主报告》，2011）

2010年，欧洲（包括俄罗斯）占世界森林总面积的25%，其次是南美洲（21%）以及北美洲和中美洲（17%）。世界森林的53%位于5个森林资源最丰富的国家：俄罗斯、巴西、加拿大、美国、中国，分别占世界森林面积的20.1%、12.9%、7.7%、7.5%、5.1%。在233个国家和地区中，有50个国家和地区的森林覆盖率超过50%，其中12个高达75%以上。而在共有20亿人口的64个国家中，森林覆盖率均低于10%，其中

10 个国家则根本没有森林。

3.2.3　世界各国森林资源排位

由于受人为和自然灾害的影响，各国森林资源都在不断地变化。不同时期世界森林面积、森林覆盖率、森林蓄积量、森林生物量、人均森林面积、人均森林蓄积量等都在变，中国的也在变。

按森林面积排名的前 10 个国家依次为（单位：$\times 10^8 \text{hm}^2$）：俄罗斯（8.09）、巴西（5.20）、加拿大（3.10）、美国（3.04）、中国（2.07）、刚果民主共和国（1.54）、澳大利亚（1.49）、印度尼西亚（0.94）、苏丹（0.70）、印度尼西亚（0.68）。

按森林蓄积量排名（单位：$\times 10^8 \text{m}^3$）：巴西（1262）、俄罗斯（815）、美国（471）、加拿大（330）、刚果民主共和国（355）、中国（147）、印度尼西亚（113）。

按森林覆盖率排名：法属圭亚那（98%）、苏里南（95%）、密克罗尼西亚（联邦）（92%）、美属萨摩亚（89%）、塞舌尔（88%）、帕劳（88%）、加蓬（85%）、皮特凯恩（83%）、特克斯和凯科斯群岛（80%）、所罗门群岛（79%）。

3.3　森林的效益

浩瀚的大森林曾是哺育人类的摇篮。在人类社会发展的历史长河中，虽然人们很早就学会了筑木为巢，钻木取火，进而发展到利用木材构筑房舍和制作各种生活、生产和交通用具及武器，但是，对大自然所赐予的森林的认识却经历了相当长的过程。

今天，随着生态科学的发展，人们对森林有了较深入的认识。森林对于人类具有生态效益、经济效益和社会效益。

3.3.1　森林的生态效益

森林的生态效益主要表现在以下方面：

（1）涵养水源，保持水土

森林像绿色的水库，蓄藏着大量的水分，1hm^2 森林相当于 300m^3 的水库库容。森林的蒸发量比同纬度海面蒸发量大 20%，因而森林上空湿度大，降雨条件充分。另外，森林对降雨起着有益的再分配作用，减少水土流失。

（2）防风固沙，保护农田

一般在林带的迎风面 1~3 倍树高的范围内、在森林中或背风面风速可降低 40%~50%。森林根系能固沙改土，所以森林可以使农田高产、稳产，而且能逐渐扩大可耕地和草场。

（3）调节林内气候，改善环境

森林庞大起伏的林冠，对太阳辐射具有再分配功能。阳光投射在树冠上层时，反射掉 10%~20%，林冠吸收 35%~80%，而透入林内的光照则只有 10%~29%，从而使林内温度一般比空旷地低。另一方面，林冠又像一个保温罩，防止热量迅速散发。由于林内湿度大，热容量大，风速较林外小，气流交换弱，热量散发少，所以林内温度变化小，从而使林区形成了冬暖夏凉、温和湿润的环境。

（4）净化大气，防治污染

森林在净化大气和防治污染方面的主要作用是吸碳、制氧、吸尘、吸毒、杀菌和隔音等。森林和其他绿色植物是地球上天然的吸碳和制氧工厂。全球绿色植物每年吸收 $2\ 000 \times 10^8\,t$ 二氧化碳，释放 $4\ 000 \times 10^8\,t$ 氧气，其中 70% 的二氧化碳和 60% 的氧气是森林吸收与释放的。

地球上每年降尘量吨级达 10^6 数量级。林区大气尘埃比城市无林区少 60%，这是因为森林起着吸尘器的作用。有的树种还能吸收和杀死大气中的毒气和细菌，所有森林都有隔音作用。

（5）维持碳平衡，调节全球气候

近 200 年来，全球大气中温室气体二氧化碳和氮氧化物浓度已经分别增加了 33% 和 15%，其温室效应引起了全球气候变暖，在过去 100 年里全球平均温度升高了 $0.6℃ \pm 0.2℃$。温室效应的产生与全球碳循环密切相关，森林通过固碳能够有效地缓解由于温室气体浓度升高而引起的温室效应。森林既能固定二氧化碳，但森林破坏后又会向大气中释放二氧化碳。据估计，二氧化碳浓度增加量中有 30%~50% 是由于森林面积的减少引起的。每公顷森林平均每年可吸收二氧化碳 20~40t。营造森林是目前世界上成本最低的控制二氧化碳、维持碳氧平衡的措施。

森林除了上述的涵养水源、保持水土、净化空气、降低气温等作用外，还影响着我们生活的方方面面。例如，生物多样性问题、臭氧层问题、旱涝灾害频发问题，可以说小到呼吸空气的质量，大到地球的异常变化，甚至决定一个国家、一个民族的兴衰。古代巴比伦文明、古埃及文明、黄河文明、楼兰文明都因森林的兴衰而兴衰。一些看似无关的变迁其实与森林密不可分。

3.3.2　森林的经济效益

经济效益指对人类某种社会经济实践活动作出的评价。森林的经济效益可分为直接经济效益和间接经济效益。

（1）直接经济效益

由于森林是多资源的复合体，包括土地、立木、地被物、野生动物和微生物等，因此其经济效益也是多方面的。主要是为人类提供木材、竹材、薪材、工业原料等林产品，提供干鲜果品、木本粮油、食用菌类、药用植物以及野生动物等。森林是原材料和能源的生产基地。木材是国家建设和人民生活不可缺少的重要物资，主要作为建筑材料、造纸原料及各种工艺用材。其耗量蔚为可观，与钢材、水泥并列为现代社会的 3 大建材。

（2）间接经济效益

森林防护农田和牧场的作用能增加农业、畜牧业的受益。防风固沙林可保护农田、牧场免受风沙危害，扩大农田；沿海防护林可使农田减轻风沙灾害，提高产量；农田防护林可使林网内粮食增产 20%。

3.3.3　森林的社会效益

人类生存需要一个清洁、安静、优美、舒适的环境。森林景观和绿色环境色调柔和，空气清新，气候宜人。因此，林区和森林公园已成为广大人民旅游、疗养、休息的胜地。有人把这种由良好的生态环境形成的森林生态效益称为社会公益效益，也有人把森林提供人们旅游场地和美化人们生活环境的效益称为社会效益。

众所周知，物质资料的生产是社会存在的基本条件。商品生产是以满足人民日益增长的物质文化生活的需要为目的的。在现实生活中，人们一方面需要森林所提供的生产资料以满足物质生活；同时，也需要森林所提供的生态效益以满足精神生活。森林对于人类社会生产和文化生活方面提供的生态效益和经济效益，即为森林的社会效益。

大森林是人们贴近自然、增长知识、修身养性、净化心灵最理想的场所。森林本身就是一部内容丰富、包罗万象的教科书，一座取之不尽、用之不竭的知识宝库。在大森林里，人们可以从大自然的点点滴滴之中接触到文、史、哲、数、理、化、天、地、生以及景观学、造园学、生态学、仿生学等各个方面的知识，也能得到美学、艺术、伦理、道德、宗教等方面的熏陶和享受，在启迪中感悟真谛。

森林文化源远流长、博大精深。它不仅影响着远古的农耕文明和现代文明，而且涉及自然科学与社会科学的许多领域。由森林文化延伸出来的竹文化、花文化、茶文化、园林文化、森林美学、森林旅游文化等均是森林社会效益的体现。

3.3.4　森林生态效益与经济效益的关系

森林生态效益是森林最本质功能的体现。随着科学技术的进步，森林生产的木材在某些方面可用其他材料代替（金属、水泥、塑料等），而森林的多种生态效益则是难以由其他任何物质所代替的。森林的经济效益主要是在森林采伐后获得的，而生态效益是以森林植物群落的存在为前提才能得到发挥，两者存在着对立的一面，但也有相辅相成的一面。生态效益与经济效益既互相制约，又互相促进。

森林的经济效益要以森林生态环境的良性循环为基础，否则，经济发展和经济效益是不稳定的，经济发展甚至会破坏生态平衡。另外，良好的森林经济效益，可使生态平衡得到经济上的保障。

总之，森林是大自然赋予人类的一份宝贵财富。在它有生命的时候，它能调节气候、防止风沙、涵养水源、美化环境。在它被砍伐成为木材时，它具有强度大、重量轻、不锈蚀、易加工、不污染环境、视感触感好的特点，被称为环境友好材料，深受人们的喜爱，是人们生活、建设不可缺少的重要材料。

3.4　森林工程概述

如前所述，森林工程是运用对森林的认识，利用森林资源，改造森林，开发对人类有用的产品。森林工程既是指生产产品的活动，也指这种生产活动所采用的工程技术。

3.4.1 森林工程的发展历程

人类历史上从森林走出来，从事砍树、打柴、修路、架桥、建筑、搬运等劳动，均属森林工程的范畴。到了近代，由于生产分工，森林工程形成独立的工程分支，成为一种独特的职业。

中国是世界上最早从事木材采运的国家之一。在旧石器时代，先民们已开始利用森林，如构木为巢、钻木取火，当时人们的衣、食、住和丧葬等均依赖于森林。公元前5000—4500年间，浙江余姚河姆渡人已开始从事伐木和木器制造。从铜器时代到铁器时代，采伐工具不断改进，木材运输也从主要依靠畜力运输、水运发展到水陆兼施。过去一百年中，发展到森铁运材、汽车运材。

新中国成立后，随着国民经济发展对木竹材和林产品日益增长的需要和森林工业的兴起，我国森林采运在国民经济部门愈来愈占有重要地位，森工行业在全国工业总产值中曾位居第二。在20世纪50年代，为了开发林区，先后在国有林区建设了131个林业局，在南方集体林区建设了158个重点产材县，建立了约350个国营伐木场(采育场)。到1957年，全国森林采伐企业职工已达36万人。采运作业生产技术上也有了很大改进，从国外引进技术设备，开始使用油锯、电锯伐木和造材，用打枝机打枝桠、履带式拖拉机集材、汽车运材，从而由伐区手工作业向机械化作业迈进了一大步。到20世纪80年代，基本摆脱手工作业方式，实现了机械化的流水作业，大大提高了木材生产效率，1986年达到1 192m³/(人·a)。

自20世纪80年代以来，木材生产政策、工艺与技术又发生了显著变化。一是林区经济出现"两危"，即"资源危机"和"经济危困"，使许多依赖于木材资源的生产企业濒临倒闭或破产。二是木材生产量逐年下降，至实施"天然林保护工程"后，采伐重点逐渐转向林木径级、蓄积均相对较小的人工林。三是木材生产技术多样化。以集材为例，20世纪五六十年代以人力和畜力为主，七八十年代以机械动力为主，90年代后则机械动力、畜力和人力并存。

另一方面，近20年来，我国的森林工程逐渐从以木材生产即采运工程为主转向以森林资源建设与保护为主，投入大量资金用于林业生态体系的建设。重点建设六大工程，即天然林资源保护工程、三北和长江中下游地区等重点防护林体系建设工程、退耕还林还草工程、环北京地区防沙治沙工程、野生动植物保护及自然保护区建设工程、重点地区速生丰产用材林基地建设工程。目前这些生态和产业建设工程已初见成效，从而也为森林资源的合理开发利用创造了条件，将最终形成森林资源和环境的建设、保护与利用的良性循环，走上林业可持续发展的道路。再造秀美山川，为子孙后代造福。

在国外林业发达国家，森林工程发展神速。到20世纪40年代，在陡峻地形的采伐生产上出现了履带式钢架杆集材机，广泛应用轮式和履带式钢索装车机和动力链锯。到60年代，出现了采伐联合机，能将伐木、打枝、剥皮、造材中的若干工序集于一身，驾驶室内操作，可越野行驶，大大提高了生产效率和作业安全性。至70~80年代，在北美和西欧已经实现了采运作业的全盘机械化。近30年来，发达国家的木材生产技术在全面机械化的基础上，不断应用高新技术，向人—机—环境系统更加协调的方向发展，进一步提高了作业效率、作业安全性和生态环保水平。

3.4.2 森林工程的内涵

森林工程是以森林为对象的工程分科。由于森林是可再生更新的自然资源，因而森林工程面向 2 方面任务。一方面是开发利用森林资源，如采伐林木，采集加工药材、竹藤和森林食品，开发森林景观、水源、水电、矿产等；另一方面是建设和保护森林资源，如营造、抚育和更新改造林木，保护森林以防火灾、防病虫，防治荒漠化等。建设和保护森林是前提，是基础，开发和利用森林是目的，也就是为了实现森林的三大效益，为人类造福。在这些生产活动中所采用的手段就是相应的工程技术和林业技术。

为经营森林资源而在林中进行的各种工程活动称为森林作业（forest operation），分布在森林资源从建设、保护到开发、利用、更新恢复的全过程。

3.4.2.1 森林工程的对象

森林工程的对象是森林生态和环境系统，这一系统主要由林木、植被、土壤、岩石、水、空气、动物、微生物等自然物组成。同时林区内的房屋、道路、桥梁、堤坝、河港等人工建造物以及人类活动也在其中起到影响作用。因此，森林工程的对象是自然资源与社会资源密切结合在一起的复杂系统。

森林工程的具体对象是森林中的林木、动植物、微生物等生物资源和土地、水源、河流、矿藏等非生物资源。这 2 种资源处于一个生态系统中，相互影响，密切联系，互为支撑，密不可分，是一个有机的整体。

3.4.2.2 森林工程的环境

任何工程活动都处于一定的自然环境和社会环境中，森林工程也不例外。它所处的自然环境是林地、林木、河流等区域，主要反映资源供给状况。社会经济环境是当时当地的社会文明和经济发展状态，主要反映社会需求情况。

由于中国森林资源一般地处偏僻林区，因而实施森林工程的地域多数是在地形起伏、河谷纵横的山地或丘陵地带，因而工程条件差。加上林木、灌丛、植被的阻碍作用以及森林小气候的影响，工程作业受限较大。另一方面，对森林资源进行开发利用的工程实施，又会改变原有自然环境。这种双向影响是任何工程项目所共有的普遍现象，但对森林工程则更明显、更深刻。

同样由于林区地处偏僻，一般经济发展水平不高，科技力量不强，因而也限制了森林工程的投资和实施环境。加上多年前由于乱砍滥伐和掠夺性开发林区所造成的荒漠化、水旱灾等恶果，使人们对森林工程尤其是林木采伐生产产生了持久偏见，社会关注密切，法律限制增强，常使森林工程的发展处于不利的境况。

3.4.2.3 森林工程的类型

森林工程肩负着建设、保护、开发利用森林资源的任务，因而其工程类型可分为如下 3 类。

（1）森林资源建设与保护工程

建设森林资源是为了增加和改善资源的数量与质量，保护森林则是维护和巩固原有森林自然资源以及森林资源的建设成果。

森林资源建设包括森林营造、森林抚育和森林更新、森林改造等工程。森林营造（silviculture）即营林造林，包括播种和植树，主要在无林地、疏林地和灌木林地进行。森林抚育（forest tending）是为了保证幼林成活、促进林木生长和改善林木品质，以提高森林生产力的活动，如除草、松土、间作、施肥、灌溉、排水、去藤、修枝、抚育采伐、下木栽植等。森林更新（forest regeneration）是在原有森林经过采伐或遭受破坏后，在其迹地上重新形成幼林的过程，分为天然更新和人工更新2类。森林改造是对质量不高的已有森林改变其林分结构或变更树种，以提高林分质量和林木生长率。

森林资源保护是对森林中的生物和非生物因素进行维护，以抵御外界天然的或人为的破坏。主要包括森林水土保护、森林防火灭火和森林病虫害防治等。

（2）森林资源开发与利用工程

开发利用森林是为了实现森林的经济和社会效益，包括生物利用、非生物利用和景观利用。

生物利用的对象包括木材、竹、藤、药材、食材、动物、微生物等。其中木材采运工程是采伐木材，并进行集运和贮存。木材初加工是在林内进行造材、剥皮和削片等。林特产品采集加工包括药材、食材、动物和微生物等的采集和加工。竹藤采运工程是对竹、藤的采集、运输和初级加工。

森林非生物利用包括土地、水源、能源、矿产等的开发利用，这方面的利用常与土木工程、水利工程、电气工程、采矿工程等工程分支密切相关，交叉融合。

森林景观利用是实现森林资源环境效益的重要途径之一，它包括森林景观的建设、旅游开发和经营。

（3）林区道路与运输工程

林区道路又称森林道路、林业道路，是地处林区的道路工程，指通行各种车辆和行人的工程设施，是为林区内的道路交通运输服务的。道路由线路、路基、路面和沿线附属设施组成，因此林区道路工程包括林道网规划、林道设计、施工、运营和养护等内容。林区运输除通过道路外，水路也是一条常见的途径。因此，林区河道的整修、疏浚以及河港的修建也是森林工程的内容之一，同时与水利工程、交通运输工程密切相关。

林区运输工程就是通过道路、铁路、水路，利用汽车、火车或船舶等运送森林物资，包括原料、产品和半成品如原木、竹竿等，运送生产和生活资料等。林区运输工程涉及运输工具、运输线路、运输规划与管理和运输设施如装卸场、中转站、码头等。

3.4.3 森林工程的特点

与其他工程分支相比，森林工程具有明显的特点。

（1）工程对象特殊

森林工程针对森林的个体林木和整体生态环境进行具体工程作业。其对象是可再生的植物生物体和生物群落，其作业处于森林环境的特定条件下并严格受其限制，如打破这一限制将会造成生态失衡而破坏森林的可持续发展。这是森林工程截然区别于其他一般的土木工程、机械运用工程、交通运输工程之所在。因此，森林工程技术复杂程度高、独特性强、影响因素多，是其他一般工程领域所难以比拟的。

（2）工程内容广泛，类型多

森林工程涵盖了森林资源培育和开发利用中的所有非生物工程，贯穿从采种、育苗、植树、造林、抚育、采伐、运输、产品初加工到销售的整个林业生产过程。涉及林学、森林保护和市场营销等，与森林环境工程、土木工程、交通运输工程、机械运用工程、管理工程等相互交叉和渗透。因此，涉及工程类型多，内容广泛。

（3）跨产业属性

按我国国民经济产业分类，森林资源建设与保护属第一产业即种植业，森林资源开发利用属第二产业即采掘业和加工制造业，而林产品原料、产品或半成品的运输、销售、流通又属第三产业即服务业。因此，森林工程横跨一、二、三产业，兼有第一、二、三产业的属性。森林工程在我国林业生态体系和林业产业体系中处于结合部和交汇点的位置。

（4）市场和经济属性

森林工程承担森林原材料和初级产品的生产和经营任务，直接面向经济大市场，具有鲜明的市场属性，成为社会生产和经营相结合的一个综合体。

（5）公益属性

森林工程中与森林生态环境相关的部分构成了其公益属性的一面，包括水源涵养、水土保持、风景旅游、自然保护、防风固沙以及各种防护效益等。国际林业研究组织联盟（IUFRO）第三学部在 1990 年即增设了"森林作业与环境保护"学组，以考虑森林作业与森林生态环境效益的统一。

（6）环境艰苦，作业粗放

森林工程一般地处偏僻，交通不便，社会经济欠发达。林区自然条件复杂，有的地形环境脆弱，气候恶劣。森林工程的作业对象多是树木、岩石、土壤等大、笨、重、脏的物体，且通常为野外作业。森林工程至今仍是一个艰苦行业，劳动强度大，作业环境不佳，工作危险性大。对机械化、电气化、信息化、自动化的实现有很大的限制。经营管理上较粗放。

复习思考题

1. 森林资源与森林环境有何关系？
2. 我国森林资源的现状如何？与世界上的林业发达国家有何差距？
3. 如何理解森林资源三大效益之间的关系？
4. 中国森林分布有何规律性？世界森林分布有何规律性？
5. 中国和世界的森林分布有何相似之处？有何区别？
6. 森林的地理环境和生态环境有何联系？
7. 你对我国森林资源的前景有何展望？
8. 我国森林工程的现状如何？与发达国家有何差距？

9. 从我国森林工程的发展历程上看，有什么经验教训？

10. 森林工程的环境、特点与土木工程、木材科学与工程有何异同？

本章推荐阅读文献

1.《中国森林》编辑委员会编著. 中国森林(第一卷 总论). 北京：中国林业出版社，1997.

2. 赵雨森，王逢瑚，王立海主编. 林业概论. 哈尔滨：东北林业大学出版社，2004.

3. 陈祥伟，胡海波主编. 林学概论. 北京：中国林业出版社，2010.

4. 宋敦福主编. 现代林业概论(第2版). 北京：科学出版社，2013.

5. 联合国粮农组织. 2011年世界森林状况. 2011.

6. 联合国粮农组织. 2010年世界森林资源评估主报告. 2011.

7. 国家林业局. 中国森林资源简况——第八次全国森林资源清查. 2014.2

8. 国家林业局. 中国森林资源报告. 北京：中国林业出版社，2014.

第4章

森林资源建设与保护工程

【本章提要】本章介绍我国森林资源建设与保护工程中的森林营造、森林抚育与更新、天然林资源保护、水土保持与防护林建设、森林防火灭火、森林病虫害防治、荒漠化防治等方面的内容，从工程角度阐述其内涵、原理、种类、工程设施、机械设备、技术措施和工艺过程、方法等。

建设森林资源是为了增加和改善资源的数量和质量，保护森林则是维护和巩固原有森林自然资源的建设成果。森林资源建设包括森林营造、森林抚育、森林更新及森林改造等工程。森林资源保护包括森林水土保持、森林防火灭火、森林病虫害防治及森林荒漠化防治等工程。

4.1 森林营造

在无林地或原来不属于林业用地的土地上造林，称为营造人工林。在原来生长森林的迹地（采伐迹地、火烧迹地）上造林，称为森林人工更新。两者均属森林营造。

4.1.1 造林的目的和人工林的种类

造林的目的是为了维持、改进和扩大森林资源，为社会提供木材和各种林产品，并发挥森林的多种生态效益和社会效益。造林的目的是多方面的，每块具体造林地的造林目的各有侧重，如生产木材、水源涵养、维护生态环境、景观建设、休闲旅游等。

用人工的方法营造的森林称为人工林。根据人工林的不同效益可划分为不同的种类，称为林种。不同的林种反映不同的造林目的，在造林措施上也各有不同。

森林划分为5大林种，即防护林、用材林、经济林、薪炭林及特种用途林。按照人们对森林的主导需求，相应地将森林区分为以发挥生态、社会效益为主的公益林（即防护林和特种用途林）和以发挥经济效益为主的商品林（即用材林、经济林和薪炭林）2大类。

4.1.2 造林的基本技术措施

为使林木达到速生、丰产、优质，必须采用适当的造林技术措施。这些措施是基于森林发生发展的客观规律和已有的造林经验。

（1）适地适树

适地适树是指树种特性尤其是生态学特性应与造林地的立地条件相适应，以充分发挥林地生产力，达到该立地在当前技术经济条件下的高产水平。例如，刺槐、马尾松、臭椿等树种耐干燥，适宜栽在瘠薄的土壤上；柳树、枫杨等适宜在低温的地方生长；泡桐、杨树、白榆等树种适于平原生长，在山地上种植则生长不良。适地适树是相对的，允许地树在一定范围内存在差异，而通过人工措施，改地适树或改树适地。

(2)选育良种，培育壮苗

良种壮苗具备较强的生理机能、较大的抗逆能力、较优的干材品质，因而也就具备了速生丰产优质的潜在能力。有了壮苗良种，还必须认真细致地种植，使其成长为优良林木。否则栽不活，长不好，壮苗良种也发挥不了作用。

(3)林木群体结构

人工林是个群体，树木个体组成林木群体即形成一定的结构，包括密度、配置方式、树种搭配、年龄结构等。如人工林的结构合理，则能充分利用光能及土地，改良土壤性能，增强对外界不良环境因子的抗性，达到速生丰产的效应。

(4)林木生长环境

林木的速生丰产需要良好的外界环境。为此要进行细致整地、抚育保护，有可能时还要施肥、灌水及排水，以发挥其潜能。

综上所述，造林的基本技术措施是在适地适树的基础上，以良种壮苗和认真种植来保证树木个体优良健壮，以合理密度及组成来保证人工林群体的合理结构，以细致整地、抚育保护以及可能的灌水施肥(排水)以保证良好的林地环境。

4.1.3 造林地

4.1.3.1 造林地的立地条件

在一定的地区内，虽然大气候和大地貌基本一致，但不同的造林地块之间仍然存在着很大的差异。不同的地形部位具有不同的小气候、土壤、水文、植被及其他环境状况。在造林地上凡是与森林生长发育有关的自然环境因子统称为立地条件。一般的立地条件因子有：

(1)地形

包括海拔高度、坡向、坡形和部位、坡度、小地形等。地形引起小气候条件和土壤条件的变化，从而对森林的生长发育产生影响。一般随着海拔高度的升高，森林植被类型也发生类似于由南向北的变化。

(2)土壤

包括土壤种类、土层厚度、腐殖质层厚度、土壤质地、土壤结构、土壤酸碱度、土壤侵蚀程度、各土壤层次的石砾含量、土壤中的养分元素含量、土壤含盐量及成土母岩和母质的种类等。植物生长发育所需水分和矿质养分来源于土壤，造林地土壤的状况对森林的生长起着非常重要的作用。

(3)水文

地下水位深度及季节变化、地下水的矿化度及其盐分组成，有无季节性积水及持续期等。在平原地区，水文条件尤其是地下水位对植被的生长起重要作用，而在山地则作用较小。

（4）生物

造林地上的植物群落、结构、盖度及地上地下部分的生长分布状况，病、虫、兽害的状况，有益动物及微生物的存在状况等。在植被未受到严重破坏的地区，植被的状况能反映立地质量。

（5）人为活动

土地利用的历史沿革及现状，各项人为活动对上述各环境因子的作用等。不合理的人类活动，如取走林地枯枝落叶、不合理的整地方法和间种，将导致造林地土壤肥力的下降；而建设性的生产措施，如合理的整地、施肥和灌溉，能提高土壤肥力，提高造林地的生产性能。

4.1.3.2　造林地种类

通过划分立地类型能够较为准确地了解造林地的特性，为适地适树奠定了基础。再根据造林地的环境状况，划分不同的造林地种类，可进一步表达造林地的特性。造林地种类大致归纳为 4 大类：

（1）荒山荒地

这是中国面积最大的一类造林地。这种造林地上没有生长过森林植被，或过去生长过森林植被，但多年前已遭破坏，植被已退化演替为荒山植被，土壤也失去了森林土壤的湿润、疏松等特性。荒山可按其现有植被划分为草坡、灌丛及竹丛地等。平坦荒地多是不便于农业利用的土地，如沙地、盐碱地、沼泽地、河滩地、海涂等。

（2）农耕地、四旁地及撂荒地

农耕地是营造农田防护林及林农间作地的造林地。农耕地一般平坦、裸露、土厚，条件较好，便于机械化作业。但农耕地耕作层下往往存在较为坚实的犁底层，对林木根系的生长不利。如不采取适当措施，易使林木形成浅根系，容易发病及风倒。造林时最好采用深耕及大穴深栽树。四旁地是指路旁、水旁、村旁和宅旁植树的造林地。在农村，四旁地基本上是农耕地或与农耕地类似的土地，条件较好。其中水旁地有充足的土壤水分供应，条件更好。在城镇地区，四旁地的情况比较复杂，有的地方立地条件较好，有的地方可能是建筑渣土、地下管道及电缆，有的地方则有屋墙挡风、遮阴或烘烤等影响。撂荒地是指停止农业利用一定时期的土地，它的性质随撂荒的原因及时间长短而定。一般撂荒地的土壤较为瘠薄，植被稀少，有流失现象，草根盘结度不大。撂荒多年的造林地，其上的植被覆盖度逐渐增大，与荒山荒地的性质相接近。

（3）采伐迹地和火烧迹地

采伐迹地是采伐森林（皆伐）后的林地。刚伐后的新采伐迹地是一种良好的造林地，光照充足，土壤疏松湿润，原有林下植被衰退，而阳性杂草尚未侵入，此时人工更新条件好，应当争取时间及时清理林地。火烧迹地是森林被火烧后腾出的林地，与采伐迹地相似，但有其特点。火烧迹地上往往站杆、倒木较多，需要进行清理。火烧迹地的土壤中灰分养料增多，土壤微生物的活动也因土温增高而有所促进，林地上杂草少。故应充分利用这些条件及时进行人工更新。新火烧迹地如不及时更新，造林地的环境状况将不断恶化，逐渐过渡为荒山造林地。

（4）已局部天然更新的迹地、低价值幼林地及林冠下造林地

这类造林地的共同特点是已长有树木，但其数量不足或质量不佳，或树已衰老，需要补充或更替造林。在已经局部天然更新的迹地上需要进行局部造林，原则上是"见缝插针，栽针保阔"。必要时也要砍去部分原有的低价值树木，使新引入的树木得到更均匀的配置。低价值幼林地一是指封山育林或采伐迹地经天然更新而形成的天然幼林，由于树种组成或起源不良，使密度太小，分布不均；二是指人工造林由于不适地适树，树种组成不合理，造林密度偏大，或抚育管理不善等原因，致使林木成了"小老树"。这些都需要分别具体情况采取适当措施及时加以改造。林冠下造林地是指老林未采伐之前在林冠下进行伐前人工更新的造林地。这类造林地也有良好的土壤条件，杂草不多，但上层林冠对幼树影响较大。适用于幼年耐阴的树种造林，可粗放整地，在幼树长到需光阶段时要及时伐去上层林冠。

4.1.4　造林方法

造林方法是指造林施工的具体方法。造林方法按所使用的造林材料（种子、苗木、插穗等）的不同，一般分为播种造林、植苗造林和分殖造林3种。根据造林树种的繁殖特性和造林地的立地质量，正确地选用造林方法，掌握施工技术，确定适宜造林季节，有利于以较低的经济投入来达到较高的造林成活率。

（1）播种造林

将林木种子直接播种到造林地的造林方法，又叫直播造林，简称直播。播种造林是一种常用的造林方法，虽然其应用不如植苗造林普遍，但在某些自然、经济条件下，依然显示出较大的优越性。播种造林又分为人工播种造林和飞机播种造林。

（2）植苗造林

将苗木作为造林材料进行栽植的造林方法，又称栽植造林、植树造林。植苗造林法受树种和造林地立地条件的限制较少，是应用最广泛的造林方法。植苗造林应用的苗木，主要是播种苗（又称原生苗）、营养繁殖苗和移植苗。

（3）分殖造林

分殖造林是利用树木的营养器官（如枝、干、根等）及竹子的地下茎作为造林材料直接造林的方法，又称为分生造林。其特点是能够节省育苗时间和费用，造林技术简单、操作容易，成活率较高，幼树初期生长较快，而且在遗传性能上保持母本的优良性状。这种方法主要用于营养繁殖的树种，如杨树、柳树、泡桐和竹类等。分殖造林按照所用营养器官和繁殖的具体方法，分为插条、插干、压条、埋干、分根和地下茎造林等。

4.1.5　造林机械

（1）挖坑机

主要用于造林植树挖坑，适用于平原、丘陵、沙地等不同条件下挖暖土的圆柱状穴坑。挖坑直径一般0.4~1.0m，挖坑深度可达1.2m。广泛用于大面积速生丰产林大苗

穴坑以及城市路边园林绿化等。对生态建设、公路、铁路两侧绿化等挖坑植树效率高。图 4-1 所示为 IWX-50 挖坑机。

图 4-1　IWX-50 挖坑机

图 4-2　YTE-60(45)液压通用植树机

（2）植树机

用于栽植 1～3 年生全株大苗，适应在平原、沙丘和退耕还林地上大面积植树或植灌。植树机作业时由前铧开沟破开表层干土、草皮、沙石，后铧在沟里再次开沟，植苗、培土、镇压、覆土一次完成。工作效率和苗木成活率可大大提高。图 4-2 示为 YTE-60(45)型植树机。

4.2　森林抚育与更新

对人工林或天然林，从幼林开始直到可以利用之前的整个林木生长过程中，为把森林培育成符合利用目的而实行的各种人工作业，称为森林抚育。

根据抚育措施作用于林木生长环境或是作用于林木本身的不同，森林抚育可分为幼林抚育和抚育间伐 2 大类。幼林抚育是直接作用于环境从而间接影响林木。抚育间伐直接作用于林木与环境，从而改善林木生长和品质。森林更新是在森林采伐利用后，为恢复森林而采取的措施。

4.2.1　幼林抚育

新造幼林一般要经历缓苗、扎根、生长并逐步进入速生的过程。这一阶段的林分尚未郁闭，幼林基本上处于散生状态。这时进行抚育管理，是为了创造优越的环境条件，满足幼林对水、肥、气、光、热的要求，达到较高的成活率和保存率，并使之迅速成长，为林木速生、丰产、优质奠定良好的基础。幼林抚育包括以下几个方面：

（1）松土除草

幼树的松土除草为幼树创造一个良好的生长环境，促进根系的呼吸活动，加速幼根的生长，并可减少土壤养分的流失，促进林木的生长。松土除草一般在造林后第 1 年开始，连续进行 3～5 年。

（2）浇水施肥

浇水施肥是促进林木生长的关键措施，特别是在北方干旱地区尤为重要。幼树除造林时要施足底肥外，成活后每年春季还要追一次肥，一般结合浇水进行。每年春季浇一次返青水；5、6 月份在林木即将进入快速生长的前期，浇 1~2 次透水；一般雨季到来以后不再浇水，在土壤结冻前再浇一次封冻水。

（3）修枝

为促进林木生长，在造林后第 2 年开始，对主干下部萌生的枝条要全部剪掉，疏去徒长枝和并生枝。对于主枝不明显的幼树将枝头截去 1/2，促使其形成徒长枝，重新换头。对于有两个主枝的幼树，要疏去竞争枝。为促进林木主干通直圆满，根据树木生长情况，每隔 2~3 年，在春季萌发前或秋季落叶后进行一次修枝，剪去影响林木生长的徒长枝、竞争枝、并生枝和轮生枝，以免形成主干弯曲或"卡脖"。修枝时，一般在林分郁闭前保留树冠应占树高的 2/3，林分郁闭后保留树冠也应占树高的 1/2，以保证林木正常生长。

4.2.2　抚育间伐

抚育间伐简称间伐，是指在未成熟的林分中，为了给保留木创造良好的生长环境条件，而定期采伐部分林木的森林培育措施。同时也作为一种中间利用手段，提供大量中、小径材。

由于构成林分的树种不同，年龄不同，则抚育采伐承担的任务不同，因而也就有不同的抚育采伐的种类。传统上我国将抚育采伐分为透光伐、除伐、疏伐、生长伐、卫生伐 5 类。

（1）透光伐

在天然混交幼林中的第 I 龄级的前半期，即林分开始郁闭时进行。目的是为了主要树种不被次要树种所压，使主要树种占优势，砍去部分次要树种，同时割除杂草、藤蔓。对密度过大的纯林，也应伐去其中生长不良的个体，改善林木生长发育条件。

（2）除伐

在天然混交林第 I 龄期的后半期，即林分完全郁闭后进行。继续完成透光伐未完成的调整组成的工作，还要伐去主要树种中的劣质木、生长落后木，通常在郁闭度 0.9 以上的林分中进行。

（3）疏伐

从干材林时期开始，主要是伐去树干弯曲、多杈、偏冠以及受害的、生长衰弱的林木，因而是干形抚育。在密度大的林分中，也要伐去一些干形虽好但生长不良的个体。

（4）生长伐

在疏伐结束后至主伐前一个龄级进行。此时林木高生长缓慢，干形已定，整枝也慢。因此，此时进行抚育采伐是为加速林木直径生长与材积生长，生产大径材，缩短工艺成熟期，并有利于林木结实，为下一代天然更新创造良好条件。

（5）卫生伐

将枯立木、风倒木、风折木、受机械损伤的濒死木，以及受病虫危害的无培育前途的立木伐去，目的是改善森林的卫生状况，减少病虫害与火灾的发生，促进林木的健康生长。

4.2.3　森林主伐更新

对成熟林分或部分成熟林木进行的采伐称为森林主伐。主伐的目的，一是取得木材；二是更新森林，扩大再生产，使森林成为永续利用的资源。森林更新包括采伐老林和更换成新林的一系列工作，既包括采伐老林，创造有助于林木结实、种子发芽和幼苗生长的环境条件；也包括各种育林措施如清理采伐迹地、整地和抚育等，以期尽快使目的树种更替老林。主伐方式实际上是森林更新的一个组成部分，更新方法决定着主伐方式。

所谓主伐方式，就是在预定采伐的地段上，根据森林更新的要求，按照一定的方式配置伐区，并在规定的期限内进行采伐和更新的整个顺序。主伐方式依据更新方法的不同，基本可以分为 3 种类型。

①皆伐　一次采伐全部林木，人工更新或天然更新形成同龄林。

②渐伐　在不超过 1 个龄级期的较长期间内，分若干次采伐掉伐区的林木。利用保留木下种，并为幼苗提供遮阴条件。林木全部采完后，林地也全部更新起来，同样也是形成同龄林。

③择伐　分次采伐单株或群状老龄林木，形成并维持异龄林。

天然林或人工林经过采伐、火烧或其他自然灾害而消失后，在这些迹地上以自然力或用人为的方法重新恢复森林，称为森林更新。根据森林更新发生于采伐前后的不同，分为伐前更新和伐后更新。伐前更新（简称前更）是在采伐以前，在林冠下面的更新；伐后更新（简称后更）是在森林采伐以后的更新。更新的方法有人工更新和天然更新。对天然更新加以人工辅助，则称为人工促进天然更新。应根据森林类型的特点如树种特性、更新过程和演替方向等，选择合理的更新方法。在渐伐和择伐迹地并有天然更新条件的地方，可侧重利用天然更新。在皆伐迹地或没有天然更新条件的地方，应采用人工更新。

4.3　天然林保护工程

天然林保护工程（简称"天保"工程）是通过限制对天然林的采伐量，保护、恢复天然林资源，实施分类经营，优化经济结构，立体开发林区多种资源，特别是开展森林复合经营，合理分流富余人员，实现林区天然林可采资源的消长平衡、人口就业平衡、经济平衡和"三大效益"的平衡。

我国的天然林资源是最为基础的自然资源，主要分布在大江大河的源头、流域和重点山脉的核心地带。天然林资源是生物圈中功能最为完备的动植物群落，具有丰富的生物多样性，也是陆地生态系统强有力的支撑，发挥着维护生态平衡和提高生态环境质量的主体作用。天然林资源破坏容易恢复难，其所发挥的功能和作用，更是远非人工林所及。因此，把天然林作为单纯的经济资源来采伐利用，不仅十分可惜，而且后果严重。

我国国有林区天然林面积约 $0.63 \times 10^8 \mathrm{hm}^2$，占全国天然林面积的 52%，蓄积量约占全国天然林蓄积的 71%。这些天然林是长江和黄河流域、呼伦贝尔草原、三江平原、新疆畜牧区等地的重要生态屏障，对保护我国的水资源、保证大江大河的水利设施发挥长期的效能具有极其重要的作用，对维护区域乃至全国的农、牧业的稳产高产、调节气候、改善人类生存环境起着不可替代的作用。因此，国有林区是天然林保护的重点、难点和关键。

工程实施重点是国有林区，即分布于东北、西北和西南的黑龙江、吉林、内蒙古、陕西、甘肃、新疆、青海、四川、重庆和云南等10个省（自治区、直辖市）的国有成片天然林林区。

天然林保护工程将林业用地划分为生态公益林和商品林2类，分别加以建设，从而构成我国生态公益林重点保护体系和商品林基地。商品林的建设是通过高强度集约经营、定向培育、基地化建设、规模化生产，发展速生丰产用材林、工业原料林及珍贵大径级用材林等，为重点地区长期发挥木材生产基地的作用奠定基础，从根本上解决木材供需矛盾。

4.4 水土保持与防护林工程

水土保持是防止水土流失，保护、改良与合理利用水土资源，维护和提高土地生产力，减轻洪水、干旱和风沙灾害，以利于充分发挥水、土资源的生态效益、经济效益和社会效益。水土保持措施主要有2大类，分别是水土保持林草措施和水土保持工程措施。

防护林是为了防止自然灾害，改善气候、土壤、水文条件，创造有利于农作物和牲畜生长繁育的环境，以保证农牧业稳产高产、提供多种效用的人工林生态系统。水土保持林是防护林的一种。

4.4.1 防护林工程

防护林指以防护为主要目的的森林、林木和灌木丛，包括水源涵养林，水土保持林，防风固沙林，农田、牧场防护林，护岸林，护路林。

我国防护林体系建设的重点包括三北、沿海、长江和平原农区等防护林人工生态工程。全国整体的综合防护林体系覆盖范围达 $578 \times 10^4 km^2$，占国土面积的60%以上，包括了全国主要的水土流失、风沙危害、平原农区和台风盐碱地区。

（1）三北防护林体系

三北防护林体系包括西北、华北和东北的13个省、自治区、直辖市的551个县，东西长4 480km，南北宽560~1 460km，总面积达406.9×$10^4 km^2$，占全国陆地总面积的42.4%。自1978年起，在我国华北北部、东北西部和西北大部分干旱和风沙危害、水土流失严重的地区建立以防风固沙林、农田防护林、水土保持林以及牧场防护林为主体的多防护林种相结合的防护林体系工程。

（2）长江流域防护林体系

长江全长6 397km，流域总面积为180×$10^4 km^2$，占我国国土面积的19%，人口集中，达3.5亿。流域内山地占65%，丘陵24%，平原11%。现有森林面积为6 612×

$10^4 hm^2$，占全国森林面积的 29%，覆盖率达 38%。由于森林逐年减少，致使土壤侵蚀和流沙淤积严重，洪水灾害日趋严重，1998 年形成历史上百年不遇的特大洪灾即为一例。流域内水土流失面积在 20 世纪 50 年代为 $36 \times 10^4 km^2$，到 80 年代增至 $72 \times 10^4 km^2$，土壤侵蚀量达 $24 \times 10^8 t$。从 1989 年起开展长江防护林体系工程建设，在流域的中上游大力发展水源林，在主要支流的中下游建设水土保持林，在干流的中下游建立护岸林、防浪林，在平原地区建设农田防护林。工程实施完成后在全流域将增加森林面积 $2\,000 \times 10^4 hm^2$。

(3)海岸防护林体系

我国大陆海岸线长 $1.8 \times 10^4 km$，北起鸭绿江口，南至广西的北仑河口。沿海岸线的 150 个县，总面积达 $2\,270 \times 10^4 hm^2$，人口近 1 亿，是我国农林牧副渔业的重要基地。但受到风、沙、潮、旱、涝、盐碱等不利因素影响，自然灾害频繁。我国在 20 世纪 50 年代就开始发展沿海防护林，主要以防风固沙为主。海岸基干林带一般宽于海岸线，同风沙、海浪的方向垂直，为海岸的第一道防线。另一种形式是在沿海沙丘、沙滩营造高密度(4 500~6 000 株/hm^2)的片林和林带，起到固定流沙的目的。近十多年来，海岸防护林建设逐渐走向生态经济型的防护林体系，因地制宜地把防护林与用材林、经济林、薪炭林等有机结合，建成海岸防护林体系，逐渐发展成为我国外贸型经济林基地。目前，海岸防护林体系已基本建成。

(4)农业防护林体系

农业防护林体系建设是我国防护林建设规模最大的一项工程，其范围包括三江平原、松辽平原、黄淮平原、华北平原、长江下游平原和珠江三角洲等农业区，共有耕地 $1.3 \times 10^8 hm^2$，按行政区划包括 918 个县，人口占全国半数。由于我国属季风气候，自然灾害频繁，旱涝、风沙、盐碱、低温等灾害直接影响着我国农业的发展。因此，农业防护林成为我国农田基本建设的重要内容。自 20 世纪 60 年代开始，以平原绿化为中心，在农田的沟、渠、路边，因地制宜地营造 2~3 行窄林带，在农田、果园建立疏透结构的防护林网，其营林面积每年占人工造林面积的 9%~13%。随着市场经济的发展，我国农业防护林也向多林种、多树种、多层次的生态经济型、景观生态型以及农林复合经营系统发展。

4.4.2　水土保持林

水土保持林是指在水土流失地区，调节地表径流，防治土壤侵蚀，减少河流、湖泊和水库泥沙淤积，改善山地丘陵的农牧业生产条件，提供一定林副产品的天然林和人工林。水土保持林对于控制水土流失、涵养水源、保护生态环境发挥着巨大的作用。

(1)调节地表径流

通过林分的乔、灌木林冠层截留降水来改变林下的降水量和降水强度，减少雨滴对地表直接打击的能量，延缓径流形成的时间。林下灌木和草本植物及枯枝落叶，不仅保护地表土壤免遭雨滴的冲击，减少了击溅侵蚀，而且增加了地表粗糙度，削弱了地表径流，在很大程度上降低径流携带泥沙的能量。枯落物层腐烂后，在土壤中形成团粒结构，有利于大量微生物活动，有效地增加了土壤的孔隙度，从而使森林土壤对降水有极强的吸收和渗透作用，增大了土壤水容量和渗透系数，有利于水分的下渗，发挥了良好的径流调节作用。

（2）涵养水源

水土保持可以增加、保持、滞蓄下渗水分，调节河川流态，削减洪峰流量，延长径流历时，增加枯水期河流流量，从而减轻洪水危害。

（3）增强土壤的抗蚀抗冲性

依靠林分的乔、灌、草密布的地上部分及其强大的根系网络，减少径流冲刷从而固持土壤，改善土壤理化性质和结构。强大的根系也可发挥良好的固岸、固坡、防冲、防滩以及减少滑坡、崩塌等作用，增强了土壤的抗蚀抗冲性。

4.4.3　水土保持工程

水土保持工程是改变小地形，控制坡面径流，治理沟壑防止水土流失的重要措施。在单靠林草措施和生物技术措施不能充分控制水土流失的地方，就必须配合实施工程措施，相互促进。水土保持工程主要包括坡面治理工程、沟道治理工程和山区小型水利工程等。

4.4.3.1　坡面治理工程

坡面治理工程也称治坡工程，如梯田、梯地、水平沟、水平阶、鱼鳞坑、水簸箕和地坎沟等，在防止坡面径流、保持水土、促进农业生产中有着重要作用。这些治坡工程形式各异，但都有一个共同的特点，即在坡面上沿等高线开沟筑埂，修成不同形式的水平台阶，用改变小地形的方法，起到蓄水保土作用。

其中梯田分为水平、坡式和隔坡梯田3种。隔坡梯田是沿原自然坡面隔一定距离修筑一水平梯田，在梯田与梯田间保留一定宽度的原山坡植被。

4.4.3.2　沟道治理工程

沟道治理工程也称治沟工程，是丘陵山区治理水土流失的重要工程内容，是防止沟壑侵蚀发展、变荒沟为良田的有效措施。在我国黄土丘陵沟壑区，把沟壑治理与建设高产稳产农田结合起来的做法，是独具风格的。

（1）沟壑治理

无论发育在何种土壤、地形条件下的侵蚀沟，在治理过程中都应遵循从上到下、从坡到沟、从沟头到沟口、全面部署、层层设防的原则，既要解决侵蚀发生的原因，又要解决侵蚀产生的结果。

（2）沟头防护工程

沟头防护工程用于防止沟头因径流冲刷而发生的沟头前进和扩张，有蓄水式和排水式2种类型。无论哪种类型都应与造林种草密切结合起来，使之更有效地保持水土。蓄水式沟头防护工程多修在距分水岭较近、集水面积较小、暴雨径流量不大的沟头，或虽坡面集水面积较大，但坡面治理已基本控制住了坡面径流的沟头，要求把水土尽可能拦蓄。在沟头较陡、破碎、坡面来水量较大的地区，没有条件将水拦蓄，或拦蓄后易造成坍塌时，可采用排水式沟头防护工程。将沟头修成多阶式跌水或陡坡状的防冲排水道，也可采用悬臂式排水工程。

（3）沟底工程

从本质上讲，沟底工程就是修筑堤坝，主要有谷坊、淤地坝和小水库 3 类。谷坊是稳定河床、防止沟底下切、抬高侵蚀基准的一项工程措施，能拦泥缓流、改变沟底比降，为植物在沟床中生长提供条件。淤地坝是滞淤拦泥，控制沟床下切、沟壑扩张，变荒沟为良田，合理利用水土资源的一项重要措施。淤地坝和谷坊一样，都是修筑于沟底的坝，但它们的大小、高低和目的不同。谷坊多在毛沟内修筑，高度一般 5cm 以下；淤地坝高度一般在 5cm 以上，依据径流量和泥沙冲刷量而定，其功能除稳定沟床外，更重要的是拦泥淤地，扩大耕地，达到稳产高产目的。

在溪沟河谷地形条件较好、集水面积较大的地段，可修建小型水库，对放洪、灌溉、发电、养鱼、保持水土、促进农业增产等方面都有重要作用。

4.4.3.3　小型水利工程

在水土流失地区，除沟中小水库外，在坡面上可修筑"以蓄为主，排蓄结合"的小型水利工程。它们在暴雨时能拦蓄地表径流，减缓流速，同时有助于用洪用沙，变害为利。小型水利工程包括塘坝（塘堰）、蓄水池（陡塘、山弯塘、涝池）、转山渠（盘山渠、撇洪沟）、土窖、水窖、引洪漫地等。

4.5　森林防火灭火工程

森林火灾是一种自然灾害，具有很强的周期性、突发性和破坏性，它的发生与天体演变、气候变化和人类活动密切相关。森林火灾具有自然灾害和人为灾害的双重性，重在自然灾害属性。

4.5.1　综合森林防火

综合森林防火是从生态观点出发，根据森林的实际情况和现有的技术水平，进行综合性的森林防火规划，采用人为和天然的多种防火措施，有效地把森林火灾控制在允许范围之内，将森林火灾损失限制在一定水平，以维护森林生态平衡。

综合森林防火措施主要包括营林防火、生物与生物工程防火、以火防火、群众防火等。

4.5.1.1　营林防火

开展营林防火，就是使森林经营和森林防火结合起来。森林经营的目的是不断地调节森林结构，改善森林生长发育的条件，这与森林防火的要求常常是一致的。通过营林防火措施可减少和调节森林可燃物，增强林分的抗火能力和防火功能，是森林防火的基础。营林防火主要措施有：扩大森林覆被，加强造林前整地和幼林抚育管理，针叶幼林郁闭后的修枝打杈，抚育间伐。

4.5.1.2 生物与生物工程防火

自然界中形形色色的动物、植物和微生物对火有着不同的抗性。不同的森林植物群落的燃烧性不同，不同动植物之间的相互作用和影响也会影响到森林的燃烧性。生物与生物工程防火的实质是利用自然界的力量和条件以及生物之间的相互作用关系来开展防火。

开展生物与生物工程防火，可以利用不同植物、不同树种的抗火性能来阻隔林火的蔓延。也可以利用不同植物或树种的生物学特性的差异，来改变火环境，使易燃林地变为难燃林地，增强林分难燃性。还可以通过调节林分结构来增加林分的难燃成分，减少易燃成分，从而降低森林的燃烧性。此外，利用微生物、低等动物或野生动物的繁殖，减少易燃物的积累，也可以达到降低林分燃烧性的目的。总之，生物与生物工程防火，主要是通过调节森林燃烧的物质基础，来达到森林防火的目的。

4.5.1.3 以火防火

火能引起森林火灾，破坏森林结构，影响森林正常发育，给森林带来危害。另一方面，在人为控制下，按计划用火，则可减少森林中可燃物积累，给森林防火带来益处，有利于防火。只要方法对头，以火防火是一种多快好省的防火措施。目前许多发达国家都在推行大面积计划火烧，以减少森林火灾的危害。

4.5.1.4 群众防火

全世界由于人为原因引起的森林火灾占森林火灾总次数的75%以上。通过宣传教育，让人们认识森林火灾的危害性，强化全民森林火灾预防意识和法制观念，使森林防火变为全民的自觉行动。加强群众防火，减少人为火源，可使森林火灾明显减少。

4.5.2 森林灭火

森林燃烧需要具备燃烧的3个条件：即森林可燃物、空气(氧)和火源。构成燃烧三要素中缺少一个要素燃烧就会停止。因此，扑救森林火灾就是破坏其中一个要素使火熄灭。

4.5.2.1 扑救林火机理

(1)窒息灭火(隔绝空气)

隔绝可燃物，使着火的可燃物与未着火的可燃物隔离，达到灭火的目的。隔绝或稀释空气，使空气中氧的浓度低于14%~18%，使其窒息熄灭，以达到灭火的目的。可采用化学灭火剂，也可用覆盖或扑打的方法，使可燃物与空气隔绝而熄灭林火。此法适合于林火初期，对大面积森林火灾，需要隔绝空气的空间过大，就有困难。

(2)冷却灭火

降低温度，使可燃物的温度降至燃点以下。如在可燃物上覆盖湿土或洒水等，使可燃物的温度低于燃点，达到冷却降温灭火的目的。

（3）隔离灭火（封锁可燃物）

使火与可燃物隔离而达到灭火。一种是使燃烧的可燃物与未燃烧的可燃物彻底分离，如建立防火线、防火沟、生土隔离带等措施；另一种是增加可燃物的耐火性，喷洒化学灭火剂或水等，使其成为难燃或不燃物。

4.5.2.2 扑救林火的基本方法

（1）直接扑火法

这类扑火方法适用于弱度、中等强度地表火的扑救。由于林火的边缘上一般有40%~50%的地段燃烧强度不高，因而这个范围可作为扑火员的安全避火点。从这个点出发，沿顺风方向分别向火场的两侧翼推进，扑火员靠近火边直接扑火。扑火员由于距离火近，容易了解林火的温度和强度，因此易保证安全，同时扑火费用也少。直接扑火法分为扑打法、土灭法、水灭法、风力灭法及化学灭火法等。

（2）间接扑火法

有时由于火的行为、可燃物类型及人员设备等原因，不允许采用直接扑火法，这时就要采用间接扑火法。这类灭火法适用于高强度的地表火、树冠火及地下火。主要是开设较宽的防火线或利用自然障碍物及火烧法来阻隔森林火灾的蔓延。

（3）平行扑救法

当火势很大、火的强度很高、蔓延速度很快、无法用直接方法来扑救时，由地面扑火员和推土机沿火翼进行作业或建立防火隔离带。

4.5.2.3 常用灭火方法

（1）扑打法

扑打法是最原始、最常用的一种林火扑救方法，常用于扑救弱度和中等强度的地表火。常用的扑火工具有"一号工具"和"二号工具"，前者是用树条扎成的扫帚或将湿麻袋绑在木棒上；后者是用汽车外胎的里层剪成宽2~3cm，长0.8~1m的胶皮条，绑在塑料棍上呈拖把状。

（2）土灭法

土灭法是以土盖火，使火与空气隔绝，从而使火窒息。适用于枯枝落叶层较厚、森林杂乱物较多的地方，用扑打法不易扑灭时，可采用锄头、铁锹等工具取土盖火。一般在林地土壤结构疏松时使用。土灭法的优点是就地取材，效果较好，在清理火场时用土埋法熄灭余火，防止"死灰"复燃也十分有效。

（3）水灭火法

水是消防上最普遍应用的一种灭火剂。当火场附近有水源如河流、湖泊、水库、贮水池等时，应该用水灭法。其不但可缩短灭火时间，而且能够有效地防止复燃。

（4）风力灭火法

这是利用风力灭火机产生的强风，把可燃物燃烧释放的热量吹走，切断可燃性气体而使火熄灭的一种灭火法。风力灭火机只能用于扑灭弱度和中度的明火，不能灭暗火，否则愈吹愈旺。

（5）爆炸灭火法

利用爆炸法不仅可以开辟生土带、防火沟，阻止火灾蔓延，同时还可以利用爆炸产生的冲击波和泥土直接扑灭猛烈的大火。一般在偏远林区发生大面积火灾，消防人员不足、林内杂乱物较多、新的采伐迹地和土壤坚实的原始森林可采用这种方法。爆炸灭火有穴状爆炸、索状炸药爆破、手投干粉灭火弹和灭火炮等方法。

（6）隔离带阻火法

在草地或枯枝落叶较多的林地内发生火灾并迅速蔓延时，单靠人工扑打有困难，可在火头蔓延的前方，在火头到来之前开设好生土隔离带。可用锹、镐、铲等掘土，也可用投弹爆破，把土掀开，以阻止地表火蔓延。也可使用拖拉机开设生土带，或伐开树木、灌木等，以阻止树冠火的蔓延。

（7）防火沟阻火法

这是阻止地下火蔓延的一种方法。在有腐殖质和泥炭层的地方发生地下火，可以用挖沟的办法进行阻火。沟口宽为 1m，沟底宽为 0.3m，沟深取决于泥炭层的厚度，一般低于泥炭层 0.5m，这样才能起到阻火作用。

（8）以火灭火法

这是一种扑救树冠火和高强度地表火的有效灭火法。此外，也是大火袭来时扑火员自我保护的一种方法。但是，这种方法有很大的危险性，要求有很高的技术水平。如果掌握得好，这是一种省工、省力、省钱、高效的应急灭火方法。如使用不当，不但起不到灭火作用，反而会助长火势，加速火的蔓延，甚至造成人身伤亡事故。

4.5.2.4　常用灭火机械

（1）油锯

主要用在开设永久和临时隔离带时使用。

（2）割灌机

主要用在清理林下可燃物和防火隔离带上的易燃可燃物时使用。

（3）风力灭火机

利用风机产生的强风，将可燃物燃烧产生的热量带走；切断已燃、正燃和未燃可燃物之间的联系，使火熄灭。这种灭火机械对消灭森林火灾、草原火灾有明显的效果，已被广大林区和草原的防火部门所采用。这种便携式风力灭火机适合专业防火队使用。它体积小、重量轻、单人操作，同时具有风力强、易操作、能挎、能背、能提、耗油少、不受地形限制的优点。工作时，由于风力对灭火机的反作用，使扑火员负重减轻，操作更加轻便。

（4）灭火水泵

灭火水泵采用二级高扬程、低流量微型离心泵。喷水能对燃烧物进行有效冷却，水在受热蒸发时又能产生大量的水蒸气并占据了燃烧空间，阻碍空气进入燃烧区，使燃烧区局部氧含量减少。同时，水经过水泵增压后，压力增加，能以较大的动能冲击燃烧物，从而冲散燃烧物减弱燃烧强度。喷水灭火是扑灭林火，特别是林冠火、地下火的最有效的方法。

以上灭火机械均为手动机具。森林消防车则是行走式机械，如 J－50 机载型森林消防车、"531" 消防车等。图 4-3 为各种常用的灭火机械。

(a) 轴锯　　　　　　　　　　　(b) 割灌机

(c) 风力灭水机　　　　　　　　(d) 灭火水泵

图 4-3　常用灭火机械

4.5.2.5　森林化学灭火

森林化学灭火是利用化学药剂防止和扑救森林火灾，或者阻滞森林火灾的蔓延和发展。这种方法的特点：一是灭火快、效果好、复燃率小；二是改变了灭火作业的人海战术；三是大大减少了灭火的用水量。

森林化学灭火是一项先进的灭火技术，需要各种化学灭火药剂和施用设备。可用于直接扑灭地表火、树冠火和地下火等多种森林火灾，也可用于开设防火隔离带。尤其是在人烟稀少、交通不便的偏远林区，利用飞机喷洒化学药剂直接灭火或阻火特别有效。

化学灭火剂至少应具备以下性质之一，一是高度的吸湿性以降低可燃物的燃烧性；二是受热分解过程中放出抑燃气体(如水蒸气、氨气、二氧化碳、氮气等)；三是受热分解后形成薄膜，覆盖在可燃物的表面；四是分解时吸收大量热能，以降低燃烧区温度。

4.5.2.6　飞机灭火

在交通不便、人烟稀少的偏远林区采用各种类型的飞机，进行跳伞灭火、机降灭火及空中喷洒灭火，具有重大战略意义。由于飞机不受地形和地面交通的限制，具有速度快、灵活机动、战斗力强等特点，所以在森林防火灭火中可以实现"打早、打小、打了"的目的。

（1）空降灭火

空降灭火即跳伞灭火，能及时发现火情，及时扑救，最适于大面积偏远原始林区的灭火。

（2）机降灭火

机降灭火是利用直升机将地面扑火人员迅速送到火场，从而及时控制林火蔓延和将火消灭在初发阶段。

（3）索降灭火

在有的地区，特别是山高林密、交通不便的偏远林区，火场周围常缺乏机降灭火所必需的着陆场地。这时，采用直升机索降人员到达火场进行灭火，对雷击火区尤为有效。目前，美国和加拿大已经应用空降架（软梯）进行索降灭火。

（4）飞机化学灭火

利用飞机喷洒化学药剂进行阻火、灭火。其特点是速度快、不受地面交通的限制、灭火效果好。利用固定翼飞机或直升机装载化学药剂进行直接或间接灭火，一般对扑灭沟塘草甸火、灌丛火、次生林火、草地和草原火效果较好；而对扑救郁闭度较大的林内地表火效果较差。

（5）人工催化降水灭火

在森林火灾的危险季节，天空中常出现降雨的条件，但没达到临界点，故不能降雨。如果采取人为催化措施，就能促进降雨，达到灭火和防火的目的。

4.6 森林病虫害防治工程

在林木生长发育的各个阶段，如种苗期、幼林期、成林期、老熟期，植株的各个部分，如根、干、枝、叶、芽、花、果实都可能遭到一些病虫的侵袭。我国每年森林病虫害的发生面积已从 20 世纪 50 年代的 $100 \times 10^4 hm^2$ 上升到目前 $800 \times 10^4 \sim 1\ 100 \times 10^4 hm^2$，占全国森林总面积的 3.8%~5.3%，每年造成经济损失达 50 多亿元。全国发生的森林病虫害种类繁多，达 8 000 多种，其中经常造成严重危害的有 200 多种。

森林病虫害需要综合防治，采取工程化措施来实现。常用的防治措施有营林防治、植物检疫、物理防治、生物防治及化学防治。

4.6.1 营林防治

营林防治是通过各项营林措施，达到抑制害虫、病害的发生或减轻危害的目的。主要包括营造抗病、虫树种，造林技术，管理措施等。通过营林防治，促进林木健壮生长，增强抗虫、抗病能力，形成林内生物群落多样化和复杂化，造成不利于害虫、病害发生和成灾的生态环境，是"预防为主、综合防治"的基础。

（1）营造抗病虫树种

火炬松、南亚松对马尾松毛虫有很强的抗性，其次是湿地松、加勒比松、黑松。幼虫取食这些松树针叶后死亡率增高，雌性比例下降，产卵量减少。晚松、火炬松、湿地松、刚松、美国短叶松、光松、展松和长叶松这 8 种松树能够抗日本松干蚧。攸县油茶对油茶炭疽病有较强的抗性。中国板栗尤其是明栗、油光栗比美洲板栗的抗栗疫病能力强。在病虫害发生严重的地区，可因地制宜，选择相应的树种造林。

（2）育苗、造林技术

苗圃地的选择对防治病虫害有重要意义。如土质不好或排水不良，不但对苗木生长影响很大，也成为许多侵染性病害的诱发条件。在长期栽培蔬菜等作物的土地上，由于积累病原物较多，也不宜作苗圃地。深翻土地可以破坏土表病菌和土层深处害虫生活的环境，而形成有利于苗木生活的条件。适地适树，营造混交林，可以改善森林生态环境，促进林木生长，增加害虫天敌数量和种类，有效地抑制病虫害的发生和发展。

（3）管理措施

管理措施包括封山育林、合理整枝、保护林下灌木和草类、栽植固氮植物等。各项管理措施密切配合，长期坚持，就能丰富森林生物群落、昆虫和天敌种类，构成复杂的食物网链。

4.6.2　物理防治

物理防治是利用物理或机械的方法，消除或减轻病、虫危害，如人工和机械防治、诱杀(灯光、毒饵、潜所诱杀)、浸种、热力处理、套袋、涂胶、涂白、辐射不育及超声波等。目前林业较多采用灯光诱杀、潜所诱杀及温汤浸种等防治措施。

（1）灯光诱杀

利用害虫的趋光性，在成虫羽化期设置灯光诱杀，是防治鳞翅目害虫如松毛虫、刺蛾、鞘翅目中金龟子等的措施之一。据统计，黑光灯可诱到 10 个目 60 余科的害虫和益虫。黑光灯一般在无月亮黑夜、天气闷热、雷阵雨前诱杀效果最好，而在大风大雨、气温低的夜里诱杀效果最差。

（2）潜所诱杀

利用害虫的潜伏习性，人为设置潜伏条件，引诱害虫来潜伏过冬，然后予以消灭。如马尾松毛虫在浙江沿海一带有下树在地被杂草下结茧的习性，可在树干基部设置稻草束，诱集结茧，对毛虫茧蛹进行处理后即可消灭害虫。利用许多蛀干害虫如天牛、小蠹、象鼻虫喜欢在新伐倒木上产卵的习性，在林中放置饵木诱其产卵，然后处理饵木。小地老虎幼虫常隐蔽在草堆下，可在地面铺泡桐叶诱杀。

（3）辐射不育

利用低剂量的 γ 射线处理马尾松毛虫的雄蛹，使其失去生育能力但仍保持与雌虫交尾的功能。把这种雄虫放到林间，使它与林间雌虫交尾。这样，雌虫产的卵不能孵化出幼虫，从而达到控制害虫的目的。

（4）温汤浸种

在造林播种前，用温开水浸烫种子，以杀死种子中的病原生物，起到防病作用。在河南，将泡桐丛枝病的种根，在 40～50℃热水中浸 30min，能杀死种根中类菌质体。林木种子夏日曝晒，可以杀死种子中潜伏的害虫。

4.6.3 化学防治

在现行的森林害虫、病害防治中，化学防治是最主要的措施，它有见效快、施用方便、比较经济的优点。化学农药有杀虫剂、杀菌剂。

使用农药防治，需要根据害虫、病害的特点，正确选择防治时间、地点，合理选择农药品种、施药方式及施药浓度，才能达到安全经济有效的目的。

主要的施药防治方式有喷粉、喷雾、喷（放）烟、树干打孔注药、树干毒环毒绳、毒土、熏蒸、毒饵等。

4.6.4 生物防治

生物防治指以菌治虫、以虫治虫、以抗生素或各种生物制剂防治病虫害，可取代部分化学农药。生物防治经济、安全，对林木及环境无污染，不伤害天敌，害虫不易产生抗药性，近年来受到普遍重视。

（1）以虫治虫

利用螳螂、瓢虫、草蛉、蚂蚁捕食害虫，或利用寄生蜂、寄生蝇寄生于害虫的卵、幼虫、蛹中而防治害虫。以虫治虫包括释放、助迁、引进及填充寄主食物等内容。

（2）微生物治虫与防病

利用某些微生物对昆虫的致病作用或对病原菌的抑制作用防治病虫害，包括细菌、真菌、病毒、立克次体、原生动物和线虫等，其中应用最多的是细菌、真菌和病毒。

4.6.5 常用药械

4.6.5.1 常用药械分类

施用农药用药械主要按使用范围、配套动力分类。

（1）按使用范围分类

①苗圃及林内喷药用药械　如喷粉机、喷雾弥雾机、超低量喷雾机和喷烟机等。

②仓库熏蒸用药械　如烟雾机、熏蒸器等。

③种子消毒用药械　如浸种器、拌种机等。

④田间诱杀用药械　如黑光诱虫灯和一般诱虫器具。

（2）按配套动力分类

①手动药械　如手动喷粉器、手摇拌种机、手动喷雾器和手动超低量喷雾器等。

②机动药械　如机动喷粉机、机动喷雾机、机动弥雾机、电动超低量喷雾机、机动背负超低量喷雾机、机动烟雾机、拖拉机悬挂喷雾机、拖拉机悬挂喷粉机、飞机喷雾机、飞机喷粉机、飞机超低量喷雾机和机动拌种机等。

4.6.5.2 常用药械简介

（1）喷粉机具

用风扇气流将粉状药剂通过喷管和喷粉头吹送到防治目标上，常用的有手动背负式和胸挂式喷粉器、担架式动力喷粉机以及拖拉机悬挂式喷粉机等。图4-4所示为背负式喷粉机。

(2)喷烟机

利用液体燃料燃烧时产生的高温气流或内燃机排出的废气，使油剂农药挥发、热裂成直径小于50μm的微粒，随高温气流喷出形成烟雾，悬浮在空中并沉降到防治目标上，适用于果园、仓库和温室内的病虫害防治。图4-5为喷烟机作业。

图4-4　背负式喷粉机

图4-5　喷烟机作业

(3)喷雾机具

用于将液体或粉状药剂的水溶液以雾滴状喷洒到防治目标上，主要分喷雾器、弥雾机和超低量喷雾器3类。常用的有手动喷雾器、担架式机动喷雾机、背负式机动弥雾机、与拖拉机配套的喷杆式喷雾机、果园用风送式弥雾机和手持电动式超低量喷雾器等。

喷雾器或喷雾机是用液泵或气泵对药液加压，通过喷杆、喷头或喷枪将药液雾化成直径为150~400μm的雾滴喷出。弥雾机则是利用风扇产生的高速气流，将经液泵加压后的药液进一步击碎成直径为50~150μm的弥雾状雾滴，以获得更好的附着性能和喷洒均匀度。

超低量喷雾器使用不加水或只加少量水的高浓度药液，在高速旋转(8 000~10 000 r/min)雾化盘的离心力作用下，将药液细碎成直径为70~90μm的微细雾滴，随风飘移并均匀地沉降到防治目标上。具有药剂用量少、防治效果好的特点。

4.7　荒漠化防治工程

荒漠化是指在干旱、半干旱和某些半湿润和湿润地区，由于气候变化和人为活动等因素所造成的土地退化，它使土地生物和经济生长潜力减少甚至基本丧失。

土地荒漠化源于气候的影响，也因人类不合理的经济活动所致。导致荒漠化的主要原因在于过度农垦、过度放牧，以及破坏植被等不合理的人类活动。

荒漠化防治技术如下：

（1）生物治沙技术

生物治沙又称为植物治沙，是通过封育、营造植物等手段，达到防治沙漠、稳定绿洲、提高沙区环境质量和生产潜力的一种技术措施。植物治沙的主要内容包括建立人工植被或恢复天然植被以固定流动沙丘；保护封育天然植被，防止固定或半固定沙丘和沙质草原向沙漠化方向发展；营造大型防沙阻沙林带，阻止绿洲、城镇、交通和其他经济设施遭受外侧流沙的侵袭；营造防护林网，保护农田绿洲和牧场的稳定，并防止土地退化。由于植物治沙不仅在防沙治沙，更在改善生态环境、提高资源产出效益上有巨大的功能，因而成为最主要和最基本的防治途径。

（2）工程治沙技术

工程治沙又称机械固沙，是指采用各种机械工程手段，防治风沙危害。由于沙漠的流沙运动及其危害主要是由风力作用所致，其形成、发展与风力的大小、方向有直接关系，因而，工程治沙便主要采取机械途径，通过对风沙的阻、输、导、固达到减轻风沙作用、防止风沙危害的目的。从阻止风沙、改变风沙的运动着手，则有铺设沙障、建立立体栅栏、利用各种材料网膜的技术。从疏导风沙着手，则有引水拉沙、治沙造田技术。这些便构成了工程治沙技术体系。

（3）化学治沙技术

化学治沙是指在风沙环境下，采用化学材料与工艺，对易发生沙害的沙丘或沙质地表建造一层能够防止风力吹扬、又具有保持水分和改良沙地性质的固结层，以达到控制和改善沙害环境、提高沙地生产力的技术措施。化学治沙技术包含沙地固结和保水增肥2方面。

复习思考题

1. 你参加过哪些植树造林活动？所造人工林属于什么林种？
2. 造林地的各项立地条件因子之间有何联系？
3. 你见过何种造林机械？其结构和功能如何？
4. 天然林保护工程有何意义？
5. 水土保持林与防护林有何关系？
6. 燃烧发生的3个必要条件是存在可燃物、存在氧气和温度达到燃点，森林防火灭火的各项措施中是如何削减这3个条件的？
7. 你见过哪些森林病虫害？可以采用哪种方法防治？

本章推荐阅读文献

1. 张梅春主编. 森林营造技术. 沈阳：沈阳出版社，2011.
2. 张金池主编. 水土保持与防护林学（第2版）. 北京：中国林业出版社，2011.
3. 张胜利，吴祥云主编. 水土保持工程学. 北京：科学出版社，2012.

4. 郑怀兵，张南群著. 森林防火. 北京：中国林业出版社，2006.

5. 乔恒，高峻崇编著. 林业有害生物灾害应急管理. 北京：中国林业出版社，2011.

6. 高国雄，吴卿，杨春霞编著. 荒漠化防治原理与技术. 郑州：黄河水利出版社，2010.

第 5 章

森林资源开发利用工程

【本章提要】本章介绍森林资源开发利用的 3 个方面：生物利用、非生物利用和景观利用。主要介绍木材、竹类以及林下动植物资源的利用，介绍了森林景观的开发与旅游利用。

开发利用森林是为了实现森林的经济和社会效益，可分为生物利用、非生物利用和景观利用 3 类。本章仅介绍生物利用和景观利用 2 个方面，包括木材、林特产品、竹类资源、林下资源的开发利用和森林景观的建设、旅游开发和经营。

5.1 木材资源的开发利用

5.1.1 木材的特点

(1)质量轻而强度高

木材具有质量轻而强度高的特点，其比强度(单位体积质量的材料强度，即材料的强度与其表观密度之比)要远高于普通混凝土和低碳钢。与其他材料相比，木材能以较小的截面满足强度要求，同时大幅度减小结构体本身的自重，是一种优质的结构材料。

木材的力学性能存在着各向异性(图 5-1)，木材的顺纹抗拉、顺纹抗压强度及抗弯强度均较高，横纹抗剪强度也较大，但横纹抗拉和抗压强度较低。

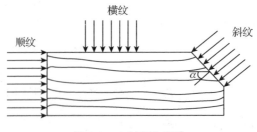

图 5-1 木材各向异性

(2)易加工且加工所需能耗低

木材可以任意锯、刨、削、切、钉，所以在建材、家具、装修方面更能灵活运用。如以木材加工的单位能耗为 1，则水泥为 5，塑料为 30，钢为 40，铝为 70，木材加工的能耗是最低的。

木制品的生产过程，无论纸浆蒸解、木质板类热压还是锯材的人工干燥等，都是在不超过 200℃的温度下完成的，而铁、陶瓷制品则需在 1 000℃以上高温条件下生产，塑料制品则在近 800℃高温下生产。

（3）良好的视觉特性

视觉特性是指材料对光的反射与吸收、颜色、花纹等及其对人的生理与心理舒适性的影响。木材有天然的花纹、光泽和颜色，纹理美观，易于着色和油漆，装饰效果好。因此，木材有特殊的装饰效果，满足人类回归自然的要求，很适合于室内装修、家具制作等。

（4）为可再生资源且可以循环利用

木材是当今四大材料（钢材、水泥、木材和塑料）中唯一可再生、且可以循环使用的生物资源。一般林木生长 10～20 年后就可以采伐利用。用过的家具或木质建筑材料可回用于生产刨花板和纤维板，刨花板和纤维板分解得到的木质部分可作为原料制造新的板材，达到节约环保的目的。

（5）有利于缓解温室效应

每生产 1t 材料：树木生长可释放氧气 1 070kg，吸收二氧化碳 1 470kg；而炼钢生产会释放二氧化碳 5 000kg；水泥生产会释放二氧化碳 2 500kg。

木材的使用直接和间接地减缓了温室效应。其直接作用是吸收了二氧化碳；间接作用是减少了水泥、钢材等的使用，且加工木材的能耗较低。

（6）木材作为生物质能源，可减少化石燃料消费

木材作为能源材料，可直接燃烧或提炼燃料，从而替代化石燃料，有利于节能降耗和减少大气污染。

木材还具有吸湿、解吸性能和良好的吸声效果，木材导热系数小，是良好的隔热保温材料。

5.1.2　木材的用途

（1）建筑、室内装修

木材是传统的建筑材料，在古建筑和现代建筑中都得到了广泛应用。在结构上，木材主要用于构架和屋顶，如梁、柱、椽、望板、斗拱等。在国内外，木材历来被广泛用于建筑室内装修与装饰。近年来，我国木门、木地板的消耗量很大，园林建筑中也广泛使用木材。

（2）家具

木制家具需求量很大。近几年，随着城镇化的发展，居住条件的改善，我国人均年消费家具逐年攀升，从 2006 年的 27.9 美元增加到 2010 年的 75 美元，已超过世界平均 50 美元的水平，但距世界发达国家还有很大差距，如德国、美国、英国等年人均消费都在 350～500 美元。

（3）生产纸浆和纸

木材是最主要的造纸纤维来源，它提供了世界造纸纤维需求量的 90% 以上。木材原料的纤维长、纤维形态好、纤维素含量高，可作为高档纸的原料。针叶树中的云杉、冷杉、马尾松、落叶松、云南松和阔叶树中的杨树、桦树、桉树、枫树、榉树，都是造

纸原料。近年来大量发展的人工林主要是为了满足造纸原料的需求。

（4）林化产品

从树木中可以提炼出一些林产化工产品。木材化学物质主要包括 3 大主成分：纤维素、半纤维素、木素。另外，还有一些天然的树脂等。主要林产化工产品包括松香、松节油、松针油、栲胶、各种木材干馏产品和木材水解产品等。

木材还可用作坑木、木枕、包装材料，用于制作文化娱乐用品和体育器材，以及作为一些工具、设备的配件。木材在许多山区仍是主要的燃料，生物质发电也主要以木材为燃料。

5.1.3 我国木材商品类别

木材商品指符合国家技术标准，可以在市场进行交换的木制品原料。这些原料木材可以根据需要加工成建筑装修的材料、家具、造纸原料等。木材商品可以分为以下几类：

（1）圆材类商品

商品圆材包括原条和原木。

树木伐倒后，只经过打枝桠而不进行造材的产品，称为原条。再经造材截短后得到的产品称为原木。原木分为直接用原木和加工用原木 2 类。直接用原木用于屋架、檩条、椽木、木桩、电杆、采掘支柱、支架（坑木）等。加工用原木用于锯制普通锯材、制作胶合板等。另外，全国各地还生产有小径原木、次加工原木、脚手架杆、小径条木等商品材。

原木按树种分类，一般分为针叶树材和阔叶树材。例如：杉木、松木、云杉和冷杉等是针叶树材；蒙古栎、水曲柳、香樟、檫木、桦木、楠木和杨木等是阔叶树材。中国树种很多，各地区常用的木材树种亦各异，例如，东北地区主要有红松、落叶松（黄花松）、鱼鳞云杉、红皮云杉、水曲柳等；长江流域主要有杉木、马尾松；西南、西北地区主要有冷杉、云杉、铁杉。

针叶树，树叶细长，大部分为常绿树，其树干直而高大，纹理顺直，木质较软，易加工，故又称软木材。针叶树材表观密度小，强度较高，胀缩变形小，是建筑工程、家具、造船的主要用材。

阔叶树，树干通直部分较短，木材较硬，加工比较困难，如榆、水曲柳、栎木、桦木、椴木、樟木、柚木、蒙古栎、香樟、檫木、桦木、楠木和杨木、紫檀、酸枝、乌木等，故又称为硬（杂）木材。其表观密度较大，易胀缩、翘曲、开裂，但阔叶树材质地坚硬、纹理色泽美观，适于作装修用材、胶合板等。常用作室内装饰、次要承重构件、胶合板等。

原木按质量分类，可分为等内原木、等外原木。分类的依据是木材的缺陷（如节子、腐朽、变色、裂纹、虫害、形状缺陷等）。原木也可以按尺寸分类，如按径级或长级分类。

（2）锯材类商品

锯材是原木经锯切加工成具有一定尺寸（厚度、宽度和长度）的产品，按用途分为通用锯材和专用锯材 2 个大类，包括针叶树锯材、阔叶树锯材、普通锯材、特殊锯材。广泛用于工农业生产、建筑施工以及枕木、车辆、包装等。凡宽度为厚度 3 倍以上的称为板材，宽度不足厚度 3 倍的称为方材。普通锯材的长度，一般针叶树为 1~8m，阔叶树为 1~6m。长度进级：东北地区 2m 以上按 0.5m 进级，不足 2m 的按 0.2m 进级；其他地区按 0.2m 进级。

(3)人造板类商品

我国木质人造板主要分为胶合板、刨花板、纤维板和热固性树脂装饰层压板 4 大类，参见第 12 章内容。

(4)木片

木片指利用森林采伐、造材、加工等剩余物和定向培育的木材制成的片状木材，作为制浆造纸原料和制作木基板材的原料，可直接作为木材商品进行贸易。

(5)薪材

凡未列入国家、行业木材标准范围内的木材种类可作薪材利用。薪材的规格尺寸为长度不超过 1m、检尺径级不大于 5cm。

(6)木浆

木浆分为机械木浆、化学木浆、半化学木浆 3 类，参见第 21 章内容。

5.2　林下经济产品的开发利用

5.2.1　林下经济的概念

林下经济是指以林地资源为基础，充分利用林下特有的环境条件，选择适合林下种植和养殖的植物、动物和微生物物种，构建和谐稳定的复合林农业系统，进行科学合理的经营管理，以取得经济效益为主要目的从而发展林业生产的一种新型高效性经济模式。即在不影响林木的正常生长、不降低其生态功能的前提下，以林地、园地资源为依托，进行合理的种植、养殖。

农林复合生态经济系统具有多样性、系统性、稳定性、集约性和高效性的特征。

5.2.2　林下经济的结构设计

林下经济的结构分为空间结构、时间结构、营养结构和产品结构等方面。

空间结构是各种农林复合模式内的空间分布，即物种的互相搭配。水平结构和垂直结构是空间结构的 2 种基本形式。水平结构是指农林复合经营模式的生物平面布局，其中物种密度和水平排列方式是构成水平结构多样性的主要因素。各组成成分垂直排列的层次和垂直距离构成农林复合经营的垂直结构。一般来说，垂直高度越大，层次越多，空间容量也就越大，资源利用率也就越高。

在农林复合经营系统中，时间结构分为季节结构变化和不同发育阶段结构变化 2 种变化方式，主要受气候以及生物生长发育节奏的影响。时间结构设计就是根据各种资源的时间节律，设计出能有效利用资源的合理格局或功能节律，使资源转化率提高。

营养结构即食物链设计，就是根据物种间的捕食、寄生和相生相克等相互作用关系，人为地引入、增加物种，以建立生物间合理的食物链结构或关系。

农林复合系统输出产品包括农、林、牧、渔、旅游、清洁能源等多种多样产品。考虑经济价值及市场需求进行产品结构设计，确定产品的种类和用途，用多产业结构模式替代林业或农业的单一生产结构模式，使农林复合生态经济系统的主产品由原来的 1 个（木材或粮食）扩大成为多个（饲料、燃料、肥料、药材、食用菌、蔬菜、水果等），使系统的功能和效益最大化。

农林复合系统结构的内容选择应注意空间搭配，根据所选间作树种的生物学特性，确定间作结构，采用适宜的组成和密度。喜光速生的树种可以搭配生长慢的树种或经济树种、中药材、牧草。在幼林郁闭前，行间或株间间作的农作物、牧草、药材等可增加短期经济收入，如刺槐幼林间作小麦、花生、大豆、地瓜，银杏幼林间作药用植物等。在刚郁闭林内可间作较耐阴的药材、牧草、蔬菜，在郁闭的林内培养蘑菇等。植物品种的选择一般以慢生与速生、深根与浅根、喜光与耐阴、有根瘤与无根瘤的树种和作物搭配为佳。

5.2.3　林下经济的主要模式

林下经济主要包括以下几种典型类型：林药模式、林菌模式、林草模式、林禽模式、林菜模式、林畜模式、林粮模式、林虫（蜂）模式、林花模式、林茶模式、林渔模式等。这些模式均是通过利用林下空间或时间交错来发展适宜的短周期种植或养殖业，长短结合，以持续获得生态与经济效益。各种林下经济模式主要通过不同时段内林下水、热、光、气等空间资源的利用，来实现乔木主体与林下经济植物或动物协调共存和发育。

林菌模式即利用林荫下空气湿度大、氧气充足，光照强度低、昼夜温差小的特点，以林地废弃枝条为营养来源，在郁闭的林下种植食用菌，如平菇、木耳、香菇、草菇等。

在未郁闭的林内行间种植较耐阴的药用植物便形成林药模式。一般根据当地技术条件和市场需求，在林间空地上间种各种药材。

林禽模式是充分利用林下空间与林下透光性强、空气流通性好、湿度较低的环境，在林下饲养肉鸭、鹅、肉鸡、乌鸡、柴鸡等，放养、圈养和棚养相结合，能有效利用林下昆虫、小动物及杂草资源。

林畜模式是在生长 4 年以上、造林密度小、林下活动空间大的林地上，放养或圈养肉牛、奶牛、羊、肉兔或野兔等。林下青草对牛、羊等具有良好的营养价值，养殖牲畜所产生的粪便为树木提供大量的有机肥料，促进树木增长，形成循环生物产业链。

以上若干个模式的综合，如林草牧模式，利用林下种植的牧草，作为奶牛、羊、鹅等草食性动物饲料；如林菌草渔综合模式，利用修剪的林木枝条粉碎作为种植食用菌的袋料，利用食用菌生产的袋料废弃物作为林下牧草或林木生长营养，也可作为水产的饲料来源。图5-2 为一种林—农—畜牧—渔的复合模式。

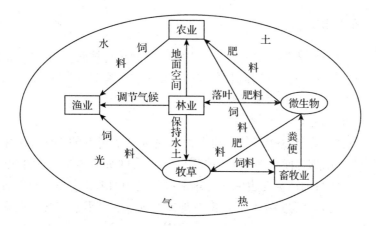

图 5-2　林—农—畜牧—渔复合模式

5.3　竹类资源的开发利用

竹子分布于北纬 46°至南纬 47°之间的热带、亚热带和暖温带地区，被称为"世界第二大森林"。以竹子资源开发利用的竹产业是世界公认的绿色低碳产业，广泛用于建筑、交通、家具、造纸、工艺品制造等诸多领域。竹产业每年为全世界 22 亿人口提供经济收入、食物和住房，全球竹产品的年贸易额超过 85 亿美元。

在当今关注全球气候变化、木材短缺和低碳经济的背景下，竹子日益彰显其资源价值。中国以竹子资源开发利用领先于世界。

5.3.1　竹类资源的特点

竹类资源与人类生产、生活的关系极为密切，竹材加工比较容易。竹笋味道鲜美、含有多种氨基酸，是优良的食品，自古列为山珍之一。众多的竹副产品，也都具有较高的利用价值，应用越来越广泛。竹子具有以下特点：

（1）生长周期短

竹子造林后，5～10 年就可以采伐利用。一株直径 10cm、高 20m 的毛竹，从出笋到成竹仅需 2 个月，生长最快时 24h 可长高 1.5m。毛竹 4～6 年的材质生长就可以利用，如作为造纸原料当年就可以利用。

（2）产量高

生长较好的竹林，每公顷年可生产竹材 20～30t，大大超过一般速生树种的年生长量，超过杉木 1 倍，与速生杨树相当。

（3）竹材质量好

竹材强度高、刚性好、硬度大。据测定，毛竹的顺纹抗拉强度为杉木的 1.5 倍，收缩量小，弹性和韧性均较好。

5.3.2 中国竹类资源概况

据 2005 年开展的全球首次竹资源评价报告，全世界竹林面积约 $8\,879 \times 10^4\,hm^2$，非洲、亚洲和拉丁美洲的竹林面积分别占 30%、39% 和 31%。全球竹林面积占森林面积的 3.9%，三大竹产区的竹林面积分别占各产区森林面积的 4.1%、4.4% 和 3.2%。中国是世界竹子分布中心。

中国有竹类植物 40 属 400 多种，约占世界竹类种质资源的 1/3。现有竹林面积约 $616 \times 10^4\,hm^2$，占全国森林面积的 3%。每年可砍伐毛竹 4 亿多枝、杂竹 $300 \times 10^4\,t$，相当于 $1\,000 \times 10^4\,m^3$ 木材的产量，占中国每年木材采伐量的 1/5 左右，竹林成为中国重要的森林资源。中国竹林资源集中分布于南方地区的浙江、江西、安徽、湖南、湖北、福建、广东和西部地区的广西、贵州、四川、重庆、云南等 27 个省（自治区、直辖市），其中以福建、浙江、江西、湖南 4 省最多，占全国竹林总面积的 61%，南方 13 个省（自治区）竹林面积在 $1 \times 10^4\,hm^2$ 以上的县（市）有 130 多个。由于中国各地气候、土壤、地形的变化和竹种生物学特性的差异，竹子分布具有明显的地带性和区域性，大致为 5 大竹区：北方散生竹区、江南混合竹区、西南高山竹区、南方丛生竹区和琼滇攀缘竹区。

图 5-3 和图 5-4 分别是散生竹和丛生竹。

图 5-3 散生竹   图 5-4 丛生竹

5.3.3 竹类资源的开发利用

竹产业是指以竹资源培育为基础、以竹为主要原材料的产品加工和相关服务产业，主要包括：

第一产业，指以竹林资源为劳动对象，以经营笋竹林、用材竹林为主要途径，从事竹材培育、采伐、集运和贮存作业，向社会提供竹材以满足生产和生活需要的营林产业；以笋竹食品采集为主要内容的竹林副产品生产。

第二产业,指以竹材为原料,生产各种竹材产品(板材及其他制品)的竹材加工和竹制品业、竹家具及工艺品制造业、竹浆造纸及纸制品业、竹化学产品制造业、笋竹食品加工业。

第三产业,指竹生态服务业、竹文化、旅游服务业和其他竹服务业。

竹产业作为林业产业的重要组成部分,贯穿林业产业的一、二、三产业。竹产业与花卉业、森林旅游业、森林食品业一起,成为中国林业发展中的四大朝阳产业。中国已经成为世界最大的竹产品加工、销售和出口基地,其中原竹利用(竹编织品)、竹材加工、竹笋、竹炭、竹纤维等对竹子的开发利用闻名于世界。

5.4　森林景观利用

5.4.1　森林景观

中国是一个多山的国家,森林主要分布在山区。在森林里,有各种珍奇的动植物资源,包括高等植物、树木、动物等,如银杉、珙桐、大熊猫、金丝猴、扬子鳄等许多动植物,都是具有极高观赏价值和科学价值的物种资源。林区有各种奇山、怪石、奇花、异草和奇特洞穴,有溪、河、湖泊、瀑布、泉水、池塘、漂流河段、风景河段等水域景观资源,有变幻无穷的气象景观、舒适宜人的气候等。所有这些,都是重要的自然旅游资源。

景观(landscape)是指景物动静结合的画面,如大自然的山水、树木、光彩、云霞、雨雪以及点缀在自然环境中的建筑、人群、飞禽走兽、花草鱼虫等构成的一幅幅动静变化的空间画面,给人以视觉、听觉、嗅觉、味觉上美的享受。

5.4.2　森林旅游的概念

美国在 1872 年建立了黄石公园。第二次世界大战后,依托森林来发展旅游逐渐兴起,到 1960 年森林旅游的现实价值获得了各界人士的承认,并一跃成了森林资源开发的主要部分之一。1982 年,我国张家界森林公园的建立,标志着中国森林旅游业作为一项产业开始形成。

森林旅游(forest recreation)是指在林区内依托森林风景资源发生的以旅游为主要目的的多种形式的野游活动。狭义上的森林旅游是指人们在业余时间,以森林为背景所进行的野营、野餐、登山、赏雪等各种游憩活动;广义上的森林旅游是指在森林中进行的各种形式的野外游憩。

5.4.3　森林旅游产品的类型

森林旅游产品的分类是由森林旅游者的旅游动机决定的。旅游者由于年龄、性别、文化、职业、习惯等差异,必然会有各种各样的爱好和兴趣。有的为了健身,有的为了度假休息,有的为了增长科学知识,有的为了领略民俗风情,等等。

森林旅游产品可从不同角度进行分类。

①按游客的组成形式分类　有团体旅游和散客旅游。

②按旅游的动机及方式分类

a. 保健旅游：包括度假休息、疗养、森林浴等；

b. 体育(健身)旅游：包括登山、滑雪、狩猎、水上运动、冰上运动等；

c. 科普旅游：包括科学考察、探险猎奇、专业实习(含采集标本)、夏令营等；

d. 民俗旅游：包括探亲访友、民俗风情(歌舞、建筑、饮食、服饰)等；

e. 风光旅游：包括游览自然风光、历史名胜、革命遗址等；

f. 特殊爱好、特殊方式旅游：包括狩猎、骑马、钓鱼、观赏动物及乘坐游船、游艇、热气球等。

③按森林旅游产品销售方式分类　有全包价旅游、部分包价旅游及单项包价旅游(如坐车、食宿等)服务。

④按森林旅游的档次分类　有高档(豪华型)旅游、中档(标准型)旅游及低档(经济型)旅游。

⑤按进入森林旅游目的地路途的远近及所花费时间分类　有远距离游(多日游)、中距离游(二三日游)、近距离游(一日游)。

⑥按森林旅游产品的形态分类　有森林旅游资源、森林旅游设施、旅游服务和旅游购物等。

如果把上述6种分类方法结合起来，可组合成多维结构的森林旅游产品。

5.4.4　我国森林旅游产品需求的特点

游客因教育程度、个人偏好等差异而对森林旅游产品的需求不同。但我国游客在森林旅游动机、产品需求、行为特征等方面也具备一些共性。

(1)旅游动机

进行森林旅游最常见的动机是欣赏自然景观、养生健身、游乐休闲等，通常体现为以亲朋小团队家庭为单位的集体出游。

(2)产品需求

森林旅游最具吸引力的资源是森林植被、山石地貌、人文景观，其次是野生动物、水体景观等；而最受旅游者喜欢的产品是徒步登山、野营烧烤、漂流攀岩、休闲度假等参与性强的项目。

(3)消费行为特征

游客消费行为从传统的自然观光转变到休闲度假，从一般娱乐项目转变到新奇旅游项目，受旅游景区的引导和管理的影响较大。

(4)人均消费

由于我国森林旅游业的产品结构大多还是以观光产品为主，旅游商品消费量不多，旅游购物消费占旅游总消费的比例还不到20%，在旅游业较为发达的一些省份，旅游购物消费所占比例也只达到30%；而旅游业发达国家的购物消费已占到旅游总消费的40%~60%。

另外，不同年龄的森林旅游者的消费特点不同，如青少年偏爱结合科普、学习、交流、探险、运动等项目，中老年人则主要是以康体养生、度假为核心。

今后，我国森林旅游开发的策略包括几个方面：森林旅游文化开发、旅游地形象建设和产品开发、旅游景观的生态调控、生态旅游认证以及旅游专业人才的培养等。

复习思考题

1. 木材与水泥、钢材号称 3 大传统建材，木材的力学性能有何特点？
2. 木材作为板材或者纸浆利用有何区别？
3. 竹子与树木有何异同？
4. 请提供林下经济复合模式的具体案例。
5. 何谓森林景观？
6. 你认为，森林旅游文化开发应包括哪些方面的内容？
7. 森林工程与森林旅游有何关系？

本章推荐阅读文献

1. 许恒勤，李洋主编．木材仓储保管与作业．北京：中国物资出版社，2010.
2. 李坚主编．木材科学（第 3 版）．北京：科学出版社，2014.
3. 周定国主编．人造板工艺学（第 2 版）．北京：中国林业出版社，2011.
4. 萧江华编著．中国竹林经营学．北京：科学出版社，2010.
5. 国家林业局农村林业改革发展司编．全国林下经济实践百例．北京：中国林业出版社，2013.
6. 苏孝同，苏祖荣主编．森林文化研究．北京：中国林业出版社，2012.
7. 苏祖荣，苏孝同主编．森林与文化．北京：中国林业出版社，2012.
8. 吴章文，吴楚材，文首文编著．森林旅游学．北京：中国旅游出版社，2008.

第6章

林区道路与运输工程

【**本章提要**】本章介绍林道及林道网的概念，概述了林区道路与桥梁工程的设计、施工和养护技术；进而介绍道路运输、水路运输和物流系统，重点介绍道路运输的特点和发展概况、运材汽车、木材公路运输的组织与管理、公路运输工作过程。简要介绍木材水路运输和森工物流系统。

林区道路是林区开发建设、发展的基础，合理的林道网和林道规划设计与施工能够降低林区运输生产成本。由于林区的地理位置和资源分布等特性，决定了林区道路的建设和运营不同于普通公路。林区运输工程则主要包括道路运输、水路运输和森工物流系统3个方面。

6.1 林道及林道网

所谓林道(forest road)泛指位于林区内部，为林业服务的各种道路，如林区公路、森林铁路、集材道路和流送河道等。狭义上林道通常指林区内的汽车公路、森林铁路及运送渠道，分别如图6-1至图6-3所示。由于目前森林铁路和运送渠道两种方式已很少见，本章所介绍的林道仅为林区道路。

图6-1 林区公路

图6-2 森林铁路

图 6-3　流送河道

6.1.1　林道的作用

①木材生产的基础设施和连接林区和城镇的纽带。林道中的干道不仅是使木材转化为商品的桥梁，也是确保林区人们生活物资需求的通道。

②森林经营、森林保护，实现集约经营的需要。

③带动山区经济的发展。

④发掘森林的社会资源，促进林区旅游业的发展。

6.1.2　林道的技术标准

（1）林区道路的分级

公路（highway）是指连接城市、乡村，主要供汽车行驶的具备一定技术条件和设施的道路。在我国，根据公路的作用及使用性质，分为：国家干线公路（国道）、省级干线公路（省道）、县级干线公路（县道）、乡级公路（乡道）以及专用公路。根据所适应的交通量水平分为：高速、一级、二级、三级和四级公路 5 个等级。按照道路使用特点，可分为城市道路、公路、厂矿道路、林区道路和乡村道路。除对公路和城市道路有准确的等级划分标准外，目前对林区道路、厂矿道路和乡村道路一般不再划分等级。

林区公路是修筑在林区，一般是为林区生产、森林保护和林区居民生活服务的综合性运输道路。林区公路划分为 4 个等级，按路段的设计年运材量、运输类型及地形条件选用等级，见表 6-1。

表 6-1　林区公路等级划分表

地形	公路等级	年运输木材数量（×10⁴m³）		地形	公路等级	年运输木材数量（×10⁴m³）	
		原条运输	原木运输			原条运输	原木运输
平原、微丘	一	≥10.0	≥6.0	山岭、重丘	一	≥6.0	≥4.0
	二	6.0~10	4.0~6.0		二	4.0~6.0	2.0~4.0
	三	4.0~6.0	3.0~4.0		三	3.0~4.0	1.5~2.0
	四	<4.0	<3.0		四	<3.0	<1.5

（2）林区公路主要技术指标

各等级林区公路的主要技术指标见表6-2。

表6-2　各级林区公路主要技术指标

公路等级	平原、微丘				山岭、重丘			
	一	二	三	四	一	二	三	四
计算行车速度(km/h)	60	40	30	20	30	25	20	15
路基宽度(m)	8.5	7.5	5.0	4.5	7.5	4.5~7.0	4.5	4.0
路面宽度(m)	7.0	6.0	3.5	3.0	6.0	3.5~6.0	3.5	3.0
极限最小平曲线半径(m)	125	60	40	40	40(30)	40(20)	40(15)	30(12)
极限最小竖曲线半径(凸形，m)	1 400	450	150	100	250	100	100	100
极限最小竖曲线半径(凹形，m)	1 000	450	150	100	250	100	100	100
停车视距(m)	160	70	60	30	60	45	30	30
会车视距(m)	240	110	–	–	90	70	–	–
最大坡度(%)	5	6	8	8	7	8	9(10)	12(14)

资料来源：中华人民共和国原农林部部颁标准《林区公路工程技术标准》，1998。

注：括号内是原条运输的技术指标。

6.1.3　林道网

林道网(forest road network)是指在林业经营区内，由服务于林业生产的干线、支线和岔线林道所组成的林道网络(图6-4)。单位林业经营面积上的林道长度称为林道网密度(m/hm²)。合理的林道网密度能够提高林业生产的生产率，降低成本，也是实现森工生产现代化和集约经营的必要条件。

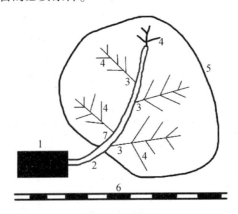

图6-4　林道网

1. 贮木场　2. 干线　3. 支线　4. 岔线　5. 境界线　6. 林区铁路

7. 干线与第一条支线衔接点

6.2　林道建设

6.2.1　林道规划设计

6.2.1.1　林道网规划

林道网规划要解决建设什么道路、何时建设、在什么地方建设及建设程度等问题。由于公路运输相对于森铁运输具有建设成本低、投资回收期短和便于维护的优势，因此，自从 20 世纪 70 年代起已不再规划建设森林铁路。这里只介绍林区公路的规划建设。

林区道路网规划是按林区需要和资源分布制定建设方案，分析方案优劣，从而指导道路建设计划的实施，使道路网满足林区社会的需要。

（1）林道网规划的任务

通过对社会、经济、森林资源、环境、交通等调查和科学的定性定量分析，评价现有的林区道路状况，揭示其内在矛盾，找准木材资源分布特点、木材产量和运输车辆的变化特征，确定规划期林区公路发展的总目标和整体布局。根据不同线路的性质和功能，提出修建运材单、双车道的选择方案，并进行方案评价。

（2）林道网规划的原则

一是遵循林区经济综合发展的战略思想；二是兼顾林区其他运输方式，相互协调；三是本着经济高效、满足行车要求和节约建设成本的理念；四是注重环境和资源保护。

（3）林道网规划的程序和主要内容

根据当地社会经济、森林资源、综合交通运输和交通量等调查，进行现状分析（定量、定性），进而开展交通量预测和分析，最后得出规划方案和对方案的评价结果。

6.2.1.2　林道设计

根据林区公路技术标准和道路等级，遵循工程项目建设前期的工作程序，如工程可行性研究、设计任务书、勘察设计等阶段，确定设计车速、设计车辆和设计交通量。林区公路由路基、路面、桥梁、涵洞、隧道及线路交叉、防护工程、沿线设施组成。这里仅介绍道路的平面、纵断面、横断面设计和路基、路面以及桥涵的设计。

（1）平面设计（plan design）

道路是带状建筑物，其平面设计主要包括路线线形设计和用地设计。公路路线线形设计首先应满足汽车行驶要求，同时符合行车安全、迅速、经济和乘客舒适的要求。

为使沿线的线路转折处圆顺，通常将弯道处的道路中线按圆弧设计成圆曲线，其各部分名称如图 6-5 所示。交点（JD）即两直线的相交点；转角或偏角（α）是线路方向由这一直线转到另一直线的旋转角度；半径（R）表示圆曲线的半径；ZY、YZ、QZ 分别是圆曲线的起点、终点和曲线中

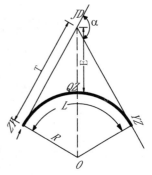

图 6-5　平曲线各部分名称示意

点；T 为切线长；L 为曲线段长；E 是外距。圆曲线在林区公路中用得最多。

两段相邻的圆曲线可形成不同的组合。同向曲线是将两条转向相同的曲线，在中间用一直线段连接而成的组合曲线(图 6-6)。反向曲线是将两条转向相反的曲线，在中间由直线段连接而成(图 6-7)。复曲线则将两同向曲线直接相连，在中间不设直线段(图 6-8)。另外平曲线中还有缓和曲线和回头曲线，如图 6-9、图 6-10 所示。

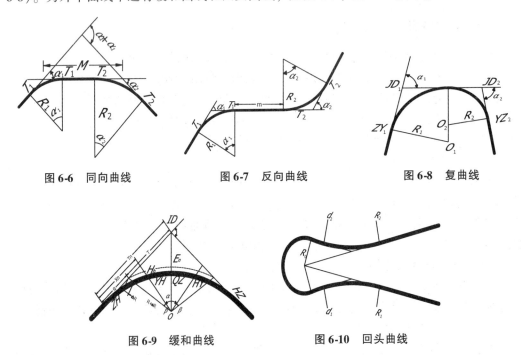

图 6-6　同向曲线　　　　图 6-7　反向曲线　　　　图 6-8　复曲线

图 6-9　缓和曲线　　　　图 6-10　回头曲线

(2)纵断面设计(profile design)

将道路沿中心线纵向剖开，即呈现出道路的纵断面。由于沿线地面的起伏，经常要沿路线方向设置纵坡。道路路线的纵坡设计要保证汽车以一定车速行驶时的平顺性、施工中的填挖平衡、汽车的动力性和道路的纵向排水性能。为减少汽车通过纵断面上的变坡点时的冲击，在变坡点应设置竖曲线。竖曲线按变坡点在曲线上方或下方分别称为凸形或凹形竖曲线，如图 6-11 所示。竖曲线一般设计成圆弧或抛物线，其弯曲半径应保证行车安全。

图 6-11　竖曲线示意

（3）横断面设计（cross-section design）

垂直于道路平面线路中心线所作的剖面称为横断面，主要反映路基的形状。路基（sub-grade）是公路的主体，一般是土路基。路基是路面的基础和行车部分的基础，必须保证行车部分的稳定性，防止水分和自然因素的侵蚀和损害，要求具有足够的力学强度和整体稳定性，具有足够的水—温稳定性，同时又要兼顾经济性。路基通常包括路面、路肩、边沟、边坡等部分的基础。路基顶面高于自然地表的称为路堤；反之，则称为路堑。另外，还有填挖结合路基，如图 6-12 所示。

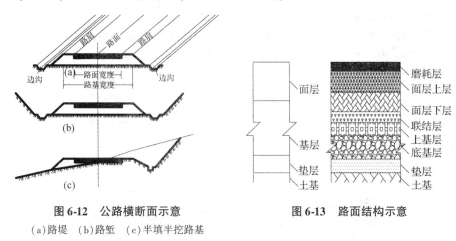

图 6-12　公路横断面示意
（a）路堤　（b）路堑　（c）半填半挖路基

图 6-13　路面结构示意

（4）路面设计

路面（road surface，pavement）是在路基上用各种筑路材料铺筑的供汽车行驶的结构层。设置路面的目的是加固行车部分，使之在行车和各种自然因素作用下保证一定的强度和稳定性，满足行车的安全、迅速、经济、舒适的要求。因此，在设计、施工路面时应保证路面具有以下特性：一定的刚度和强度、足够的水温稳定性、足够的抗疲劳强度和抗老化及抗变形积累的耐久性、一定的平整度和抗滑性能、少尘性等。为达到以上特性，路面一般设计成不同材料的多层结构，如图 6-13 所示。

面层是路面的上层，按面层材料的不同，可分为沥青路面、水泥混凝土路面、块料路面和粒料路面。面层直接承受行车垂直力和水平力的反复作用和直接受自然因素的影响，因此，要求表面坚实、平整、抗滑、耐磨、无尘，行车噪音低，同时具有良好的抗高温、低温损坏和密封不透水的性能。目前路面面层所用主要材料有：水泥混凝土、沥青混凝土、沥青碎（砾）石混合料、砂砾或碎石掺土或不掺土的混合料以及块料等。通常在沙石路面上加铺磨耗层或保护层，以增加面层的稳定性。

基层主要承受由面层传来的车辆垂直荷载，并将其向垫层和土基扩散，因此，要求基层具有足够的强度、刚度、水稳定性以及与路床良好的黏结性。修筑基层的主要材料有：各种结合料（如石灰、水泥或沥青等）、稳定土或稳定碎（砾）石、贫水泥混凝土、天然砂砾、各种碎石和砾石、片石、块石或圆石、各种工业废渣（如煤渣、粉煤灰矿渣、石灰渣等）组成的混合料以及它们与土、砂石组成的混合料。

垫层主要起到改善土基的温度和湿度状况的作用，防止面层和基层发生冻胀翻浆现象，保证面层和基层的强度和刚度的稳定性。但不是所有的路面都设置垫层，而是根据其所处位置的地质条件来确定，通常在排水不良、有冰冻翻浆路段、冻深大地区和地下水位较高地区设置垫层。修筑垫层所用的材料强度要求不高，但水稳性和隔热性要求较高。常用的材料有 2 类，一类是松散粒料如砂、砾石、炉渣、片石和圆石组成的透水性垫层，另一类是由整体性材料如石灰土或炉渣石灰土等组成的稳定性垫层。

按照路面面层的使用品质、材料组成类型以及结构强度和稳定性的不同，将路面分为高级、次高级、中级和低级 4 个等级，分别适用于高速、一级、二级，二级、三级，三级、四级，四级道路。

林道设计具体内容包括选择道路设计依据、确定工程数量、道路平面线形设计、纵断面设计、横断面设计、道路勘测及选线定线以及平面交叉和立体交叉设计等。

（5）桥涵设计

桥梁（bridge）和涵洞（culvert）统称为桥涵，是公路跨越河流、山谷等障碍物所架设的结构物。通常将单孔跨径 $L_0 \geqslant 5m$ 或多孔跨径总长 $L \geqslant 8m$ 的称为桥梁，将单孔跨径 $L_0 < 5m$ 或多孔跨径总长 $L < 8m$ 的称为涵洞，如图 6-14 所示。

桥梁按其基本体系分为梁式桥、拱式桥、钢架桥、吊桥和组合体系桥。

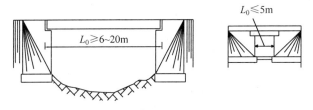

图 6-14　桥梁和涵洞示意

6.2.2　道路施工

林区道路施工是将计划文件和设计图纸的规划变为现实的实施过程。

6.2.2.1　林区道路施工的特点

①工程线形分布，施工流动性大　林区道路是沿地面延伸的线形人工构造物，因而林区道路建设点多线长，工程数量分布不均，特别是由于林区多分布于山区，地形复杂，这一特点更为突出。

②工程形体庞大，施工周期长　由于林区道路工程为线形构造物，具有形体庞大、产品固定也不能分割、且系统性很强等特点。因此，在施工过程中，各阶段各环节必须有机结合，在时间上不间断，空间上不闲置，施工过程应稳定有序，确保工期和人、财、物得到最佳发挥。

③受外界干扰及自然因素影响大　由于野外露天作业，受自然条件、地理环境影响很大，因此必须仔细调查，合理安排施工时序。

6.2.2.2　道路施工组织设计

根据林区道路的施工特点，将人力、资金、材料、机械、施工方法等各种因素进行科学、合理的安排，在一定的时间和空间内实现有组织、有计划、有秩序地施工，达到工期短、质量好、成本低的目的。为此，必须进行施工组织设计。

道路施工是工程基本建设程序中的一个主要环节，在项目建议书、可行性研究、设计文件形成并列入年度基本建设计划之后进行，主要包括施工准备、组织施工、竣工验收和交付使用几个程序。基本建设程序如图 6-15 所示。

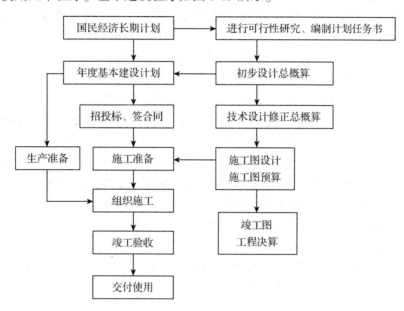

图 6-15　基本建设程序简图

（1）签订工程合同

施工企业参加工程项目投标，通过建筑市场中的公平竞争而获取施工项目。接受项目时，首先应查证核实工程项目是否列入国家、主管部门计划，必须有批准的可行性研究、初步设计（或施工图设计）及概（预）算文件后方可签订施工总合同（或总协议书），进行施工准备工作。施工企业作为乙方，凡接受工程项目，必须与作为甲方的建设单位签订工程合同，以明确各自的经济技术责任。合同一经签订，即具有法律效力，双方要严格履行合同。

施工合同内容主要包括：承包的依据、承包方式、工程范围、工程质量、施工工期、开工竣工日期（包括中间交工日期）、工程造价、技术物资供应、拨款结算方式、奖惩条款和各自应做的准备工作及配合关系等。合同应简明扼要，责任明确，反映工程特点，满足工程施工的需要。

（2）施工准备

工程施工单位接受施工任务后，即可进行施工准备，包括施工前的技术组织准备和施工现场准备 2 部分。前者包括查证工程项目是否列入国家计划、是否为批准的设计文件，现场施工调查，图纸会审，编制施工组织设计及施工预算文件等。后者包括临时道路修建，人、材料、施工机械准备，路基放样等。

公路施工组织设计包括确定施工方案、施工组织计划及保证措施。施工方案包括施工方案说明，人工、主要材料及机具、设备安排计划，工程概略进度图，临时工程一览表及临时用地表。施工组织计划包括计划说明，工程进度图，主要材料计划表，主要施工机具、设备计划表，临时工程数量表，公路临时用地表。路基路面施工前应分别进行施工组织设计以指导施工，并在实际操作中不断调整计划。

（3）工程施工

组织施工前应具备以下基本文件：设计图纸、资料，施工规范和技术操作规程，各种定额，施工预算图，实施性施工组织设计，工程质量检验评定标准和施工验收规范，施工安全操作规程。在开工报告批准后即可正式施工，在施工过程中要严格按图施工，如需要变更必须经监理工程师或建设单位批准。

在林区公路的路基工程中，其土方工程量一般占总工程量的60%甚至70%以上，需要集中大量的人力和设备，进行较长时间的施工作业，还有大量的防护工程和排水工程等路基土石方工程相互配合和交错。对路基土石方工程，施工顺序比较单纯，主要是开挖、运输、填筑（包括摊平和压实）与整修。路基施工方法一般分为人工（包括简易机械）、爆破（用于开挖岩石）、机械化和水力机械化施工，根据具体情况可以单独采用或合并采用。施工应根据不同的土质、不同的机械分层填筑和碾压。

路面施工应根据设计材料按规范要求进行。

（4）竣工验收

公路基本建设项目的竣工验收是对公路建设成果（设计、施工）的全面考核，是总结建设经验的过程，最终应形成技术档案，以备今后查用。

6.2.2.3 路基施工

路基土石方工程量大，分布不均匀，不仅与自身的其他工程与设施（如路基排水、防护与加固等）相互制约，而且同公路的其他工程项目（如桥涵、隧道、路面及附属设施）相互制约。因此，路基施工在质量标准、技术操作、施工管理方面具有特殊性，是整个公路工程施工组织管理的关键。

路基施工的基本操作是挖、运、填、压，工序比较简单，但条件比较复杂，因而施工方法多样化。路基施工的基本方法按其技术特点大致可分为：人工及简易机械化、综合机械化、水力机械化和爆破方法等。

人力施工是传统方法，使用手工工具，劳动强度大，工效低，进度慢，工程质量亦难以保证，但林区环境复杂，常常无法完全实现机械化施工，人力辅助施工还有必要。

机械化施工和综合机械化施工是今后的发展方向。单机作业的效率比人力施工高很多，但需要大量人力与之配合。由于机械和人力的效率相差悬殊，难以协调配合，单机效率受到限制，势必造成停机待料，因而机械的生产率很低。如果对主机配以辅机，相互协调，共同形成主要工序的综合机械化作业，功效就能大大提高。因此，实现综合机械化施工，科学地严密组织施工，是路基施工现代化的重要途径。

水力机械化施工是运用水泵、水枪等水力机械喷射强力水流，冲散土层，并将残土流送至指定地点沉积。水力机械适用于电源和水源充足、比较松散的土质及地下钻孔等。对于砂砾填筑路堤或基坑回填等工序，还可用来起到密实作用(称为水夯法)。

爆破法是石质路基开挖的基本方法，如使用凿岩机钻孔与机械清理，是岩石路基机械化施工的前提。

6.2.2.4　路面施工

目前，我国林区道路除少数干线采用沥青贯入式碎石、砾石或拌沥青碎石、砾石的次高级路面外，绝大多数仍采用泥结碎石、砾石或级配碎石、砾石的中级路面，而支线、岔线则采用粒料加固土或其他材料加固或改善土的低级路面。路面面层类型不同，其施工方法也不相同。根据我国林区道路路面的现状，这里简要介绍泥结碎石的施工方法。

泥结碎石路面是用黏土作为填缝结合料的一种路面。其施工方法有灌浆法、拌和法、层铺法和拌浆法4种。

(1)灌浆法

灌浆法是将黏土调成泥浆灌入初步碾压的碎石层内，然后摊铺嵌缝料，最终碾压成型的施工方法。此方法符合泥结碎石路面结构特点，碎石的嵌挤和扣锁作用好，黏土收缩膨胀影响较小，因而路面结构层的强度高、稳定性好。该法的施工设备简单。

(2)拌和法

拌和法是将黏土和石料洒水拌和，然后再摊铺碾压成型的施工方法。其主要优点是：黏土与石料结合均匀，路面初期成型较快，不必封闭交通，适宜组织快速流水作业和机械化施工，并可用较软石料。其缺点是：拌和时劳动强度大，施工设备增多，碎石嵌锁作用不如灌浆法。

(3)层铺法

层铺法是分层铺石料撒黏土，然后用齿耙把黏土耙入碎石隙中。其施工方法简单，进度较快，但土石结合不均匀，石料的嵌挤和扣锁作用不好，路面强度较低。因此，此方法只适用于交通量小的公路。

(4)拌浆法

拌浆法是针对南方山岭地区水源不足、黏土料场不易寻找等筑路条件而采用的一种施工方法。采用的碎石一般为人工改锤未经筛选，具有一定级配，材料结构强度属于嵌锁—密实型。用此法施工的路面强度和稳定性好，施工工序简单，用水量少，省工时，适合于机械化施工和冬季施工，但用人工拌浆时劳动强度较大。

6.2.3　桥涵施工

桥涵施工前也应编制完备的施工组织设计文件，以指导施工，达到施工高效高质量的目的。施工过程中按桥梁基础、下部结构、上部结构、桥面系统和附属系统分别进行控制。

钢筋混凝土和预应力混凝土桥的施工可分为现浇和预制安装2类。现浇法施工无需预制场地，并且不需要大型调运设备，梁体的主筋也是连续的。采用预制安装的施工方法时，可对上、下部平行施工，易于保证施工质量，但需具备大型预制场地和吊装设备。目前随着吊装设备能力的提高和预应力工艺的完善，预制安装的施工方法在国内外得到普遍推广。以砼简支梁为例，现浇法施工过程包括模板安装制作(现浇时需在梁下搭设脚手架来支撑模板)、钢筋加工及绑扎、混凝土浇筑、养护及模板拆除；预制简支梁则要进行混凝土梁的预制、运输和吊装。

6.3 林道养护

由于车辆载荷的反复作用和自然因素的损害，使得道路的使用功能日益退化。特别是林区道路，其路面多为就地取材较经济的材料，如碎石柔性路面，经行车及自然因素的影响，路面和路基会出现不同程度的变形和损坏，增加行驶阻力，降低使用的经济性。因此，为保持良好的使用功能，必须对林道进行经常性和长期性养护。

林道养护提倡以预防为主、防治结合的养护方针和科学养护、全面养护、常年养护的原则。

6.3.1 林道养护工程分类

林区配备有专职的道路养护队伍，包括养路段、养路道班等，当道路途经村镇时可采取联合养护的方法。按照养护工程的性质、规模、技术性的繁简，可分为小修保养、中修、大修和改善工程4类。

(1)小修保养

小修保养是经常性的工作，通常由养路道班在每年小修定额经费内，按月(旬)安排计划，每月进行预防养护和修补轻微损害部分。

(2)中修

中修是对工程设施的一般性磨损和局部损坏进行定期修理加固，以恢复原状的小型工程项目，通常由养路段按年(季)计划组织实施。

(3)大修

大修工程是对公路设施的较大损坏部分进行周期性的综合修理，以全面恢复到原设计标准，或在原技术等级范围内进行局部改善和个别增建以逐步提高公路通行能力的工程项目。通常由养路段或在林业局的帮助下，根据批准的年度计划和工程预算组织实施。

(4)改善工程

改善工程是对道路及其工程设施因不适应交通量和载重需要而分期逐段提高技术等级，或通过改善能显著提高通行能力的较大工程项目。通常由养路机构或上级养路机构根据批准的年度计划和设计预算来组织实施或招标来完成。

对于因自然灾害而造成的抢修和修复工程，可另列为专项处理。

6.3.2　林道养护管理的任务和内容

林道养护管理的任务主要是：经常保持公路的完好状态，及时修补损坏部分，保持行车安全、畅通，提高运输经济效益；提高道路的工作质量，延长其使用年限，节省资金；逐步提高公路的使用质量和服务水平。

林道养护管理的主要内容：道路小修保养的组织与管理，养路大中修工程的组织与管理，道路工程技术改造的组织与管理，路政管理。

6.3.3　林区公路损坏现象及防治方法

（1）保护层磨损

由于行车速度变化使得路面保护层受力强度和方向变化而造成损坏，通常出现砂粒挤向路边，应及时扫回原处，添加备用材料或临时从路旁取材压实平整。该项为经常性养护工作。

（2）路面波浪起伏（搓板道）

路面的不平或有突出物，造成行车震动，路面压力也随之周期变化，时间久之便形成路面波浪起伏，影响行车速度。该现象普遍存在，应及时清扫维护。对于轻微的搓板的处置方法是将其刮平，加添较粗的粒料；对于严重的或者波谷深度大于5cm的搓板，要先清除松散料，刮平波浪，洒水润湿后填补整平，然后再恢复磨耗层和保护层。

（3）扬尘

由于路面的磨损而产生尘土，在风和行车作用下扬起飞尘，影响行车速度、易引发交通事故和造成环境污染等，因此，应经常洒水养护。持久的办法是定期洒氯化钙溶液防治。

（4）车辙

路面不坚实或雨后松软，行车后易留下较深的车辙槽，影响行车。因此为防止车辙的形成，通常雨后应限制通行、改善路面材料。出现车辙应及时铲平压实。

（5）凹坑

在下坡道、弯道和村镇，由于汽车经常制动，造成道路早期磨损。在没有结合材料的碎石路面上由于车轮作用力的变化和轮后的真空吸力等原因，使得碎石松动、破损、剥落形成凹坑，影响行车安全、速度以及舒适性。对于凹坑应及时修复，轻则扫去杂物，洒水湿润，填补同样材料后夯实；重则应进行挖槽处理。

（6）冻隆和翻浆

在寒冷地区常会出现路面冬季冻隆和春融时翻浆，这与地下水位偏高有关。预防的要点是注意排水，提高路基或设置隔离层，降低地下水与毛细水对路基的侵蚀；设置隔温层，减少冰冻深度，防止水的冻结及土壤的冻胀；必要时换土，用好土更换翻浆土。

（7）冰湖

在北方和西南高山林区，当冬季路面冻结层加厚，使地下水的过水面缩小，在地表薄弱处由于水体受压而涌出，形成层状积冰，称为"冰湖"。严重的冰湖现象会使车辆无法通行。防治冰湖一般按冰湖出现的位置不同设积水沟、积水坑，开挖冻结沟，设置挡冰墙、挡冰堤等。

（8）路基塌方

最常见的是滑坡性塌方。防止塌方的主要方法是调治地面水和地下水，使容易塌方处经常处于干燥状态，以减少土体的重力和渗透压力，增加滑落阻力。调治地面水或设置截水沟，使坡上流下的水绕过塌方危险部位，引到无害处。或用各种沟槽使水通过塌方处的下部排出。调治地下水的办法是设置暗沟，降低地下水位。此外，还可以采用挡土墙、打桩等设施维持土体的平衡。

6.4 道路运输

6.4.1 道路运输的特点与类型

道路运输是在道路上进行客货运输活动，它是综合交通运输体系的重要组成部分。综合运输体系包括铁路运输、道路运输、水路运输、航空运输和管道运输等。

6.4.1.1 道路运输的特点

与其他运输方式相比，道路运输具有以下显著特点。

（1）机动灵活，适应性强

道路运输机动灵活。一是空间上的灵活性，由于道路运输网一般比铁路、水路网的密度要大十几倍，且分布面广，因此道路运输车辆可以做到"无处不到、无时不有"。二是时间上的灵活性，汽车货物运输作业环节简短，可随时调度、装运，运输时间可灵活安排，可实现即时运输。三是运输批量上的灵活性，汽车可接受的启运批量小，对客、货运输量的大小具有很强的适应性和灵活性。四是运行条件的灵活性，道路运输服务的范围不仅仅局限在等级公路上，还可延伸到等外公路（如林区便道），甚至许多乡村便道也在辐射范围内。五是服务上的灵活性，汽车运输能够根据货主或旅客的具体要求提供个性化的服务，最大限度地满足不同性质的货物运送与不同层次的旅客需求。

（2）可实现"门到门"直达运输

由于汽车体积较小，既可沿路网运行，又可离开路网深入到工厂企业、农村田间、城市居民住宅等地，即可以把旅客和货物从始发地门口直接运送到目的地门口，实现"门到门"直达运输。

（3）中短途运送速度较快

在中、短途运输中，道路运输一般中途不需要倒运、转乘就可以直接将客货运达目的地，故其客、货在途时间较短，运送速度较快。

（4）原始投资较少

道路运输与铁路、水路、航空运输方式相比，所需固定设施简单，车辆购置费用较低。因此，投资兴办容易，投资回收期较短，一般道路运输的投资每年可周转 1~3 次，而铁路运输则需要 3~4 年才能周转一次。

（5）驾驶技术较易

相对于火车或飞机的驾驶培训要求来说，汽车驾驶技术比较容易掌握，对驾驶员各方面素质的要求相对比较低。

（6）运量较小，单位运输成本较高

与火车、轮船少则几百吨，多则几千吨或数万吨的大运量相比，汽车的运量要小得多。普通汽车的运量仅有几吨或数十吨。由于林区道路等级较低，大多为三、四级线，一般只能通行中小型汽车，其运量多在 20t 以下。

由于汽车载重量小，行驶阻力比铁路大 9～14 倍，所消耗的燃料多为价格较高的汽油或柴油。因此，除了航空运输外，汽车运输成本是最高的。

（7）运行持续性较差

在各种现代运输方式中，道路的平均运距是最短的，运行持续性较差。如我国 2007 年公路平均货运运距为 69km，铁路平均货运运距为 780km。

（8）安全性较低，污染环境较大

由于道路运输条件较复杂，汽车行驶受自然气候、地形地貌及交通状况的干扰影响较大，道路运输的安全性通常比火车、轮船和飞机低，其事故率最大。大部分汽车使用的燃料都是汽油或柴油，汽车所排放出的大量有害尾气和产生的噪声已成为城市及林区环境污染的主要污染源之一。目前城市空气中出现的大量 PM2.5 污染物与汽车所排放出的大量有害尾气密切相关，其对人类的健康造成严重的威胁。

6.4.1.2　道路运输类型

道路运输包括道路旅客运输和道路货物运输 2 种，道路客运是指用客车运送旅客，包括班车客运、包车客运和旅游客运；道路货物运输是指以载货汽车为主要运输工具，通过道路使货物产生空间位移的生产活动，包括零担货物运输、整车（批）货物运输、集装箱货物运输、特殊货物运输等。林区道路运输以货运为主，其中尤以木材及其他林副产品（制品）和生产资料的运输为主，只有少量旅客运输。

6.4.2　道路运输的发展

1950—1952 年，新中国新建公路 3 846km，改建公路 18 931km，加上恢复通车的公路，全国公路通车总里程近 13×10^4km。到 20 世纪 60 年代末，全国公路通车里程达到 89×10^4km，公路等级普遍很低，发展缓慢。

改革开放后，我国公路建设加快。1985 年，中国公路总里程突破百万千米；到 1990 年底达到 102.83 $\times 10^4$km，其中高速公路 522km、一级公路 2 617km、二级公路 42 177km。1995 年，我国高速公路达到 2 141km，1998 年末达到 8733km，1999 年 10 月突破 1×10^4km，2000 年末达到 1.6 $\times 10^4$km。到 2001 年底，全国公路通车总里程已达 169.8 $\times 10^4$km，居世界第 4 位；高速公路总里程达 19 437km，跃居世界第 2 位。2004 年 8 月底高速公路突破了 3×10^4km，至 2009 年 6 月底已建成高速公路 48 896km。到 2013 年，全国公路总里程达到 435.62 $\times 10^4$km，其中高速公路 10.44 $\times 10^4$km。

6.4.3　汽车车辆

（1）汽车组成

汽车是由自带动力装置驱动，具有 4 个或 4 个以上车轮，不依靠轨道和架线在陆地上行驶的运载工具。由于我国最早出现的这种车辆多采用汽油发动机，所以称之为汽车。

汽车通常由车身、动力装置、底盘和电器仪表等部分组成。客车车身是整体车身，货车车身一般包括驾驶室和各种形式的车厢；动力装置包括发动机及其燃料供给系统和冷却系统；底盘包括传动系（离合器、变速器、万向传动装置、驱动桥）、行驶系（车架、轮胎及车轮、悬架、从动桥）、转向系（带转向盘的转向器及转向传动机构）和制动系（制动器和制动传动机构）；电器仪表包括电源、发动机的启动系和点火系，以及汽车照明、信号、仪表等电气设备。

（2）汽车分类

我国国家标准《机动车辆及挂车分类》（GB/T 15089—2001）将机动车辆和挂车的类型分为 L、M、N、O 和 G 等 5 类。L 类为两轮或三轮机动车辆，M 类为至少有 4 个车轮并且用于载客的机动车辆，N 类为至少有 4 个车轮并且用于载货的机动车辆，O 类是挂车（包括半挂车），G 类指越野车。其中 M 类和 N 类汽车的分类情况见表 6-3。

表 6-3　机动车辆及挂车分类（GB/T 15089—2001）

类别	名称	座位数/个	厂定最大总质量/t	类别	名称	厂定最大总质量/t
M1	小型客车	≤9	≤3.5	N1	轻型货车	≤3.5
M2	中型客车	>9	≤5	N2	中型货车	3.5~12
M3	大型客车	>9	>5	N3	重型货车	>12

厢式汽车、罐式汽车、仓栅式汽车、运材汽车等专用汽车以及由多节车辆组成的汽车列队（汽车加挂挂车称为汽车列队或列车）都属于载货车辆的范畴。载客车辆中包括轿车、微型客车、轻型客车、中型客车、大型客车以及特大型客车（如铰接客车、双层客车等）。

（3）汽车型号表示方法

我国汽车产品型号表示方法如图 6-16 所示。

企业名称代号一般由企业名称头两个汉字的第一个拼音字母表示。

车辆类别代号：1—货车；2—越野汽车；3—自卸汽车；4—牵引汽车；5—专用汽车；6—客车；7—轿车；8—（暂空）；9—半挂车及专用半挂车。

主参数代号：货车、越野汽车、自卸汽车、牵引汽车及半挂车均用车辆总质量（t）表示；客车为车辆长度（m），小于 10m 时，应精确到小数点后一位，并以其值的 10 倍数表示；轿车为发动机排量（L），精确到小数点后一位，并以其值的 10 倍数表示。

专用汽车分类代号：X—厢式汽车；G—罐式汽车；T—特种结构汽车等。第 2、3

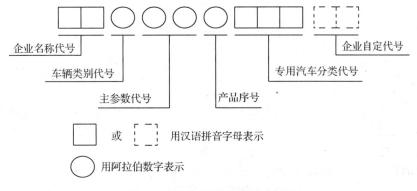

图 6-16　汽车产品型号表示方法

格为表示其用途的两个汉字的第一个拼音字母。

例如，CA1091 表示中国第一汽车集团公司所产 9.31t 货车（第二代）；JS6820 表示江苏亚星集团公司所产长度 8.2m 中型客车；TJ7100 表示天津微型汽车厂生产的排量 0.993L 的轿车。

（4）汽车性能指标

汽车的主要性能指标有以下 5 项：

①容载率　客车包括座位数和站立乘客数；货车以最大的装载质量表示。

②比功率　发动机所标定的最大功率（kW）/厂定最大总质量（t）。

③最高车速　在规定装载质量下，行驶在水平良好的路面上，变速器在最高挡位，节气门全部打开时，车辆稳定行驶的最大车速。

④燃料消耗量　在规定的装载质量下，单位行驶距离所消耗的燃料（L/100km）。

⑤制动距离　在规定的装载质量下，以一定的车速行驶时，实施紧急制动，自踩制动踏板开始到车辆完全停止车辆所走过的距离（m）。

6.4.4　运材汽车

运材汽车是指用于运输木材的各种车辆，它属于特种车辆范畴。

6.4.4.1　运材汽车分类

运材汽车的类型主要有 4 种：即普通运材汽车、专用运材汽车、牵引车和运材挂车。

（1）普通运材汽车

它是由普通公路货车改装而成，即通过拆掉货车的货箱，增加驾驶室护栏、装车平台、木材转向承载装置、载运挂车回空装置等方式改装而成，如由 CA－141、CA－10C、EQ－140 及进口的 T－148、LT－110 等车辆改装而成的运材车。

（2）专用运材汽车

专用运材汽车的结构特征是：轴距较短、全桥驱动的双轴汽车；自带木材转向承载装置和载运挂车回空的稳固装置、提高功率的增压装置；有的还装有自装卸设备，重型汽车具有液力变扭器，传动系统中有副变速器，车架后悬较短。如德国制造的奔驰2624，苏联制造的 MA3 – 509、KpA3 – 255 均为专用运材车辆。

目前，我国还没有自己制造的木材专用运输汽车，中型运材汽车几乎都是由国产的 CA141 和 EQ140 型载重汽车改装而成，少数由国外进口的载重汽车改装而成。

（3）牵引车

牵引车没有货台，但装有支撑连接装置，用来与半挂车连接销连接，组成鞍式运材汽车列车。它不能独立从事运输生产，须与半挂车共同完成运输任务。

（4）运材挂车

木材的特性决定了运材挂车的性能要求与普通汽车挂车有明显的区别。首先应满足木材规格要求，具有良好的牵引力和制动力传递性能，与道路平、纵曲线的适应性；其次还要具备良好的耐磨性和高强度及维修方便性。

运材挂车按结构形式主要分为全挂车、半挂车、长货挂车和载重挂车，如图 6-17 所示。针对不同的木材类型，可组成相应的运材汽车列车，汽车列车组合方式如图 6-18 所示。

除此之外，有些地方（如福建省）还使用农用车、手扶拖拉机及由拖拉机改装而成的"驴车"等车辆作为运材车辆，主要用于伐区短途运输木材。

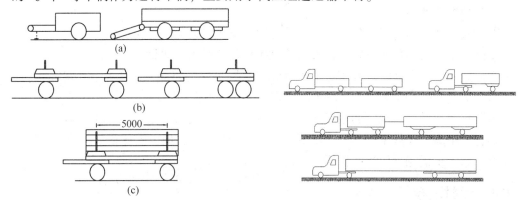

图 6-17　运材挂车示意　　　　图 6-18　汽车列车组合示意
（a）普通货运全挂车　（b）长货全挂车
（c）运材全挂车

6.4.4.2　运材汽车工艺设备

运材汽车工艺设备是指为方便运输木材而在汽车上安装的各种设备，如木材承载装置、驾驶室护栏、装车平台、稳定载运挂车回空的稳固设施、自装自卸设备等。

（1）木材承载装置

木材承载装置是为了运输长材而在改装后的汽车或挂车上安装的设备，由承载梁、车立柱、车立柱开闭器、转盘和斜拉索构成，如图 6-19 所示。

（2）驾驶室护栏

护栏安装在驾驶室后壁板后一定距离的车架上。主要功用是防止木材冲击驾驶室，防止装卸木材时撞击驾驶室。

6.4.5　木材公路运输组织与管理

科学合理的公路运输组织和现代化的管理方式，是保证运输最大经营效益的主要手段。

木材运输组织方法主要有 3 种，即直达行驶法、分段行驶法和甩挂运输组织法。

（1）直达行驶法

直达行驶法是指每辆汽车装运木材由起点（如采育场、林场）经过全线直达终点（如木材加工厂、贮木场、木材交易市场等），卸货后再空车或装货

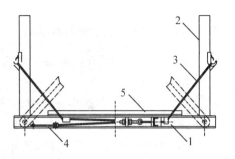

图 6-19　木材承载装置
1. 承载梁　2. 车立柱　3. 斜拉索
4. 开闭器　5. 卡木齿

返回，货物（木材）中间不换车。其特点是整个运输过程中木材无需中转换装，可减少货物（木材）装卸作业劳动量及木材装卸造成的损伤，运输效率高，节省时间。直达行驶法适用于货流稳定、但运量不大的木材货运任务，在南方林区如福建省的木材运输基本上都采用直达行驶法。

（2）分段行驶法

分段行驶法是指将货物（木材）全线运输路线适当分成若干段（也称为区段），每一区段均由固定的车辆工作，在区段的衔接点（如贮木场、中间楞场），货物由前一个区段的车辆转交给下一个区段的车辆接运，每个区段的车辆不出本区段工作。分段行驶法的工作特点是：当采用牵引车和半挂车运输货物时，货物在路段衔接处只需换牵引车即可，它可避免货物多次倒装，减少货损货差现象。分段行驶法适用于运输距离较长、运量大的木材货运任务。

（3）甩挂运输组织法

甩挂运输也称作甩挂装卸，是指汽车列车在运输过程中，根据不同的装卸和运行条件，由载货汽车或牵引车按计划更换拖带挂车继续行驶的一种运行方式。甩挂运输适用于运输量大、运输条件较好的木材运输任务。

6.4.6　汽车运输工作过程及术语

6.4.6.1　汽车运输工作过程

木材运输工作过程是指木材（货物）被移动的过程。通过运输，木材（货物）在一定时间内实现空间上的位移，即完成运输工作。一个运输过程，一般包含以下 4 个主要工作环节：

①准备工作　向起运地点提供与运输对象相适应的运输车辆。

②装载工作　在起运地点（或场站）装载货物（木材）。

③运送工作　自起运地点，按照一定的线路向目的地运送运输对象（木材）。

④卸载工作　在运送目的地卸载货物（木材）。

6.4.6.2 公路汽车运输基本术语

①运次 通常将包括准备、装载、运送和卸载等 4 个工作环节在内的一个循环运输过程称为运次。

②车次(单程) 如果在完成运输工作的过程中，车辆自始点行驶到终点，途中存在车辆停歇并存在货物(木材)装卸，则这一运输过程称为车次或单程。在一个车次中每经历一次中途停歇(伴有货物装卸)，便经历了一个运次。因而一个车次是由 2 个或 2 个以上的运次所组成。

③周转 若车辆在完成运输工作过程中，又周期性地返回到第一个运次的起点，那么这个运输过程称为周转。一个周转可能由一个运次或几个运次组成。周转的行车路线，通常称为循环回路。

④运量 汽车运输在每一运输过程(运次或车次)中，所运送的货物重量称为货运量(通常按 t 计，木材运输按 m^3 计)，所运送的旅客人数称为客运量(通常按人次计)。货运量和客运量统称为运量。

⑤周转量 运量与相应货物或旅客被移动的距离的乘积，通常称为周转量。其计量单位是 t·km(木材运输有时按 m^3·km)或人·km。汽车运输中 1t·km 相当于 10 人·km，以 m^3·km 计算的木材运输周转量可按木材密度进行 t·km 单位的转换。

⑥运输量 一般将汽车运输完成的运量及周转量统称为运输量，亦作为产量。故运输量或产量分别包括运量和周转量 2 种指标，而不是指运量和周转量之和。

⑦车日 指营运车辆在企业内的保有日数。营运车辆系指企业专门用于从事营业性运输的车辆，不包括企业拥有的非营运车辆(如公务车、教练车、急救车等)。在统计期内，企业所有营运车辆的车日总数，称为总车日。

⑧车时 即"车辆小时"，指营运车辆在企业内保有的小时数。企业所有营运车辆的车时总数，等于营运车辆与其在企业保有日历小时数的乘积，也称作营运车时。

6.5 水路运输

木材水路运输是指利用河流、水库、湖泊及海洋等水路条件，依靠水流所产生的动力或船舶完成木材运输的一种运输方式。木材水运方式主要有单漂流送、排运和船运 3 种。由于木材水路运输具有其他运输方式无法比拟的诸多优点，所以它在我国木材运输中占有一定的位置。

6.5.1 木材水路运输特点

(1)基本建设投资小收益大

木材水运是利用天然河道，只用少许基建投资，将河道的限制段稍加整治和修建一些必要的工程设施，河道的通过能力就可倍增，效果显著。在运材量几乎相同的情况下，水运的基建投资一般仅为陆运投资的 10% 左右，且投资回收期短，收益大。

（2）运量大

与其他任何运输方式相比，木材水运具有运量大的优点。例如原四川省大渡河木材水运局曾在 5 个月内采用单漂流送的方式流送木材 $100 \times 10^4 m^3$；轮拖木排的体积一般为 2 000 m^3，一些较大河川及沿海的木排运输，一次可拖运 10 000 m^3 以上。

（3）运输成本低

水路运输成本比铁路和公路的运输成本低。据统计，一般木材水运的成本为铁路运输的 1/2～1/10，为公路运输的 1/8～1/20。

（4）燃料能源消耗少

在木材单漂流送和人工排运中，基本上不需要消耗燃料能源。轮拖排运中，其耗油量仅为汽车运输的 1/15～1/30。据统计，水运、铁路、汽车运输耗油量的比例为 1∶4∶17。

（5）单位功率的效果大，运输工具占用少

拖船的单位功率拖运木材量约为 75 m^3/kW；在单漂流送和人工排运中，无需运载工具，只需辅助作业用的船舶和机械。轮拖木排，一般拖轮可拖运 2 000 m^3，相当于 400 辆 5t 汽车或 40 节 50t 火车厢的运量。

（6）污染小，占用农田少

木材单漂流送和人工排运一般不消耗燃料，基本上不产生污染。轮拖排运和船运耗油比陆运少得多，其污染也较小。同时，大部分水运工程设施建在河流和水域中，占用农田少。

木材水运的主要缺点是：①水运周期较长；②在单漂流送中，木材易沉没，损失较大；③大密度木材浮力小，流送困难；④水运不如陆运准时，并且容易发生意外事故；⑤运输线路由河川流向决定，多数为单向运输；⑥水运工作条件差，受气候、季节性影响大。

6.5.2　运输河道

6.5.2.1　运输河道的分类

木材运输（流送）河道，根据其特点，可按以下几种方法进行分类。

①按流域面积的大小、年平均最大流量分为小河、中河和大河 3 类。

②按地理、地形、水文特征和水面比降分为平原、丘陵和山岳 3 类。

③按年内径流分配特征分为春汛类、春汛和夏洪类、夏洪类 3 种。

④按河面宽度由大到小和水深由深到浅分为 I 等到 V 等共 5 等河流。

⑤按河道是否经过人工治理分为 3 级河流。

应该指出，天然河川的型、类、等是根据自然条件划分的，而河川的级别则是根据河道整治情况来评定的。同一河川，其各个河段的等级不一定相同。河道经过治理，其等级可以上升；反之，年久失修或遭破坏，其等级会降低。

6.5.2.2　木材流送线路参数

流送线路的基本特征包括河道的宽度、水深、弯曲半径、桥下净空高度等，它决定单漂流送与木排流送物体的吃水深度、宽度和最大长度等参数。

（1）流送物体吃水深度

漂浮的木材沉入水中的深度即吃水深度。木材底部离河床的距离为流送后备水深，单漂流送时应大于 0.15m，排运时应大于 0.20m。

（2）流送物体宽度

河道宽度限制了流送木材和木排的允许宽度。单漂流送、放排和拖运时的允许宽度各不相同。

在单漂流送过程中，流送线路宽度应大于原木最大长度加上后备宽度。对放排，其流送线路的宽度应大于流送木排的最大对角线长度，如图 6-20 所示。

在通航河川上拖运木排或驳船时，流送线路宽度应大于木排宽度与船队的宽度之和加上后备宽度。

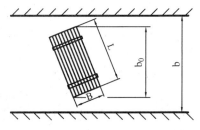

图 6-20　木排流送线路宽度

（3）流送物体的最大长度

取决于流送线路的最小曲率半径。船舶或木排的允许最大长度一般为线路曲率半径的 1/5 ~ 1/6，单漂流送的木材长度应在河道线路曲率半径的 1/3 以内。

（4）桥下净空高度

在流送线路上如遇到桥梁，应考虑到木材或通航船舶在最高水位时，仍具有一定的空间尺寸，以保证船舶及木排的顺利通过。

6.5.3　木材流送

林区一般距木材使用地较远，大多陆运条件差，充分利用一些中、小河川通过单漂或排运(放运小木排、排节或筏)的方式将木材运出，既经济又合理，有时也是唯一的木材运输方式。

6.5.3.1　单漂流送

单漂流送是将单根木材推入流送河道之中，利用木材的浮力和水流的动力将木材流送到终点。密集的木材顺流而下，好像放牧的羊群，所以也称为"赶羊流送"。

（1）单漂流送的特点

单漂流送的主要特点是运量大、速度快、成本低、无需运载工具、对流送河道的治理要求简单等。但是，单漂流送也存在着障碍通航、损失率大、木材容易变质等缺点。所以，单漂流送只能在不通航或短期通航的河道上进行。

（2）单漂流送的工艺过程

单漂流送的工艺过程主要有：到材、归楞、推河、流送、收漂。

①到材　在流送之前，将需要流送的木材集运到河边的推河场地称为到材。可采用森林铁路、汽车、索道、拖拉机、平板车和人工等方法将木材运到河边推河场地。

②归楞　将河边推河场地所到的木材，按照贮存和推河作业的要求，堆放成一定形式的楞堆(如马莲垛楞、格式楞、层式楞、密实楞等)，以满足迅速推河的要求。

③推河　推河作业就是将楞堆木材通过人工或机械的方式推入流送河道中。人工推

河采用捅钩、撬棍、爬杆等，利用木材的重力使木材滑入河中。机械推河采用拖拉机、绞盘机、推土机、起重机等机械作业。

④流送　就是将推入河中的木材，使其沿着流送河道顺利地流送到目的地。流送方式主要有分段负责制流送、分批逐段流送、大赶漂式流送、闸水定点流送 4 种。

⑤收漂　就是对单漂流送到达终点的木材进行阻拦，使其进入收漂工程(如拦木架、河绠和羊圈等)。目的是进行木材转运或防洪保安。

6.5.3.2　小排流送

在不适宜采用单漂流送的河道上，可采用小木排流送。一般小排由人工操纵行驶方向，既可以直接流送到下游，也可以在河道较宽的地方将若干小排合成大排以便继续流放或者利用船舶拖运。

(1)小排的结构要求

小排的结构要求前面硬后面轻，即"头硬尾轻"，尾部可以上下运动，使其穿越乱石浅滩的能力较大。

(2)小排的类型

我国常用的小排结构有小招排、裹衣排和连子排。小招排上设有"招"(舵)以控制方向，它由数个排节用硬结构或软结构连接而成；裹衣排将原木的小头用索具连接在一起，大头则不连接，任其松散，如同裹衣；连子排是一种山区小溪人工放运的较好排型，它由数个排节组成，其长度、宽度、厚度(或层数)则由河道的条件决定。

6.5.4　木材排运

在通航河川上由于不能进行单漂流送，同时河道中流速可能很小甚至为零，有时还需要逆水运输，这时就需要采用木排运输或船舶运输。

(1)特点

木排运输是利用索具将木材按一定的方式编扎在一起，利用水流或机械为动力，使其沿水路漂运到达目的地。木材排运方式有放排和拖排 2 种。利用水流为动力，工作人员在排上只是控制方向，这种方式称为放排。利用机械(通常为船舶)为动力使木排运行并控制其方向的称为拖排。

(2)木排的类型

木排按结构分平型排、木捆排和袋形排 3 种。

①平型排　平型排是用索具将原木编扎成一个平整的结构，利用船舶将其拖运。平型排分单层、多层。平型排结构适用于既不满足单漂流送又不满足木捆排运输的河道中。它与木捆排相比主要缺点为：编扎困难，生产效率低，工人劳动强度大，编扎需要的辅助用材多，索具一般不重复使用，运行过程中阻力大，工序复杂，编扎质量不易保证。

②木捆排　木捆排是由多个木捆联结起来的木排，木捆是将长度基本相同的树材种用索具捆扎在一起，其端面呈椭圆形。其特点是：编扎和拆散方便，容易实现机械化作业，生产效率高。另外，针阔叶材混合编扎，可解决大密度木材的运输困难问题；索具

可以重复使用，降低了编扎索具费用。它易于合排和拆排的特点更能适应市场多客户小批量的需要，在运输沿途可以解散几个木捆向客户供应木材，而不影响整个运输过程。木捆的出河工艺也比较简单，利用起重机可以直接将木捆起吊出河或吊至运材汽车运出。木捆的编扎一般采用机械进行，主要有立柱式和绳索式2种。

③袋形排　袋形排是将散聚的木材围在一种漂浮的柔性排框之中，用船舶进行拖运。由于其排框形似口袋一样将木材装在其中，故称为袋形排。它是介于单漂流送和排运之间的一种木材水运方式。袋形排的编扎工艺比较简单。袋形排拖运速度不能太大，一般相对速度（相对水流速度）不大于1m/s。袋形排的规格主要依据流送线路的特征而定。在通航水域中，袋形排的宽度不得超过航线宽的1/3。在非通航条件下，宽度不得超过流送线路的2/3。袋形排的长度一般为宽度的1.2~4倍。

6.5.5　木材船运

木材船运就是利用船舶的载货能力来运送木材。在木材水运方式中，虽然木材船运的运输成本最高，但其木材损失率小，安全可靠性高，既可顺流运输，又可逆流运输，优势明显。对于大密度木材、珍贵木材和木材的半成品，采用船舶运输较其他方式运输更为合适。我国进口木材主要依靠海上远洋船运。

木材船舶运输根据其运输线路不同一般分为内河（包括湖泊与水库）船运、江海直达船运、沿海船运和远洋船运4种。在我国内河及江海直达木材船运中，长江、珠江、闽江、黑龙江和松花江等水系覆盖了我国主要的木材生产地区和使用地区。沿海木材船运主要集中在大连—上海、上海—青岛（烟台），以及广西、广东、福建到浙江、上海等航线。

木材货物包括原木、锯材、木片、纸卷和纸浆等。在运输过程中，木材船运与其他货物船运基本相同，主要在木材装卸上与其他货物有一定的区别。木材的装卸是船运中的一个重要环节，同时又是一项十分繁重的工作，一般采用起重机械或升运传送机械完成。

6.6　森工物流系统

6.6.1　物流的概念

目前国际上对物流（logistics）还没有统一的定义。我国国家标准对物流的定义是："按用户要求，将货物从供应地向需要地转移的过程。它是运输、储存、包装、装卸、流通加工、信息处理等相关活动的结合。"

物流的各种定义中均反映出物流与生产之间的关系：①没有生产就没有物流，因此生产是物流的前提与基础；②没有物流，产品的使用价值就难以实现；③从本质上，物流不创造价值，只增加成本，因此，存在一个"最小物流费用问题"。

6.6.2　物流系统

物流系统（logistic system）是指在一定的时间和空间里，由所需位移的物资、包装设备、装卸搬运机械、运输工具、仓储设施、人员和通信联系等若干相互制约的动态要素所构成的具有特定功能的有机整体。

6.6.2.1　物流系统的特点

物流系统中包含有众多的、具有广泛的横向和纵向联系的子系统。它具有一般系统所共有的特点，即整体性、相关性、目的性、环境适应性，同时还具有规模庞大、结构复杂、目标众多等大系统所具有的特征。物流系统的主要特点如下：

（1）物流系统是一个大跨度系统

物流系统的跨度表现在时空跨度大上，即地域跨度大和时间跨度大。物流系统的大跨度性使得系统管理困难，对信息的依赖性增加。

（2）物流系统是一个复杂的系统

物流系统结构组成复杂，包含物流系统的运行对象"物"、物流系统的"人"和"资金"等，如何对这些资源进行合理的组织和利用，以及如何对伴随它们的庞大的"信息流"进行有效的收集、处理和控制，都是一个非常复杂的问题。

（3）物流系统是一个动态系统

物流系统受需求、供应、价格、渠道的变动的影响而随时变化着，其稳定性较差，动态性很强，从而增加系统管理和调度的难度。

（4）物流系统是一个多目标的函数系统

物流系统的总体目标是实现物质的空间转移，并使这种转移过程中的成本最小。在实现这个目标时会出现一些矛盾，即所谓的"效益背反"现象。也就是说，在系统中，如果通过调整获得了某一方面的效益，在系统的其他方面的效益可能就会有所下降。如在物流系统中，为了获得时间效益，通过空运进行运输，时间是得到了节约，但是运输成本却提高了。

（5）物流系统是由多个子系统组成的系统

物流系统规模大，由若干个相互联系、相互影响的子系统所组成。如何协调各子系统的运行，使其共同作用达到物流系统的总体目标最优，是物流系统优化研究的重点内容。

（6）物流系统是一个处于中间层次的系统

物流系统在整个社会生产中主要处于流通环节，包括国民经济大范畴中"流通"中的物流和企业经济小范围"流程"中的物流。因此，它必然受更大的系统如流通系统、生产系统和社会经济系统的制约。

6.6.2.2　物流系统的组成和功能要素

（1）组成

物流系统通常由"物流作业系统"和"物流信息系统"2 个分系统组成。

①物流作业系统　在运输、保管、搬运、包装、流通加工等作业中使用各种先进技能和技术，并使生产据点、输配送路线、运输手段等网络化，以提高物流活动的效率。

②物流信息系统　在保证订货、进货、库存、出货、配送等信息畅通的基础上，使

通信据点、通信线路、通信手段网络化，提高作业系统的效率。

（2）物流系统的功能要素

物流系统是由多种要素组成的有机整体，主要包括：一般要素、功能要素、软件要素和硬件要素等4种，如图6-21所示。

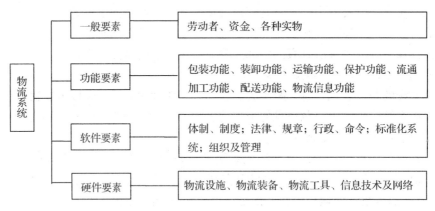

图6-21　物流系统的功能要素

6.6.2.3　物流系统的分类

（1）按规模大小划分

①大物流系统　即社会系统。如：物资流通系统（physical distribution）、港口货运贮存系统、建材物资调配系统等。

②小物流系统　即企业物流系统。指从供应物流、生产物流、销售物流直至回收物流、废弃物流整个过程的物料流动。如原材料进入、储存、搬运、停放、加工服务、包装、成品储存、在制品控制等。

（2）按结构形式划分

①单一物流系统　如把一个企业的设备、仓库、商店等看作一个物流点，即构成一个单一物流系统。

②串联型物流系统　如流水生产线中的物流系统。

③并联型物流系统　如并联型服务台系统、协作件配送系统等。

④混联型物流系统　物资调配、生产联营等系统即为混联型物流系统。

⑤物流网络系统　复杂运输风险、物资调配网络、生产企业中多品种生产网络等都属于这种物流网络系统。

6.6.2.4　物流系统的子系统构成

（1）运输子系统

运输的作用是将商品使用价值进行空间移动，物流系统依靠运输作业克服商品生产地和需要地点的空间距离，创造了商品的空间效益。运输系统的主要内容包括运输方式的选择、运输单据的处理以及运输保险等多个方面。

（2）仓储子系统

商品储存、保管使商品在其流通过程中处于一种或长或短的相对停滞状态，这种停滞是必要的。仓储系统需要具备专门储存、堆放货物的安全设施，建立健全的仓库管理制度和详细的仓库账册，配备专门的管理人员。

（3）商品包装子系统

杜邦定律（美国杜邦化学公司提出）认为：63%的消费者是根据商品的包装装潢进行购买的，市场和消费者是通过商品来认识企业的，而商品的商标和包装就是企业的面孔，它反映了一个国家的综合科技文化水平。

（4）装卸搬运子系统

装卸、搬运是物流各环节连接成一体的接口，是运输、保管、包装等物流作业得以顺利实现的保证。装卸搬运环节出了问题，物流其他环节就会停顿。

（5）流通加工子系统

所谓流通加工就是从生产到消费中间的一种加工或初加工活动（如改变物品的形状、大小、数量等）。通过流通加工，可以节约材料、提高成品效率，保证供货质量和更好地为用户服务。

（6）物流信息子系统

该子系统主要功能是采集、处理和传递物流和商流的信息情报。物流信息是连接运输、保管、装卸、包装各环节的纽带，没有各物流环节信息的畅通和及时供给，就没有物流活动的时间效率和管理效率，也就失去了物流的整体效率。商流信息包括销售状况、合同签约、批发与零售等信息。

6.6.3　物流工程

物流工程（logistics engineering）是以物流系统为研究对象，研究物流系统的规划设计与资源优化配置、物流运作过程的计划与控制以及经营管理的工程领域。

6.6.3.1　物流工程的作用和意义

①减少生产中的工作数量，减轻工人的劳动强度。一般工厂从事搬运储存的工作人员占全部工人的15%~20%。所以，合理布置、设计物流系统，可减少物料的搬运次数和工作量，从而减轻工人的劳动强度。

②缩短生产周期，加速资金周转。在工厂的生产活动中，从原材料进厂到成品出厂，物料在工厂中有90%~95%的时间都处于停滞和搬运状态。所以，减少物流时间可缩短生产周期和交货期，提高资金周转能力，增强企业竞争能力。

③降低物流费用，节约生产成本。在制造业中，总经营费用中20%~50%是搬运费用，优良的物流系统设计可使这一费用减少到10%~30%。人们把物流降低的费用比作工厂获取利润的"第三源泉"。

④提高产品质量　通过改善搬运手段，可减少产品在搬运、储存过程中的磕、碰、伤等影响，从而提高产品质量。

⑤促进企业技术改造　新工艺、新设备的采用，往往可以缩短物流过程；反之，物

流过程的改造更要求采用新工艺、新设备。

⑥实现文明生产和安全操作 物流系统合理化有利于改善环境和生产组织管理，提高安全生产水平。

6.6.3.2 物流工程的研究内容

(1)物流系统规划与设计

研究在一定区域范围内物资流通设施的布点网络问题。物流系统规划重点是区域物流系统规划、物流网络规划和物流运输系统规划。

对于生产系统，规划设计的核心是工厂、车间和仓库内部的设计与平面布置、设备的布局，以求路线系统的合理化。

(2)物流设施规划与设计

根据系统(如工厂、学校、医院、办公楼、商店等)提供产品或服务应完成的功能，对系统各项设施(如设备、土地、建筑物、公用工程)、人员、投资等进行系统的规划和设计。

(3)物料搬运系统设计

在已经设计和建立的物流系统基础下，使系统中的物料按照生产工艺及服务的要求运动，合理安排物料搬运的设备、路线、运量、搬运方法及储存场地等。

(4)内部物流运输与储存的控制和管理

当内部物流网络布局形成后，须采用物流管理手段，优化和控制物流流程，主要包括运输、搬运和储存，使企业内部物流实现低成本、快速度、准确无误的作业过程。

(5)运输与搬运设备、容器与包装的设计和管理

通过改进搬运设备、改进流动器具来提高物流效益、产品质量等。主要设计内容包括仓库及仓库搬运设备、各种搬运车辆和设备、流动和搬运器具等。

6.6.3.3 物流工程的设施与设备

(1)物流包装设备

指用于完成全部或部分包装作业过程，使产品包装实现机械化、半自动化、自动化的机器设备，主要包括填充设备、灌装设备、封口设备、包裹设备、贴标设备、清洗设备、干燥设备、杀菌设备等。

(2)物流仓储设备

指在仓储过程中用于完成物料的堆垛、存取和分拣等作业，用以组成自动化、半自动化和机械化商业仓库的设备，主要包括站台、货架、堆垛机、室内搬运车、出入境输送设备、装卸搬运系统、分拣设备、自动导航车、提升机、自动化控制系统以及计算机管理和监控系统等。

(3)装卸搬运设备

指在货物(如木材)仓储和运输中用来搬移、升降、装卸和短距离输送物料的设备，主要包括起重设备、连续运输设备、装卸搬运车辆、专用装卸搬运设备等。

（4）流通加工设备

指流通加工式物品从生产地到使用地的过程中，根据需要施以包装、分割、计量、分拣、贴标签、组装等简单加工作业时所使用的设备。按照加工的方式不同，流通加工设备可分为包装机械、切割机械、印贴标记条形码设备、拆箱设备、称重设备等。

（5）运输设备

指物流工程中的各种载运工具。根据运输方式不同，运输设备可分为道路运输方式的载货汽车、铁路运输方式的铁道货车、水路运输方式的货船、航空运输方式的飞机和管道运输方式的管道设备等。

6.6.4　森工物流系统

森工物流系统是指在一定的时间和空间里，由所需位移的物资（木材及其制品）、包装设备、装卸搬运机械、运输工具、仓储设施、人员和通信联系等要素所构成的具有特定功能的有机整体。森工物流系统属于企业物流系统，为森工企业生产服务，属于具体的、微观的物流活动领域。

森工企业主要分为木材生产企业和木材加工企业 2 大类。木材生产企业主要有林业采育场和林场，他们主要承担木材的生产任务，包括林木采伐、打枝、造材、集材、运材、仓储、木材销售等；木材加工企业包括各种木材加工厂（如各种板材、方材加工厂及实木家具厂等）、各种人造板厂（如纤维板厂、刨花板厂、胶合板厂等）等。

森工物流系统除了所需位移的物质（木材及其制品）与其他企业物流系统不同外，其他方面大致相同或相似。森工物流系统的主要构成要素通常也包括有木材运输系统、木材仓储系统、商品包装系统、木材装卸搬运系统、木材流通加工系统和物流信息系统 6 种子系统。

（1）木材运输系统

木材运输的作用是将木材及其制品使用价值进行空间移动，依靠运输作业克服木材及其制品生产地（伐区）和需要地点（木材加工厂、木材交易批发市场、用户等）的空间距离，创造木材及其制品的空间效益。

木材运输方式随运输区域的不同有所区别，从伐区（山场）到伐区楞场（或中间楞场）间的运输方式主要有滑道、手板车、手扶拖拉机、农用车、畜力车、架空索道、汽车，个别地方还有用森铁等。从伐区楞场（或中间楞场）到木材需要地点（木材加工厂、木材交易批发市场、用户等）的运输方式主要有公路汽车运输、铁路运输和水路运输（船运或排运）。

至于木材加工企业内部的运输方式，与一般生产加工企业的运输方式类似，主要有各种链式运输机、板式运输机、各种传送带（带式运输机）、滚筒运输机、叉车、电瓶车等。

（2）木材仓储系统

由于木材及其制品的生产与销售之间存在不均衡性、不确定性，同时木材流通是一个由分散到集中、再由集中到分散的源源不断的流通过程，因此，仓储系统需要具备专门储存、堆放木材及其制品的安全设施（如贮木场、仓库）。

（3）商品（木制品）包装系统

木材生产企业生产的木材（原木或原条）一般不需要包装，而木材加工企业生产的各种木制品一般需要进行必要的包装，以防止在运输及装卸搬运过程中碰伤或损坏木制品，造成其经济价值和使用价值的下降。

（4）木材装卸搬运系统

木材及其制品的装卸、搬运是物流各环节连接成一体的接口，是运输、保管、包装等物流作业得以顺利实现的保证。

（5）木材流通加工系统

木材流通加工指从木材生产到消费之间的一种加工活动。例如，在伐区将林木采伐后，通过打枝、造材，使其变成不同规格的原木；木材加工厂又将原木加工成不同规格的板材或方材。通过合理的流通加工，可以节约木材、提高木材运输效率和成品效率，保证供货质量和更好地为用户服务。

（6）木材物流信息系统

其主要功能是采集、处理和传递木材物流和商流的信息情报。木材物流信息是连接运输、保管、装卸、包装各环节的纽带。木材物流信息的主要内容包括各种木材单证（如木材码单、采伐证）、支付方式信息、客户资料信息、市场行情信息和供求信息等。

复习思考题

1. 林区公路与普通公路有何区别？林道网与公路网有何区别？
2. 道路是一种带状建筑物，如何描述其三维形状？
3. 道路路基和路面在几何结构上、在受力上有什么关系？
4. 你见过道路或桥梁施工现场吗？有何体会？
5. 道路的设计、施工、运营、养护是什么关系？
6. 你观察过道路的哪种损坏现象？是如何修补的？
7. 相对于铁路运输，道路运输有何优点？
8. 道路客运与道路货运有何区别？各有何特点？
9. 道路交通系统中包括了人、车、路、环境几方面，它们之间有何关系？
10. 机动车的动力有哪些类型？
11. 汽车的结构组成与非机动车有何异同？
12. 汽车的最高车速与道路的限速有何关系？
13. 在公路汽车运输中，运次和车次有何区别？
14. 船运和车运的装卸作业有何区别？
15. 物流工程与物流系统是何关系？
16. 企业物流与社会物流有何区别？

本章推荐阅读文献

1. 许恒勤，张泱. 林区道路工程. 哈尔滨：东北林业大学出版社，2003.
2. 王首绪，杨玉胜，周学林，等. 公路施工组织及概预算. 北京：人民交通出版社，2008.

3. 杨春风，欧阳建湘，韩宝睿．道路勘测设计．北京：人民交通出版社，2014.

4. 张海鹰．公路工程．北京：中国铁道出版社，2013.

5. 黄晓明，许崇法．道路与桥梁工程概论．北京：人民交通出版社，2014.

6. 任征．公路机械化施工与管理．北京：人民交通出版社，2011.

7. 李亚东．桥梁工程概论．成都：西南交通大学出版社，2014.

8. 马立杰，王宇亮．路基路面工程．北京：清华大学出版社，2014.

9. 陈大伟，李旭宏．运输工程．北京：人民交通出版社，2014.

10. 孟祥茹主编．运输组织学．北京：北京大学出版社，2014.

11. 胡济尧主编．木材运输学．北京：中国林业出版社，1996.

12. 祁济棠、吴高明、丁夫先编著．木材水路运输．北京：中国林业出版社，1995.

13. 祁济棠主编．木材水运学．北京：中国林业出版社，1994.

14. 冯耕中，刘伟华编著．物流与供应链管理．北京：中国人民大学出版社，2014.

第 7 章

森林作业技术与管理

【本章提要】本章阐述了森林作业的特点和原则，介绍了主要的森林作业技术，涵盖了伐木、造材、集材、归楞、伐后更新等作业；简述了原木检尺与分级；介绍了各种森林作业机械，包括采伐机械、集材机械、装卸机械；最后介绍了森林作业对环境的影响。

7.1 森林作业的特点和原则

森林作业是森林工程的主要内容，处于特定的自然环境和社会环境中。森林作业的技术、机械设备、管理、工效以及与自然环境的关系，均具有鲜明的特点。森林作业（forest operation）主要指为生产木材和恢复森林资源而进行的相关作业，包括森林采伐、集材、造材、剥皮、林地清理、造林、抚育等作业。

7.1.1 森林作业特点

森林作业具有以下特点：

（1）具有获取林产品和保护生态环境的双重任务

森林当中具有国民经济和人民生活必不可少的木材和各种林产品，开发林产品是森林作业的目的之一。然而，森林也是陆地生态系统的主体，是由乔木、灌木、草本植物、苔藓，以及各种微生物和动物组成的有机统一体。森林不仅提供各种林产品，还具有涵养水源、防止水土流失、调节气候、减少噪音、净化大气、保健、旅游等多种生态效益。森林生产的木材在有些方面可以用其他材料代替如钢材、水泥、塑料等，而森林的多种生态效益不能由其他任何物质所代替。森林的生态效益只有在森林生态系统保持平衡而且具有很高的生产力的条件下才能获得。因此，森林作业必须考虑对生态环境的影响，把对生态环境的影响控制在最低的限度。

（2）作业场地分散、偏远且经常转移

森林资源分散在广阔的林地上，单位面积的生长量较少。以木材为例，如把 $1hm^2$ 上生长着的 $300m^3$ 木材均匀地散铺在林地地面上，其厚度仅有 $3cm$。而像煤炭、矿石和石油等工业资源的单位面积上蕴藏量则比木材大几十倍至几百倍。正是由于这一特点，使得木材生产作业地点年年更换，经常移动，而且分散于茫茫林海中。木材生产不能像矿山和石油工业那样建立厂房，实行相对稳定的固定作业。因此，森林作业对作业设备、作业组织都有着更高的要求。

（3）受自然条件的约束、影响大

全部森林作业均在露天条件下进行，受风、雨、温度和山形地势等自然条件的影响较大。我国北方林区冬季寒冷，最低温度可达零下 50℃，积雪深厚。南方林区酷热，尤其是沿海林区，常受台风侵扰。这些都给森林作业造成不利影响。在作业点，局部复杂且险要的地形也增加了作业的难度。因此，森林作业具有很强的季节性、随机性。应本着"适天时、适地利、适基础"的原则，充分利用有利季节，适当安排各季节的作业比重。此外，森林作业机械不但应易于转移，而且应有对自然条件的高度适应性，如在高温、低温条件下正常工作的性能等。

（4）应保证森林资源的更新和可持续利用

森林资源是一种可更新的资源，只要经营得当完全可以做到持续利用。关键是在森林作业中要保护林地土壤条件、森林小气候条件等，不破坏生物资源的更新、生长条件。木材生产要根据不同的林相条件，确定合理采伐量、采伐方式、集材方式、迹地清理方式等。此外，还应充分利用木材生产的各种剩余物以及森林的多种资源，通过提高利用率达到节约资源的目的。

（5）劳动条件恶劣，劳动防护和安全保护十分重要

对于任何一种作业来说，劳动力都是关键因素。劳动力状况影响作业的效率、成本、安全和质量。由于森林作业的劳动条件恶劣，劳动防护和安全保护就显得更为重要。研究表明，劳动者的生理负荷和心理负荷与作业设备和作业环境有着密切的关系。作业环境如温度、湿度、地势等直接影响森林作业人员的劳动负荷。作业设备的影响主要体现在振动、噪音以及有害气体对作业人员的影响上。

7.1.2　森林作业原则

森林作业的基本原则有以下几点。

（1）生态优先

森林作业应以保护生态环境为前提，协调好环境保护与森林开发之间的关系，尽量减少森林作业对生物多样性、野生动植物生境、生态脆弱区、自然景观、森林流域水量与水质、林地土壤等生态环境的影响，保证森林生态系统多种效益的可持续性。

（2）注重效率

森林作业设计与组织应尽量优化生产工序，加强监督管理和检查验收，以利于提高劳动生产率，降低生产作业成本，获取最佳经济收益。

（3）以人为本

森林采伐是最具有危险性和劳动强度最大的作业之一。关键技术岗位应持证上岗，采伐作业过程中应尽量降低劳动强度，加强安全生产，防止或减少人身伤害事故，降低职业病发病率。

（4）分类经营

采伐作业按商品林和生态公益林确定不同的采伐措施，严格控制在重点生态公益林中的各种森林采伐活动，限制对一般生态公益林的采伐。

7.2 森林采伐作业

7.2.1 森林采伐方式

生产木材首先要确定对森林的采伐方式，采伐方式就是采伐中的时间和空间安排。森林采伐有抚育采伐和主伐之分。森林抚育采伐是对部分林木进行的采伐作业，又称"中间利用采伐"，简称间伐(intermediate cutting)。以收获木材为目的，在成、过熟林内所进行的采伐作业，称为森林主伐(final cutting)。

7.2.1.1 抚育采伐

抚育采伐(tending cutting)既是培育森林的措施，又是获得木材的手段，具有双重意义，但其培育森林的一面是主要的。

（1）抚育采伐的目的

①在混交林中，通过抚育采伐将非目的树种逐步淘汰，保持林分适宜的密度，为目的树种的快速生长创造良好条件。

②随着林木的生长，林木对营养空间的要求不断增大。通过抚育采伐及时调整林分密度，保证林木有较合理的营养空间。

③缩短林木培育期限，增加单位面积上的林木总生长量。

④改善林分品质，提高木材质量，增加单位面积上的木材利用量。

⑤改善林分卫生状况，增加林木对各种自然灾害的抵抗能力。

⑥提高森林防护及其他有益的效能。

（2）抚育采伐的分类

抚育采伐分为用材林抚育采伐和防护林抚育采伐。用材林抚育采伐主要包括透光伐和生长伐。

①透光伐　在用材林林分的幼龄阶段、开始郁闭时进行的抚育采伐。对混交林，主要是调整林分组成，同时伐去目的树种中生长不良的林木；对纯林，主要是间密留匀、留优去劣。

②生长伐　在中龄林阶段进行的抚育采伐。主要是为了加速林木生长和促进林木结实，伐除生长过密和生长不良的林木，提高林分的经济和防护效益。

7.2.1.2 森林主伐

以收获木材为目的，在成、过熟林内所进行的采伐作业，称为森林主伐。主伐方式分为皆伐、择伐、渐伐3种。

（1）皆伐

皆伐(clear cutting)是将伐区内的林木一次伐尽或几乎全部伐除的采伐方式。在皆伐迹地上的更新方式多采用人工更新，形成的新林分一般为同龄林。

皆伐的适用范围：人工成、过熟同龄林或单层林或天然针叶林；中小径林木株数占总株数的比例小于 30% 的人工成、过熟异龄林。

皆伐的技术要求如下：

①皆伐一般采用块状皆伐或带状皆伐，皆伐面积最大限度见表 7-1；

表 7-1　皆伐面积限度表

坡度(°)	≤5	6～15	16～25	26～35	>35
皆伐面积上限(hm²)	≤30	≤20	≤10	≤5(南方) 北方不采伐	不采伐

②需要天然更新或人工促进天然更新的伐区，采伐时保留一定数量的母树、伐前更新的幼苗、幼树以及目的树种的中小径林木；

③伐区周围应保留相当于采伐面积的保留林地(带)，应保留伐区内的国家和地方保护树种的幼树幼苗；

④伐后实施人工更新，或人工更新与天然更新相结合，但要达到更新要求。

(2)渐伐

渐伐(shelterwood cutting)是在一定的期限内(通常不超过一个龄级，如 5 年、10 年或 20 年)，将林分中的全部成熟林木分几次伐完的一种主伐方式。其基本特征是：逐渐稀疏成熟林木，避免林地骤然裸露，始终保持一定的森林环境；并在采伐的同时，新林得到恢复，形成相对同龄林。

渐伐的适用范围：天然更新能力强的成、过熟单层林或接近单层林的林分；皆伐后易发生自然灾害(如水土流失)的成、过熟同龄林或单层林。

渐伐的技术要求如下：

①渐伐一般采用二次或三次渐伐法。

②上层林木郁闭度小、伐前天然更新等级中等以上的林分，可进行二次渐伐。

③上层林木郁闭度较大，伐前天然更新等级中等以下的林分，可进行三次渐伐。

④对采伐木的选择应有利于林内卫生状况，维护良好的森林环境；有利于树木结实、下种和天然更新；有利于种子落地发芽、幼苗和幼树的生长。

(3)择伐

择伐(selection cutting)是每隔一定的时期，把林分中的成熟林木和应当采伐的林木进行单株分散采伐或者呈群团状采伐，而将不成熟和不适合采伐的林木保留下来继续生长，始终保持伐后的林分中有各龄级林木的一种主伐方式。择伐后，林地上永远有林木的庇护，土壤和小气候条件变化甚小，可维持森林对地表径流的吸收作用和对水源的涵养作用。同时，择伐林中的天然更新能不间断地进行，幼苗、幼树也能得到林冠的保护。由于择伐是渐次连续进行的，林内的天然更新亦随之连续发生，因此，经过择伐的林分必定为复层异龄林。

择伐的适用范围：异龄林；复层林；为形成复层异龄结构或为培育超大径级木材的成、过熟同龄林或单层林；竹林；其他不适于皆伐和渐伐的森林。

择伐的技术要求如下：

①择伐可采用径级作业法，单株择伐或群状择伐。凡胸径达到培育目的林木蓄积占全林蓄积超过70%的异龄林，或林分平均年龄达到成熟龄的成、过熟同龄林或单层林，可以采伐达到起伐胸径指标的林木。

②择伐后林中空地直径不应大于林分平均高，蓄积量择伐强度不超过40%，伐后林分郁闭度应当保留在0.5以上。

③回归年或择伐周期不应少于1个龄级期，下一次的采伐量不应超过这期间的生长量。

④下一次采伐时林分单位蓄积量应高于本次采伐时的林分单位蓄积量。

⑤首先确定保留木，将能达到下次采伐的优良林木保留下来，再确定采伐木。

⑥竹林采伐后应保留合理密度的健壮大径母竹。

7.2.1.3 低产用材林改造采伐

(1)低产用材林改造采伐的适用范围

低产用材林改造采伐对象为立地条件好、有生产潜力并且符合下列情况之一的用材林：

①郁闭度0.3以下。

②经多次破坏性采伐、林相残破、无培育前途的残次林。

③多代萌生无培育前途的萌生林。

④有培育前途的目的树种株数不足林分适宜保留株数40%的中龄林。

⑤遭受严重的火烧、病虫害、鼠害、雪压、风折、雷击等自然灾害且没有复壮希望的中幼龄林。

(2)低产用材林改造采伐的采伐方式

①皆伐改造　适于生产力低、自然灾害严重的低产林，进行带状或块状皆伐。

②择伐改造　适于目的树种数量不足的低产林。伐除非目的树种、无培育前途的老龄木、病腐木、濒死木等。

(3)低产用材林改造采伐的技术要求

①坡度不大于5°时一次皆伐改造面积不大于$10hm^2$，坡度6°~15°时不大于$5hm^2$，坡度16°~25°时不大于$3hm^2$。超过25°的山地进行带状皆伐改造，顺山带适用于水土流失较小的缓坡地带，横山带或斜山带适用于有水土流失可能的地带。对于遭受易传染的病虫灾害的林分，应采用块状皆伐改造。

②择伐改造应保留有培育前途的中小径木，林下或林中空地补植耐阴树种。

③改造后及时更新，更新期不超过1年。

7.2.2 伐木作业技术

7.2.2.1 伐木前准备

(1)申请林木采伐许可证

采伐林木应按照相关法律法规办理林木采伐许可证。

①林木采伐许可证的内容包括采伐地点、方式、林种、树种、面积、蓄积(株数)、出材量、期限和完成更新造林的时间等。

②修建林区道路、集材道、楞场和生活点等生产准备作业活动需要采伐林木的,应单独设计,单独办理林木采伐许可证。

(2)楞场

采伐前应根据批准的伐区作业设计修建楞场。尽量少动用土石方,尽量避开幼树群,保持良好的排水功能,留出安全距离。

(3)集材道

依据林业主管部门批准的伐区作业设计,在采伐作业开始前修建集材主道,在采伐时修建集材支道。东北地区冬季作业在严冬来临之前进行,南方在雨季后进行。不应随意改设集材道和破坏林区径流;集材道宽不应超过5m;及时清除主道上的伐根,支道上伐根应与地面平齐。

(4)缓冲区设置和管理

如伐区内分布有小溪流、湿地、湖沼,或伐区邻近自然保护区、人文保留地、自然风景区、野生动物栖息地、科研实验地等,应留出一定宽度的缓冲带;未经特许,不应采伐缓冲区内任何林木;除修建过水管道和桥涵等工程作业外,施工机器不应进入缓冲区内;不应向缓冲区倾倒采伐剩余物、其他杂物和垃圾。

(5)其他准备

包括作业人员生活点、物资配送、作业工(机)具和辅助工具的准备等。

7.2.2.2　伐木技术要求

①伐木应按工艺流程顺序进行,为更新造林和木材生产的下道工序创造条件。

②控制树倒方向。采用留弦借向、锯下口以及锯楔和支杆方法,控制采伐树木倒向伐区规定的树倒方向。

③减少木材损失。应避免使树倒向伐根、立木、倒木、岩石、陡坎或凸凹不平的地段上。

④降低伐根。

⑤伐木时应先锯下口,后锯上口。下口应抽片,上口应留弦挂耳,如图7-1所示。

⑥下口的深度应为树木根部直径的1/4~1/3。倾斜树、枯立木、病腐树和根径超过22cm的树木,下口的深度应为树木根径的1/3。下口开口高度为其深度的1/2。抽片或砍口应达到下口尽头处。伐根径30cm以下的树,宜开三角形下口,其角度为30°~45°,深度为根径的1/4。

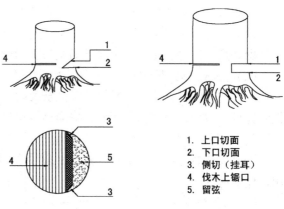

1. 上口切面
2. 下口切面
3. 侧切(挂耳)
4. 伐木上锯口
5. 留弦

图7-1　伐木锯口示意

⑦上口与下口的上锯口应在同一水平面上，留弦厚度随树木径级大小而增减，以树木能够倒地为限，但留弦厚度不应小于直径的 10%。

⑧伐木时应具备伐木楔或支杆等必要的辅助工具，并掌握其正确的使用方法。采伐胸径 20cm 以上的倾斜树或选定倒向与自然倒向不同时，应使用辅助工具控制树倒方向，不应使用铁制伐木楔。

⑨不应用树推树或连倒砸树的方法伐木。

7.3　造材作业

造材（bucking）是将原条锯割成符合木材标准的原木。目前我国在贮木场和伐区造材大多采用油锯和电锯等手提式机具。

7.3.1　造材标准

凡是对需要协调统一的技术或重复性事物和概念所作的统一规定，称为标准。按照标准适用的范围，分为 6 级：①国际标准；②区域标准；③国家标准；④专业标准；⑤地方标准；⑥企业标准。有关造材方面的国家标准包括 3 类，即基础标准、原木标准和原条标准。

基础标准有 6 项：①针叶树木材缺陷分类；②针叶树缺陷名称、定义及对材质的影响；③针叶树木材缺陷基本检量方法；④阔叶树木材缺陷分类；⑤阔叶树缺陷名称、定义及对材质的影响；⑥阔叶树木材缺陷基本检量方法。

原木标准有 12 项：①直接用原木；②特级原木；③针叶树加工用原木树种、主要用途；④针叶树原木尺寸、公差；⑤针叶树原木等级；⑥阔叶树加工用原木树种、主要用途；⑦阔叶树原木尺寸、公差；⑧阔叶树原木等级；⑨原木检验工具、印号；⑩原木检验、尺寸检量；以及原木检验、等级评定；阔叶树原木材积表等。

除此之外，还有 3 项专业标准：车立柱、小径原木、等外原木。

7.3.2　造材原则

合理造材是为了提高原木产品质量。为此，造材应遵循如下原则：

（1）物尽其用原则

做好量尺造材，充分利用原条的全长，做到材尽其用。

（2）"三先三后"原则

①先造特殊材，后造一般材；②先造长材，后造短材；③先造优材，后造劣材。要做到优材不劣造，好材不带坏材，提高经济材出材率。

（3）"三要三杜绝"原则

①要按计划造材，杜绝按楞造材；②要量尺准确，杜绝超长和短尺；③要材尽其用，杜绝浪费。

（4）需求原则

在符合国家木材标准的前提下，按用材部门提出的要求进行造材。

7.3.3　造材技术要求

合理造材的要求有两个。首先，要求量材员对原条的粗细、长短和各种缺陷进行仔细观察，量取原条全长和缺陷大小，根据材种计划进行分析，并拟定原条的合理造材方案，然后在材身上划尺，标出材种下锯部位。其次，要求造材员正确的锯截，必须按划线下锯，有线必造，不许躲包让节。要求锯口与木材轴线垂直，防止损伤和锯口偏斜而降低等级和浪费。造材中不应锯伤邻木，不得造成劈裂。

7.4　集材作业

7.4.1　集材的概念与分类

从采伐地点把分散的木材归集到装车场、伐区楞场、渠道的起点或小河边的搬运作业称为集材(skidding, yarding)。

集材方式按搬运的木材形态分，有原木集材、原条集材和伐倒木集材 3 种。树木伐倒后经过打枝、造材再进行集材称为原木集材，其中造材是将树干截成较短的原木。只经过打枝就进行集材的，称为原条集材。树木伐倒后，不经过打枝，直接进行集材称为伐倒木集材。原木集材多用在集材机械动力小、集运困难的林区。伐区内搬运条件好、集材机械动力大时，则应采用原条集材或伐倒木集材。

各种集材方式都需要一定的简易道路，这种道路称为集材道。集材机械沿着集材道运行时，能直接将集材道两侧一定距离内的木材拖走，这只需一道工序。如果将木材先集中在集材道两侧，然后再使用集材机械进行集材，则包括了小集中和集材 2 道工序，所需人力物力较多，使生产成本增加，应尽量避免。在不能避免时，也应尽量缩短小集中的距离。

集材道布局应根据下列因素而定：①远离河道、陡峭和不稳定地区；②应避开禁伐区和缓冲区；③应简易、低价；④宜恢复林地。集材主道最大坡度为 25°，集材支道最大坡度为 45°，不同集材道的主要技术参数见表 7-2。

表 7-2　不同集材道的主要技术参数

集材道类型	宽度 (m)	最大纵坡 (°)	最小平曲线半径 (m)	经济集材距离 (km)	备　注
拖拉机道	3.5	8	7~10	2.5	如果半径取小值，弯道内侧应加宽
胶轮板车道	2.0	8	5.0	1.5	
索　道		45		1.0	转弯偏角 30°以下
人力、畜力集材道	2.0	15	人力不限 畜力 20.0	0.5	
运木渠道	0.8(底宽)	7	50.0	2.5	
滑　道	1.0	45	≥80	1.5	

集材按使用的机械设备分拖拉机集材、索道集材、绞盘机集材、畜力集材和滑道集材等几种。

7.4.2　拖拉机集材

拖拉机集材(tractor skidding)是当今世界上采用最广泛的一种集材方式。这种集材方式具有机动灵活、转移方便、生产效率高等特点，因而受到普遍欢迎。目前拖拉机集材主要应用在地势比较平缓，单位面积木材蓄积量大的平原林区或丘陵地林区。在自然坡度不超过25°、每1hm²出材量在200m³以上、平均集材距离在300m以下的皆伐伐区或择伐强度较大的伐区，较适宜拖拉机集材。

拖拉机集材按集材设备可分为索式、抓钩式和承载夹式。索式集材拖拉机的集材设备由绞盘机、搭载板或吊架及集材索组成。集材时需要人工捆木。我国的 J-50 拖拉机和 J-80 拖拉机都是索式的。抓钩式集材设备抓取木材的抓钩只能在一个方向上伸出，而承载夹式抓取木材的夹钩不仅可以伸出，还能在一定范围内回转。按承载方式可分为全载式、半载式和全拖式3种。全载式是木材全部装在集材设备上，集材时只有集材机械(包括载重)受到地面的阻力。半载式也称半拖式，是将木材的一端装在集材设备上，另一端拖在地上，因而产生摩擦阻力(图7-2)。全拖式是木材全部在地面上由机械拖动，因阻力太大已基本不用。

图 7-2　半载式拖拉机集材

7.4.2.1　拖拉机集材的特点

拖拉机集材具有如下的特点：

①集材效率高，成本低。

②机动灵活，可以到达伐区的多数地方。

③与索道、绞盘机集材相比，不需要辅助设备，转移方便，投产迅速。

④可以集原木、原条和伐倒木，还可以集枝桠材。

⑤受坡度和土壤承载能力的限制，一般只适于坡度小于20°同时土壤承载能力大于

拖拉机的接地压力的伐区。

⑥拖拉机与木材一起运动，自身移动消耗一定的功率。

7.4.2.2　拖拉机集材的作业过程

拖拉机集材一般用于原条集材。拖拉机进行半悬式原条集材的工艺过程包括选材捆索、绞集木材、载运木材、卸车、空返 5 个过程。

在拖拉机返回伐区之前，集材员要选好足够一次拖集的原条数量，并捆上捆木索，确定好绞集原条的顺序。集材员在选材时，应尽量使要集的原条集中一些，以便缩短绞集时间。绞集时应本着先近后远，先上层后下层的顺序进行绞集。

拖拉机回到伐区后，驾驶员把拖拉机停在绞集的位置上。然后放下搭载板取下捆木索，并把集材索拖到已捆好的原条处系上捆木索，再进行绞集。原条装满后运往装车场或楞场。载运时如果拖拉机在松软地带打滑，或因负荷过重在较大的上坡道上发动机熄火时，应把原条放在地上，等空车开过困难地段后，重新把原条绞到搭载板上再开走。拖拉机到装车场或楞场后，驾驶员把原条卸到指定地点。

7.4.2.3　拖拉机集材的作业要求

①集材顺序为集材道、伐区、丁字树。

②在集材道上绞集木材时，拖拉机停站位置应与被绞集的木材倒向成一条直线。

③拖拉机绞集原条前，搭载板应对准所集原条，集材绞盘机牵引索伸出方向与拖拉机纵轴线之间的角度不应大于 20°，严禁沿着与树倒方向垂直的方向拖拉。

④捆挂原条时，集材员应站在安全地点，捆木索应捆绑在原条端部 20～30cm 处。集材员发出绞集指挥信号时，应站到原条后方 5m 以外的安全位置。

⑤绞集作业时，牵引索两侧 10m 以内不应有人。驾驶员应按指挥信号操作。

⑥拖拉机牵引索和捆木索正在移动时，不应摘解或捆挂原条。

⑦沿陡坡向下绞集时，应尽可能使拖拉机避开原条容易窜动的方向，并应放慢绞集速度，当原条欲窜动时，应立即停止绞集，并放松牵引索。

⑧拖拉机绞盘机上的钢丝绳在绞集过程中发生混乱(打结、起摞)时，应立即停止绞集，用工具进行调整；严禁用手直接调整。

⑨两台以上拖拉机同时集材，后车与前车原条后端的距离，在平坦地段应保持在 15m 以上；在坡度不超过 15°的路段，不应少于 30m；在坡度超过 15°的路段，后车应在前车下到坡底后，方可开动。

⑩拖拉机向上坡行驶或集材时，下坡 20m 以内不应有人。向下坡行驶时，不应急刹车和换挡变速，严禁空挡熄火滑行。

7.4.3　索道集材

索道是架空集材的主要方式之一，通过跑车沿架空的钢索(或其他柔性件)将伐区木材集运到一起，如图 7-3 所示。索道按力源分为人力索道、重力索道和动力索道 3 种。

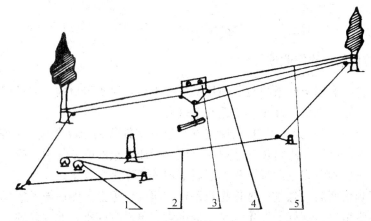

图7-3　架空索道示意
1. 绞盘机　2. 回空索　3. 跑车　4. 起重索　5. 承载索

用架空起来的钢索集运木材的设备，称为集材架空索道（yarding skyline），简称索道。

我国幅员辽阔，从东北到西南，森林资源大多数分布在山区。而且，这些地方交通不便，特别是南方各林区，山高坡陡，沟谷纵横，地形复杂，要修建足够的集材道路，是十分困难的。即使修建简易的林区便道，花费人力物力也相当大。采用索道集材就成为一种适宜的方式。

7.4.3.1　索道集材的特点

索道集材的优点是：

①可充分利用森林资源。梢头、枝桠可以运出伐区加以利用，集运中也不损失木材。

②很少破坏地表，有利于水土保持和森林更新。

③对山形地势的适应性强。不管是在高山陡坡，或在深沟狭谷，还是跨越塘涧溪河等地，均可架设索道。

④受气候季节的影响小。

⑤不但可以顺坡集材，还可以大坡度逆坡集材，这对许多集材机械是不大可能的。

⑥减少山道修建。

索道集材的缺点：

①安装、拆转费工时。目前安装一条长1 000m的索道约消耗40~50个工日。

②定向集材，机动性差，不如拖拉机灵活。因此，不宜在出材量小的伐区选用。

7.4.3.2　索道集材的技术参数

①人力索道　人拉区段跨度以30m为宜；控制区段300m为宜。运载量与钢索直径有关，通常17mm直径钢索的运载量为600kg。

②重力索道　跨度一般以100~300m为宜，最大不超过400m，一次集材不超

过 0.25m³。

③动力索道　跨度以 300m 为宜，最大不超过 500m。运载能力根据承载索直径决定，当跨度小于 300m 时，每趟载量为 0.5 ~ 0.8m³。

7.4.3.3　集材索道安装和作业要求

架设方法一般都是先安装绞盘机，拉细索上山，再拉牵引索上山，然后铺承载索和安装通讯设备。

①索道线路应尽可能通过木材集中的地方，以减少横向拖集距离。

②卸材场地应方便下个阶段的运输。

③索道安装完毕后，应先试运行，经验收合格之后，方可正式使用。

④索道坡度应与所选索道类型相适应。中间支架的位置应考虑使索道纵坡均匀，避免出现凹陷型侧面。

⑤索道锚桩应牢固、安全。不应用未列入采伐计划内的活立木做锚桩。

⑥安装时承载索张力应得当，选用强度合格的钢索。集材运行时不开快车，不超载，不急刹车。

⑦应勤检查，对锈蚀和转动不良的滑轮应及时更换。

⑧不应索道载人和在索道下作业。

7.4.4　人力和畜力集材

7.4.4.1　人力集材

一般都与其他集材方式相配合，有吊卯、人力小集中、人力串坡和板车集材等方式。

①吊卯　在畜力集材时，人力将原木进行归堆的作业称为吊卯。每堆原木的前端要用一根所谓卯木垫起，每堆原木的数量要与畜力集材每次载量的整数倍相符。

②人力小集中　为提高集材效率，在集材前将分散的木材集中成小堆的作业称为小集中，也称归堆。用人抬或肩扛的方式进行小集中作业，称为人力小集中。适宜的伐区坡度为冬季4°以下，夏季6°以下。

③人力串坡　借用地势靠人力将木材从坡上串放到坡下的作业，称为人力串坡。串坡不设固定的串坡道。在我国北方，冬季坡度17°以上的伐区可用人力串坡。

④板车集材　板车集材是我国南方应用的一种人力集材方式。人力操纵装有 2 个胶轮的小车，将木材装在车上，沿下坡集材。如果集材小车装的是木轮，则称之为"满山跑"。集材道一般宽 1.5m，坡度不超过 15°。

7.4.4.2　人力集材作业要求

①在搬运之前，应按不同材种要求造材，尽可能减轻搬运重量。

②人力搬运应尽可能利用吊钩、撬棍、绳索，避免手、足直接接触。

③几人共同作业时，应有人指挥步调一致。

④集材工人应配备劳动防护用品方可上山作业，如鞋帽、手套等。

⑤木材滚滑时，工人应站在上坡方向，下方不应站人。

7.4.4.3　畜力集材作业要求

①引导牲畜的工人应走在牲畜的侧面或后方。

②集材道上的丛生植物和障碍应及时清除。

③木材前端与牲畜之间至少应保持 5m 的安全距离。

④集材道的最大顺坡不超过 16°，其坡长不超过 20m；重载逆坡不大于 2°，其坡长不超过 50m。

⑤安全要求：不应人、料混装；集材牲畜不能超负荷作业；带上草料，注意卫生和休息。

7.4.5　滑道集材

将木材放在人工修筑的沟、槽中，让其靠自身的重力下滑以实现集材，称为滑道集材（chute skidding）。滑道按结构特点分为土滑道、木滑道、水滑道、冰雪滑道和竹滑道等。

7.4.5.1　滑道集材的类型

①土滑道　沿山坡就地挖筑的半圆形土槽，修建简单，投资少，适用于运量小、木材分散、坡度在 55% 以上的伐区，但生产效率低，木材损失大，易造成水土流失。

②木滑道　槽底和槽墙用原木铺成。一般铺设在坡度较缓、地势低洼、石塘地段。其目的是为了降低修建成本和调整木材滑行速度。

③冰雪滑道　利用伐区自然坡度，取土筑槽，表面浇水结冰后构成半圆形的槽道，冰层厚度保持在 5cm 以上为宜。具有结构简单、成本低、滑速快、生产效率高等优点。

④水滑道　在水资源充足的伐区，修筑沟槽以后，引水入槽。木材在水槽内滑行或半浮式滑行集材，适用于水资源充分、坡度在 15% 以下的伐区。

⑤竹滑道　利用竹片或圆竹按一定的纵坡铺成的滑道。

⑥塑料滑道　采用软型聚乙烯材料，半圆形滑道每节长 5m、壁厚 5mm、横截面圆弧半径 350mm、重 25kg。优点是重量轻、安装转移快、节省木材。

7.4.5.2　滑道集材的技术要求

①滑道线应尽量顺直，少设平曲线。拐弯处沟槽应按材长相应加宽。

②滑道最好不应刨地而成。可以筑棱成槽，以免破坏地表。

③完成集材任务后，滑道应及时拆除，恢复林地原貌。

④滑道可以做成木底、冰底，或塑料、钢轨底以免损伤地表。

⑤随时掌握木材的停留点，及时收料归拢。

⑥滑道集材生产工人应事先培训，掌握安全生产要领，配备必要的劳动防护用品。

⑦滑道集材，木料滑行冲击力大，严禁下方站人。

⑧生产工人应配备简单通讯工具。

7.4.6　绞盘机集材

绞盘机集材(winch yarding)是以绞盘机为动力,通过钢索将木材由伐区内部牵引到指定地点的一种机械集材作业方式。绞盘机集材适于皆伐作业,集材距离一般可达300m。这种集材类型对地形的适应性较强,在低湿地、沼泽地、丘陵地、陡坡等地方均可进行。此外,这种集材类型设备简单,易于操作,生产成本低,劳动效率高,破坏地表轻,不受作业季节影响。当使用拖拉机集材受到限制时,可采用绞盘机集材。在地形变化的林区,可采用绞盘机和拖拉机 2 种集材类型组成接力式集材。这种集材类型的主要缺点是移动不便,集材距离受卷筒容绳量的限制,而且不适于择伐伐区。

绞盘机集材按所拖集的木材形态分伐倒木集材、原条集材和原木集材 3 种。按拖集时木材所处的状态分全拖式集材、半拖式集材和悬空式集材。原条或伐倒木在地面直接拖集的称全拖式集材。这种集材方式所遇到的阻力较大。当伐区坡度较陡,坡面变化不大且无岩石裸露的地带可以采用全拖式集材。原条或伐倒木一端悬起,另一端在地面上的集材方式称为半拖式集材。这种集材方式所遇到的阻力较小,适于坡度较大,坡面有起伏变化或岩石裸露的地带。以架空索道的方式为基础,把原条或原木悬吊起来进行集材的称为悬空式集材。这种集材方式运行阻力和伐区地表无关,可穿越峡谷和凹凸不平的地段。半悬式和悬空式 2 种集材方式,需要有一定高度的集材杆,这种集材杆可以选择活立木,没有活立木时,可用人工架设。

7.4.7　空中集材

7.4.7.1　气球集材作业

利用气球升力悬空吊起木材,配以绞盘机钢索牵引运行的一种空中集材方式,称为气球集材(balloon yarding)。气球集材量是根据阿基米德原理和气球容积而定。氢气球静浮力等于气球容积的空气重量减去同容积的氢气重量。气球集材效率约为 20 ~ 40m³/h。根据钢索布置方式的不同,气球集材可分为回空索式、承载索倒置式和承载回空式 3 种索系。

7.4.7.2　直升机集材作业

应用直升机进行空中吊运木材的集材方式,称为直升机集材(helicopter yarding)。在直升机集材中,主要影响因素是起重量和飞行速度。起重量取决于作业高度和温度,在高山地区或炎热的夏季,起重量约降低 25%。飞行速度取决于集材区平均坡度和下降速度,当平均坡度为 11°时,飞机可以航速 120 ~ 160km/h 飞行。当平均坡度为 19°~ 22°时,飞行速度则下降到 60 ~ 100km/h。直升机集材效率与发动机功率、每趟集材量有关,作业时力求保证最大载量。直升机集材效率一般为 100 ~ 200m³/h。

7.4.7.3　飞艇集材

应用飞艇进行空中吊运木材的集材方式,称为飞艇集材(helicostat yarding)。飞艇系由气球与直升机相组合而成的飞行器，包括充氦气球、发动机、驾驶艇、绞盘机和悬挂装置等。其基本原理是气球提升木材，发动机推进飞行。该集材方式兼有直升机集材和气球集材的优点，机动灵活，能自由地选择航线飞行，起重量大，生产效率高，但投资巨大。

以上各种集材方式的适用范围见表7-3。

表7-3   不同集材方式的适用范围

类型	适宜条件			备注
	地形	纵坡度 (°)	出材量 (m³/hm²)	
拖拉机	地形平坦或起伏不大	<15	南方材区：>20 北方材区：>75	工序简单，效率较高，但对地表有一定破坏
绞盘机	地势平坦或起伏不大	<25	>120	防止拖曳破坏土壤植被
动力索道	丘陵或高山地区	<25	>80	对地表、树木的破坏小，适于陡坡或复杂地形，机械设备转移困难
无动力索道	丘陵或山岳地区	<15	>50	
板车	地势较平坦岩石较少	<8	>15	
滑道	不受地形限制	<25	不限	易造成冲蚀沟
人力、畜力	丘陵或高山林区	<20	不限	
运木水渠	高山林区水源充足	<4	>75	

7.5   归楞与装车作业

7.5.1   归楞方式

伐区归楞按使用动力不同，分为人力归楞和机械归楞2种。

（1）人力归楞

适用于中小径材、材质较轻的木材(如杉木、毛竹)或分散小楞场的木材归楞。

（2）机械归楞

分为拖曳式和提升式2种，均可与装车联合作业，适用于楞场存材量大、木材径级大、木质重或集材作业时间集中的归楞作业。

7.5.2   归楞要求

①楞高   人力归楞以1~2m为宜，机械归楞可达5m。

②楞间距   楞间距以1~1.5m为宜，楞堆间不应放置木材或其他障碍物。在楞场内每隔150m留出一条10m宽的防火带(道)。

③楞头排列   应与运材的要求和贮木场楞头排列次序密切结合。通常排列顺序为"长材在前、短材在后，重材在前，轻材在后"。

④垫楞腿　每个楞底均应垫上楞腿。伐区楞场楞腿可以采用原木，原木的最小直径应在 20cm 以上，并与该楞堆材种、规格相同，以便于装车赶楞，避免混楞装车；贮木场楞腿可采用水泥制品代替原木，延长楞腿的使用寿命。

⑤分级归楞　作业条件允许时，应尽量做到分级归楞。分级归楞标准应根据国家木材标准和各单位的生产要求而定，即按原木的树种、材种、规格与等级的不同进行归楞。每日集到楞场的木材，应及时归楞，为集材和造材作业创造条件。

7.5.3　伐区装车作业

伐区装车与伐区归楞的作业性质相似，其作业方法和所用机械也一样，有架杆绞盘机、缆索起重机、汽车起重机、颚爪式装卸机等。可分为人力装车、机械装车、机械和人力相结合装车 3 种方式。

7.6　原木检尺与分级

(1)原木长级

在直接用原木中，长级规定为不超过 5m 的，按 0.2m 进级；超过 5m 的，按 0.5m 进级。加工用原木长级规定按 0.2m 进级。长级的公差为：直接用原木，材长不超过 5m 的为 ±3cm，材长超过 5m 的为 ±10cm；加工用原木，材长不超过 2.5m 的为 ±3cm，材长超过 2.5m 的为 ±6cm。

(2)原木长级量测

如果原木的端面偏斜，则原木的实际长度以最小长度为准。原木端部有斧口砍痕时，如果减去斧口砍痕量得的断面短径不小于检尺径时，材长仍自端头量起；如小于检尺径时，材长应扣除小于检尺径部分的长度。对弯曲原木，材长以其直线距离为准。原木端头有水眼，应扣除水眼至端头的长度。具体量测按 GB/T 144—2013 标准执行。

(3)原木径级及其量测

按原木产品标准的规定，原木直径按 2cm 进级，不足 1cm 舍去，满 1cm 的进级。原木径级是通过原木小头断面中心量得的最短直径，经进舍后的尺寸。检尺时尺杆要与树干轴线垂直，不得沿截面偏斜方向检量。量取的直径不包括树皮的厚度。对特殊形状原木的检量方法，按 GB/T 144—2013 标准执行。

(4)原木分级

决定原木等级的主要因子是木材缺陷的数量、分布与发展程度。加工用原木分为1、2、3 等，其他不分等。

7.7　森林更新

7.7.1　森林更新方式

(1)人工更新

人工更新适用于：改变树种组成；皆伐迹地；皆伐改造的低产(效)林地；原集材

道、楞场、装车场、临时性生活区、采石场等清理后用于恢复森林的空地；工业原料林、经济林更新迹地；非正常采伐(盗伐)破坏严重的迹地；其他采用天然更新较困难或在规定时间内不能达到更新要求的迹地。

（2）人工促进天然更新

完全依靠自然力在规定时间内达不到更新标准时，应采取人工辅助办法，促进天然更新。人工促进天然更新适用于渐伐迹地；补植改造或综合改造的低产(效)林地；采伐后保留目的树种天然幼苗、幼树较多，但分布不均匀、规定时间内难以达到更新标准的迹地。

（3）天然更新

下列情况下，可采用天然更新：

①择伐、渐伐迹地。

②择伐改造的低产(效)林地。

③采伐后保留目的树种的幼苗、幼树较多，分布均匀，规定时间内可以达到更新标准的迹地。

④采伐后保留天然下种母树较多，或具有萌蘖能力强的树桩(根)较多，分布均匀，规定时间内可以达到更新标准的迹地。

⑤保持自然生长状态，且立地条件好，降雨量充足，适于天然下种、萌芽更新的迹地。

7.7.2 更新要求

采伐后的当年或者次年内应完成更新造林作业。

更新技术标准包括：

（1）成活率

一般要求人工更新当年株数成活率达到85%以上，西北地区及年均降水量在400mm以下的地区应达到70%以上。人工促进天然更新的补植当年成活率达到85%以上。

（2）保存率

皆伐更新迹地第3年幼苗幼树保存率达到80%以上，但西北及年均降水量在400mm以下的地区株数保存率应达到65%以上。择伐迹地更新频度达到60%以上。渐伐迹地更新频度达到80%以上。

（3）合格率

当年成活率合格的更新迹地面积应达到按规定应更新的伐区总面积的95%；第3年保存率合格的更新迹地面积应达到按规定应更新的伐区总面积的80%。

（4）成林年限

迹地更新标准执行 GB/T 15776—2006《造林技术规程》、GB/T 15163—2004《封山(沙)育林技术规程》和 GB/T 18337.1—2001《生态公益林建设 导则》规定的成林年限和成林标准。

（5）技术要求

森林更新应正确选择更新方式；科学确定树种和树种配置，适地适树适种源；良种壮苗、细致整地、合理密度、精心管护、适时抚育。具体执行 GB/T 15776—2006、GB/T 15163—2004 和 GB/T 18337.3—2001。

7.8　森林作业机械

森林作业机械主要包括采伐机械、集材机械、运材机械、木材装卸机械等。

7.8.1　采伐机械

采伐作业机械可分为各种不同类型的油锯和采伐联合作业机械。

油锯（chainsaw）是一种以汽油机为动力的手提式链锯。全世界每年的油锯产量多达几百万台，除用于木材生产外，也是园林、家具等行业的常用工具。

油锯在木材生产中占据主导地位，山地森林和大径木的采伐基本上以油锯为唯一可行的机械化工具。油锯具有对地形、生产工艺组织和森林资源特征的高度适应能力。油锯按把手位置分为高把油锯和低把油锯 2 类，分别如图 7-4、图 7-5 所示。油锯主要由发动机、传动机构和锯木机构 3 大部分组成。

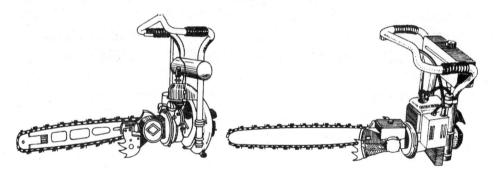

图 7-4　高把油锯

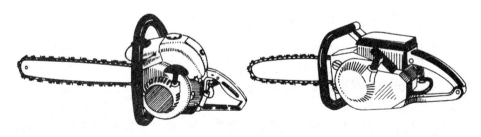

图 7-5　低把油锯

（1）油锯的动力机构

油锯的动力机构大都采用单缸二冲程往复活塞式汽油机。为了使油锯整机重量小、结构紧凑，这类发动机要求能发挥尽量大的功率。因此，采用增大转速的办法使发动机

"强化"。为了减轻重量，需要简化结构，采用新材料和新工艺制造。如配气系统、冷却系统和润滑机构都是采用简化结构。油锯的传动机构，有时采用直接传动的方式，不加减速器。采用轻合金和合成材料、复合材料制造油锯的零部件。

（2）油锯的传动机构

分为直接传动和带减速器的传动 2 种。直接传动的油锯，发动机发出的动力由曲轴直接传给离合器、驱动轮。此时，驱动轮的转速即为曲轴转速，曲轴的扭矩即为驱动轮的扭矩。这类油锯多为短把锯。带减速器的油锯，发动机的动力首先传给离合器，再经过一级减速器传给驱动轮。发动机的转速经减速器降低，增大输出扭矩，同时改变动力的传递方向。这类油锯一般为高把锯。

传动机构主要由离合器、减速器、驱动轮组成。油锯离合器的功用是接通或断开动力的传递，以及防止发动机超载。油锯离合器一般采用自动离心式摩擦离合器。这种离合器不但结构简单，而且操作方便。离合器靠转速的大小结合或分离，转速高时自动接合，转速低时自动分离。油锯的减速器由一对锥形齿轮组成，装在一个专门的减速器壳内，齿轮和轴作为一体，被动齿轮轴的伸出部分就是驱动链轮的轴。驱动链轮是驱动锯链运动的部件，把发动机输出的旋转运动变成锯链的直线运动。油锯上常用的链轮有星形链轮及齿形链轮 2 类。

（3）锯木机构

由导板及其固定张紧装置、锯链及导向缓冲装置组成。锯链是一个由不同形状、不同功能的构件组成的封闭链环。它的切削齿可以切割木材，而传动齿可以传递动力。导板是锯链运动的轨道，同时在锯切时还要起支撑作用，要求一定的强度和耐磨性。目前油锯导板都是悬臂式。带导向缓冲装置的导板，可以减少锯链的振动对导板头的冲击，减少摩擦力，提高耐磨性。

选择油锯的主要标准是：①质量轻、体积小；②密封性能好；③导板转向性能好；④噪音和振动小。衡量油锯性能的主要指标包括重量、发动机功率和油锯锯木生产率、油锯经济性、振动及噪音、可靠性指标等。

7.8.2　集材机械

集材所用机械主要是集材拖拉机和各类索道。

7.8.2.1　集材拖拉机

集材拖拉机分为履带式和轮式 2 类。

（1）履带式集材拖拉机

以 J-50 为例，它是专门为原条集材而设计的（图 7-6）。J-50 后部安装了可升降的搭载板。为把伐区上分散的原条集中成捆，拖拉机上专设有单筒绞盘机，利用其钢索（称为集材索、牵引索、大绳等）及索具可将原条逐根或若干根一起拖集到拖拉机的后面。凑集到一趟载量后，将搭载板放落下地，然后开动绞盘机，收集各捆木索。依靠搭载板对地面的支承，把成捆的原条拉上搭载板，进而推动搭载板，迫使其起升回位。原条捆呈半悬状态。拖拉机行驶时，原条的后端在地面拖，呈半拖状态。搭载板升降靠液压油

图 7-6　履带式集材拖拉机

图 7-7　轮式集材拖拉机

缸驱动。

（2）轮式集材拖拉机

轮式集材拖拉机为四轮驱动折腰式拖拉机，前设推土铲，后设绞盘机，如图 7-7 所示。轮式拖拉机的特点是：

①在结构上，前后部分铰接联结，折腰转向，所有驱动轮都着地。这样，实现了前后轮同辙，越野性高。

②采用液压传动、液压操纵、全液压折腰转向。这样，行驶灵活，转弯半径小，驾驶舒适；并且减小了噪音和振动，减少零件磨损，提高了寿命，减少了故障维修费用。

③采用防滑差速器和低压大花纹轮胎，四轮或六轮驱动；即使一侧打滑，另一侧也可单独驱动。

④速度高，机动性好。速度一般在 2.3 ~ 13.5km/h。绞集木材时可利用折腰转向使绞盘机对准木材，提高绞集速度。

7.8.2.2　索道

（1）索道分类

索道是为适应高山陡坡的复杂地形而产生和发展起来的。索道类型繁多，大致可作如下分类：

①按不同功能的钢索数量　可分为一索系、二索系、三索系、四索系等。

②按力源　可分为动力、重力和人力。

③按承载索的功能　可分为承载索两端固定式、承载索运行式和承载索松紧式。

④按索道的线型　可分为直线型、转弯型、曲线型。

⑤按木材运行时的状态　可分为全悬式和半悬式。

⑥按木材运行的过程　可分为单发式、多发式、交接式、联运式。

⑦按承载索的性质　可分为钢索型和非钢索型，非钢索型如竹条、竹缆、竹筒、麻绳、铁丝等。

（2）索道组成部分

索道的主要组成部分是各类钢索、跑车、鞍座、支架、滑轮、绞盘机等。除承载索外，还有其他一些工作索，如起重索、牵引索、回空索、落钩索等。承载索支承着索道的全部荷重包括运行跑车和载荷，承受巨大的张力，因而要求承载索具有很高的抗拉强度、抵抗冲击及横向压力的能力。牵引索和回空索是牵引跑车沿承载索运行，它们工作时往往要经过多个导向滑轮和卷筒上的收放，除要求承受拉伸、弯曲之外，还要承受横向挤压力，同时还得防止扭结。所以，除要求有适当的抗拉强度外，应尽可能选柔软、表面光滑的钢索，如顺绕麻芯钢索、交绕麻芯钢索等。起重索除要求有较大的抗拉强度外，还特别要求钢索在工作过程中不产生回捻扭结和自转松散。一般采用双绕交互捻钢索。

　　对索道绞盘机的要求是，可以独立作业，有过载保护能力，高山功率降低少，启动容易。一般采用内燃机作为动力，可以是柴油机或汽油机。索道绞盘机主要由发动机、传动系、工作卷筒、操纵系及机架等部分组成（图7-8）。卷筒是绞盘机的工作机构，用来缠绕和容纳钢索，把发动机的旋转运动变为钢索的直线运动，以此牵引跑车拖集、提升和运输木材。索道集材作业，如拖集、提升、重载运行、降落和回空各环节，对绞盘机牵引力和牵引速度要求各不相同，运转方向

图7-8　绞盘机外形结构

也有差异。因此，要求索道绞盘机的传动系具有一定的速度变化范围，可以通过降低速度来加大扭矩，也可减小扭矩来加大速度，方向也可以正反转。通常设有变速箱和正倒齿轮箱以适应其变化。绞盘机还设有离合器，它的功用一是防止超载时传动系统的零部件因过载而损坏，二是保证动力传递的平稳性。绞盘机还设有制动器，它的作用是使运动中的卷筒实现制动和控制其速度。其工作原理是施加附加阻力于卷筒，使其产生大于卷筒工作扭矩的制动力矩，实现制动调速的目的。

7.8.3　装卸机械

　　分为伐区装卸机械和贮木场装卸机械。伐区装卸机械有架杆、绞盘机、缆索起重机、汽车液压起重设备等。架杆起重机分固定型和移动型2种。固定型的架杆起重机安装在特制的机架上，用绷索和其他装置固定在地面基础上。移动型的架杆起重机安装在拖拉机、载重汽车底盘上、铁路的平板车上或其他可移动的设备上。缆索起重机由绞盘机、承载索、回空索、牵引索、跑车以及滑轮等组成。图7-9为装载机装载木材的过程。

图7-9 装载机装车

7.8.4 采伐联合作业机械

20世纪60年代，部分森林工业发达国家研制并应用了采伐联合作业机械。经过不断改进，到20世纪80年代采伐联合作业机械已经成为森林采伐作业的主流设备。这种机械能完成采伐作业中的2道或2道以上工序，因地域不同而各异。北欧的采伐联合作业机械完成的工序包括伐木、打枝、造材、归堆，称为伐区收获机（harvester）。北美的典型采伐联合机械完成的工序则包括伐木、打枝、归堆，通称为伐木归堆机（feller-buncher）。伐区联合作业机械代表了木材生产作业机械的先进水平，也代表一个国家森林工业的整体水平。伐区作业条件恶劣，随机因素多，伐区作业机械比常规机械要求高得多。

20世纪90年代以来，伐区联合作业机械发展的突出特点之一是智能化。在北欧应用的伐区收获机上普遍装有计算机控制的优化造材系统。计算机根据输入的树木种类、市场要求产品的规格和售价、在打枝过程中获得的树木外观形状等方面的数据，对其加工处理后，得出最佳造材方案，然后计算机发出指令，伐木头执行造材动作。芬兰PLUSTECH公司在1995年还推出了"步行伐木机器人"。该机器人行走部分由6条步行腿构成，全部由计算机控制。每条腿上都装有传感器，探测地面支撑程度信息。工作部分可以更换，即采伐时装上伐木头，整地时换上整地铲。该伐木机器人在林中机动灵活，对道路要求低，对林地土壤破坏小。美国和加拿大的公司将GPS和卫星遥控系统安装在伐区联合作业机械上，操纵者在驾驶室内能在计算机屏幕上获取需要的信息，大大方便了信息收集和决策。

7.9 森林作业与环境

在森林作业中，人、机械设备及土建工程会在一定程度上对林地环境产生消极的影响。

7.9.1　森林作业对林地土壤的影响

在森林作业中，人畜、机械和木材在林地上运行，以及修建的集材道路、装车场和伐区楞场等土木工程，对林地土壤会产生一定程度的损坏，进而对保留树木和更新树苗生长不利。损害的形式常分为破裂和压实2种。破裂的土壤失去土壤表层和植被层的保护，在较强的雨水冲刷下，尤其在皆伐后的坡地上，大量具有生产力的土壤会流失。局部土木工程也伴有土壤侵蚀，使作业后迹地条件恶化，甚至局部被雨水冲刷成难以恢复的大沟。被压实的土壤对保留木生长和更新种子着床发芽乃至生长均会产生一定程度的阻碍作用，主要表现在：①压实土壤由于密度增大，使土壤穿透阻力相应增大，对树木和树苗的根部延伸发展不利；②压实的土壤将阻碍土壤中养分、空气和水分的传输，而这些都是树木生长的必要要素；③被压实的土壤降低了对地表水的渗透能力，土壤的持水能力下降，加大了地表径流强度，进而加剧了水土流失和土壤侵蚀。

7.9.2　森林作业对林地内保留树木的影响

森林作业各项生产活动对作业地保留树木的影响可分为直接和间接的2种。间接影响是森林作业后对林地的土壤、水、光照产生影响，进而又作用于保留树木。直接作用是指作业设备直接作用于保留树木，并产生一定程度的损伤，如擦伤、刮伤、破裂和折断等。研究结果表明，间伐作业对林地保留树木的损伤率在10%~18%。在集材道附近1m的树木根系受集材机损伤程度比较严重，普通集材机达60%，宽轮胎为30%。受伤的树木除硬性的生长障碍外，其受伤部位极容易产生病虫害，对小区域森林潜伏着更大的威胁。

7.9.3　森林作业对区域内径流水量水质的影响

森林作业对区域内径流水量水质均产生一定程度的影响。森林作业对径流量的影响主要来自3个方面：①土壤的物理性质发生了一些变化，森林采伐等作业使土壤密度增大，径流下渗减少，地表径流增加；②树木的蒸腾作用减少或消失，使瞬间地表径流增加；③由于失去部分或全部树冠的截留作用，降雨到达地面时的动能增大，对土壤的侵蚀力增强。

森林作业对径流水质的影响主要是由于森林采伐造成的局部水土流失，使河溪流水中的元素含量发生变化。一般外观表现为河水变得混浊不利于饮用。不同的采伐方式、集材方式、迹地清理方式对迹地水土流失也有不同的影响。在坡度比较缓和的山地，皆伐方式较择伐和渐伐方式产生的水土流失量增加2~2.5倍。拖拉机地面集材较直升机集材造成的水土流失量增加约5倍。火烧法迹地清理方式较堆积方式的水土流失量增大约3倍。采伐迹地上流失的水土和随流而下的采伐剩余物大多沉积在河溪流的河道上，使河床逐渐升高。

7.9.4　森林作业对森林生物多样性的影响

森林是陆地上物种最丰富的区域。据统计，全球约有物种500万~3 000万种，其中有半数以上在森林中栖息繁殖。森林对物种的遗传多样性也有深刻的影响。遗传多样性是种群表现在分子细胞和个体水平上的变异度，变异越丰富，物种进化的潜力就越大。环境是影响物种变异度的主要原因。森林生态系统提供了多样化的生境，当一个物种分布在森林这个较大而又较多样化的生境时，种内的变异度就往往很明显，与草原、沙漠、苔原、海洋等生态系统相比，森林特别是热带林是最复杂、最多样的生态系统，其水平结构、垂直结构和营养结构复杂，藤本、攀缘、寄生、绞杀、附生等植物丰富，因此，森林是陆地生态系统的主体，是陆地上最典型、最多样、生物量最大、影响最大的生态系统。

无论是空间上还是时间上大尺度的森林采伐，尤其是在生态脆弱地区的森林采伐，会导致森林生物多样性减少。

7.9.5　森林作业对野生动物资源的影响

大多数野生动物以森林为生存栖息地，它们与森林相互依存。例如，森林为鸟类提供了生息地，鸟类也为森林传播种子和捕捉害虫。广义上，野生动物也是森林资源的一个重要组成部分。过度的和不合理的采伐都会导致野生动物失去家园，迫使其迁徙。近30年来，发达国家在森林采伐规划和作业中，非常注意对鸟类和地面野生动物的保护。如挪威和瑞典等国在采伐规程中规定，在林中凡有鸟巢的枯立木和活立木一律禁止采伐；在动物巢穴附近一定距离内，禁止有采伐活动；在流动性大的大型动物之主要栖息地和出没线路附近，禁止有高强度的采伐活动。

7.9.6　森林作业对森林景观的影响

森林为人类提供自然景观。不合理的采伐对森林景观产生不利影响。在欧洲，森林多为集约经营，集提供有形产品和无形产品如森林旅游为一体，森林采伐必须受森林景观的约束。无论在旅游区还是居民居住地区，任何采伐不得破坏居民或旅游者视野内森林景观的和谐，即不能盲目采伐这些地区的森林，否则，任何一位居民或旅游者都有权控告那里发生的不合理采伐活动。

复习思考题

1. 森林作业相对于一般工程施工作业有何特点？这些特点源于森林作业的哪些本质特征？
2. 森林抚育采伐与主伐有何区别？
3. 皆伐面积为何要有最大限度？
4. 渐伐和择伐有何异同？
5. 竹林为何采用择伐方式？
6. 伐木作业前要做哪些准备？
7. 何谓合理造材？
8. 集材道有何特点？
9. 集材索道与一般客运索道有何区别？
10. 塑料滑道与土滑道相比有何优缺点？

11. 高把油锯与低把油锯在结构上有何区别？各适用于何种情形？

12. 轮式集材拖拉机与履带式相比，使用性能有何区别？

13. 索道的各工作索有何作用？

14. 森林作业对森林环境的哪些方面会有影响？

本章推荐阅读文献

1. 王立海主编. 木材生产技术与管理. 北京：中国财政金融出版社，2001.

2. 国家林业局. 森林采伐作业规程(LY/T 1646—2005). 北京：中国林业出版社，2005.

3. 史济彦主编. 生态性采伐系统. 哈尔滨：东北林业大学出版社，2001.

4. 王立海，杨学春，孟春编著. 森林作业与森林环境. 哈尔滨：东北林业大学出版社，2005.

5. 张梅春主编. 森林营造技术. 沈阳：沈阳出版社，2011.

6. 国家林业森林资源管理司编. 森林采伐作业. 北京：中国林业出版社，2007.

7. 国家林业局资源管理司编. 森林采伐规划设计. 北京：中国林业出版社，2007.

第8章

森工经济与管理

【本章提要】本章介绍森工产品的类型、生产分布和应用方向，介绍国内外木材贸易的现状，介绍工程经济学的概念和应用，简要介绍有关森工的法律法规和管理制度，最后介绍了工程项目管理基本概念、工程项目生命周期、工程项目建设模式与组织结构。

森林工程一方面承担森林资源的开发与利用，直接面向经济大市场，具有鲜明的市场属性；另一方面肩负森林资源的建设与保护，其环境公益属性也已愈加重要。因此，研究森工产品的生产与消费以及森林工程的经济、环境、管理与法律法规成为森林工程学科的重要任务。

8.1 森工产品及其生产消费

8.1.1 森工产品的概念

森工产品主要是指木材及与木材有关的各种产品。立木经伐倒、打枝、集材、造材等工序后，加工成原条或原木，即可利用，如薪材、农用木桩和篱笆柱子、工程施工用的柱子、坑木等。但在多数情况下，木材是通过一个或多个环节转化，形成制成品后才被利用。转化的类型和程度依赖于产品的最终用途，转化分为以下4类：

①不经过转化（立木被伐倒、打枝、截梢后的树干成为原条），或经简单加工（将原条按一定的长度规格造材截成较短的原木），或浸水或注入防腐剂、杀虫剂或喷洒防火抑止剂。

②纵向锯成梁木、厚板、木板等锯材，或切削成单板使用或加工成胶合板。

③切成小片（木片或木粒），然后加工成刨花板，或者用作能源或花园覆盖物。

④还原为纤维，然后做成纸、纸板和纤维板，或加工成含有纤维素的产品。

木材通过简单或复杂的转化可形成各种各样的产品，木产品可分木材原材料、锯材、木基板材、木浆、纸及纸板5大类。

8.1.1.1 木材原材料

（1）原木(log)

树木被伐倒打枝后，沿着树干长度方向截短而成的粗糙木材，可作为薪材或工业原木。工业原木包括锯材原木和单板原木（用于生产锯材，包括铁路枕木、单板和胶合板)、纸浆用木材(用于生产木浆、刨花板和纤维板)、其他工业原木(坑木、杆、桩、柱等)。

(2)木片和木屑(wood chip)

造材、锯割加工木材的副产品，也可由木材直接加工成小片，主要用于木浆、刨花板和纤维板的生产，或用作薪材等。

(3)木材剩余物(wood residue)

大部分为工业剩余物，例如，生产锯材或旋切原木所产生的板皮和边料。

8.1.1.2 锯材

原木经制材加工(即纵、横向锯解)得到的产品。按照木材的坚实度，锯材(sawn timber)分为软木锯材(针叶树锯材、软木木材)和硬木锯材(非针叶树锯材、硬木木材)；按照用途不同，锯材分为普通锯材、专用锯材(造船材、车辆材等)和枕木；按照加工方式不同，锯材还可分为整边锯材、毛边锯材、板材、方材等。

8.1.1.3 木基板材

木基板材(wood-based panel)是指由木材薄片如木片、木粒或纤维制作而成的薄板材料。

(1)单板(veneer sheet)

又称木皮、面板或面皮，是由原木通过镟切、刨切或锯开的方法加工成的厚度均匀的木质薄片状材料，主要用作生产胶合板、胶合木和其他胶合层积材。

(2)胶合板(plywood)

由单板经胶黏剂胶合而成，相邻单板的纹理一般相互成直角。分为单板胶合板(由两层以上的单板黏合在一起)、细木工板(中间层比外层厚的实心胶合板)、蜂窝板(芯板为蜂窝结构的胶合板)、复合胶合板(芯板由除实木或单板以外的材料组成)等几种。

(3)碎料板(particle board)

又称碎木胶合板，是将小木片或其他木质纤维素材料(如削片、刨花、木片、细木丝、碎条、碎片)，用黏结剂结合并通过加热、加压等工艺而成，如华夫板、定向刨花板和亚麻刨花板等。

(4)纤维板(fibreboard)

又称密度板，是用木材纤维或其他木质纤维素材料为原料，施加脲醛树脂或其他胶黏剂制成，包括绝缘板(未压缩的纤维板、软板)、硬板(压缩的纤维板)和中密度纤维板(MDF)等。

8.1.1.4 木浆

木浆(wood pulp)是指以木材为原料制成的纸浆。按照制浆方法可以分为机械木浆、化学机械木浆、化学木浆等；按照制浆材料可分为阔叶木木浆和针叶木木浆两类。

(1)机械木浆(mechanical wood pulp)

又称磨木浆，指在水冲刷下通过机械碾磨将已去皮及节瘤的木材离解或研磨成木质纤维。

（2）化学机械木浆（chemi-mechanical pulp）

又称半化学木浆，是将木片进行化学和机械二段处理得到木质纤维。通常先使木片用浸渍液充分浸渍，然后用挤压机脱水后送入盘磨机磨浆。

（3）化学木浆（chemical wood pulp）

在压力作用下通过化学过程而制成，常用硫酸盐法和亚硫酸盐法。

（4）溶解木浆（dissolving grade chemical wood pulp）

包括硫酸盐浆、苏打或亚硫酸盐浆，具有特殊性质，纤维素含量高，用于造纸、人造纤维、纤维素塑料材料、漆和炸药等多种用途。

8.1.1.5　纸及纸板

纸（paper）是纸张、纸板及加工纸的统称，用于书写、记录、印刷、绘画或包装等。由悬浮在水中的纸浆，在造纸机成形网上沉积成错综交织的纤维层，再经压榨、干燥后制成。

纸的品种很多，通常有 3 种分类方法：

①按生产方式分类　分为手工纸和机制纸。手工纸以手工操作为主，质地松软，吸水力强，适用于水墨书写、绘画和印刷，例如宣纸，但产量有限。机制纸以机械方式生产，例如印刷纸、包装纸等。

②按纸张的厚薄和重量分类　分为纸和纸板。每平方米重 200g 以下的称为纸，以上的称为纸板。纸板主要用于商品包装。

③按用途分类　分为新闻纸、印刷纸、书写纸、包装纸、技术用纸、加工原纸、纸板、加工纸等。

纸的规格一般分为平板和卷筒 2 种。平板纸主要用于逐张使用，例如，供平台印刷机印刷和书写、绘画等用纸。卷筒纸主要供连续性加工机械使用，例如，供轮转机印刷、制袋机连续制袋。

8.1.2　森工产品的生产分布

2012 年，全球原木产量达到 $35.3 \times 10^8 m^3$，其中木质燃料占 53.0%，锯材原木和单板原木占 25.6%，纸浆材、圆木和劈木占 16.6%，其他工业原木占 4.7%，见表 8-1。从生产地区来看，亚太地区、非洲、欧洲、拉丁美洲和加勒比地区、北美洲各占 32.5%、20.2%、18.0%、14.7% 和 14.6%。

2012 年，全球锯材产量为 $4.13 \times 10^8 m^3$。全球 5 大产区（非洲、亚太地区、欧洲、拉丁美洲和加勒比地区、北美洲）中，欧洲的锯材产量处于领先地位。锯材的 5 大生产国是：美国、中国、加拿大、俄罗斯和巴西。2012 年这 5 个国家的总产量（$2.2 \times 10^8 m^3$）占世界锯材产量的 50% 以上。

2012 年，全世界人造板产量为 $3 \times 10^8 m^3$，其中亚太地区、欧洲、北美洲分别占 54.1%、24.7%、14.5%。在人造板品种上，单板、胶合板、碎料板和纤维板各占 4.0%、28.4%、32.7% 和 34.8%。

2012 年，全球生产木浆 1.74×10^8 t，北美洲、欧洲和亚太地区分列前三位，各占 39.9%、27.5% 和 18.5%。木浆生产大国前三位为美国、加拿大和巴西。

表 8-1　2012 年全球原木产量

类　型	产　量（$\times 10^4$ m³）					
	非洲	亚太地区	欧洲	拉丁美洲和加勒比	北美洲	全球
木质燃料	64 431	76 172	13 295	28 868	4 188	186 954
锯材原木和单板原木	2 941	19 510	28 851	10 173	28 921	90 396
纸浆材、圆木和劈木	1 206	11 533	18 406	11 173	16 377	58 695
其他工业原木	2 793	7 490	2 950	1 456	1 891	16 580
合　计	71 371	114 705	63 502	51 670	51 377	352 625

资料来源：联合国粮农组织，《2012 年年鉴—森林产品》，2014。

8.1.3　森工产品的应用方向

以木材为原材料，经过加工制成的产品多达 5 000 种以上，而且使用方式也很多。

木材的最终使用部门可以划分为 6 大门类：能源、建筑、包装、家具、文化或绘图以及其他应用部门。用于能源的木材大多以薪炭材（烹饪和采暖）的形式用于欠发达国家。未经加工的工业木材主要用于建筑（建筑用桩），也有其他用途，例如，用作坑木、电线杆、农用木桩和篱笆等。锯材和木基板材用于房屋建筑（屋顶、地板、墙壁）、包装、家具和其他混合的用途。纸及纸板用于包装、文化或绘图、家庭清洁用品和其他许多方面。

在确定木产品的最终用途时，可以利用各种树种的多种特性。一些常用木材的性能特征见表 8-2。

表 8-2　常用木材的性能特征及用途

木材名称	性能特征	主要用途
水曲柳	质硬，纹理直，结构粗，花纹美丽，耐腐，耐水，易加工但不易干燥，韧性大，装饰性佳	家具、室内装饰
杨木	我国北方常用的木材，质软，性稳，价廉易得	榆木家具的辅料，大漆家具的胎骨
黄波罗	有光泽，纹理直，结构粗，材质松软、易干燥，加工性能良好，材色花纹美观，耐腐性好	高级家具，胶合板
蒙古栎	结构致密，质地坚硬，切削面光滑，易开裂变形，不易干燥，耐湿，耐磨损	装饰木地板
杉木	材质轻软，易干燥，收缩小，不翘裂，耐久性能好，易加工，切面较粗，强度中强	我国南方普遍用于家具、装修的中档木材
楠木	色浅橙黄略灰，纹理淡雅文静，质地温润柔和，无收缩性，不腐不蛀有幽香	珍贵建筑木材，北京故宫及京城上乘古建多为楠木构筑

（续）

木材名称	性能特征	主要用途
落叶松	木材坚硬，心材深红色，边材淡，加工较难，易干燥，易翘曲、干裂，耐腐性中等	室内外用材、水槽、车厢、胶合板、枕木
核桃木	材质差异较大，硬度中等至略硬重，纤维结构细而均匀，韧性好，抗震、耐磨性能优良	贵重家具和雕刻工艺品
美国椴木	机械加工性能好，容易用手工工具加工，重量轻，质地软，强度低	雕刻品、车制品、家具、图案制作、模制品、室内细木工制品、乐器、软百叶帘

8.2　木材贸易

木材的产区和消费区域不尽相同，且木材产品类型多样，供需在时空上不平衡，因此就产生了木材贸易。

8.2.1　世界木材贸易

世界木材贸易主要受各国森林资源差异以及世界人口分布不均等因素影响。

2012 年的世界木材产品贸易总值为 4 476 亿美元。从地理区域来看（表 8-3），欧洲、亚太地区和北美洲排木材产品进出口贸易值的前三位，这 3 个地区的木材出口贸易值占全球的 90.9%，进口值占 90.8%。

表 8-3　2012 年木材产品世界贸易总值（按地区分类）

地区	出口（×10⁹美元）	占出口总值（%）	进口（×10⁹美元）	占进口总值（%）
非洲	5.5	3.7	8.4	2.5
亚太地区	43.2	37.9	86.8	19.8
欧洲	113.0	42.0	96.1	51.7
拉丁美洲和加勒比地区	14.8	5.4	12.5	6.8
北美洲	42.5	11.0	25.3	19.4
全球合计	218.6	100.0	229.0	100.0

受市场供需压力和环境问题影响，目前世界木材贸易呈现出以下特点：

①世界木材在大国之间大进大出，进出口贸易额约占世界木材进出口总值的 80%。

②木材供需中心逐渐转向亚洲，它将成为世界主要木材产品需求中心。俄罗斯远东地区将成为世界重要的木材供应基地，而东北亚地区将成为木材贸易的重要市场。

③资源结构逐步发生改变，人工林正取代天然林成为世界木材产品的主要原料。

④随着世界各国环保意识的增强，许多国家对木材产品进出口作出了种种限制，森林认证制度等贸易壁垒将会加大。

⑤发展中国家在世界木材贸易中的份额大幅度增长，尤其中国在世界木材贸易中占

据的地位愈来愈重要。

8.2.2　中国的国内外木材贸易

中国是世界上木材及木制品的生产大国，也是一个消费大国，同时又是人均占有森林(木材)资源很少的国家。由于现阶段国内经济建设及人民生活水平提高增加了社会对木材的需求量，使得木材产品成为我国少数几种严重短缺的产品之一。

目前，国内每年的木材需求量已达到 $5 \times 10^8 m^3$，到 2020 年可能达到 $8 \times 10^8 m^3$，而国内生产仅可能提供 $2 \times 10^8 m^3$ 木材，因此供应缺口越来越大。

据联合国粮农组织 2012 年的统计数据，我国是世界第一大原木进口国、第一大锯材进口国、第一大木浆进口国、第一大其他纤维浆进口国、第一大回收纸进口国及第一大木基板材进口国；从出口情况来看，我国是世界第一大木基板材出口国、第四大其他纤维浆出口国。

截至 2012 年，我国的前 5 位木材出口贸易伙伴依次是美国(23.0%)、日本(10.1%)、中国香港(5.3%)、英国(4.4%)、澳大利亚(3.2%)；前 5 位木材进口贸易伙伴分别为美国(12.6%)、泰国(11.5%)、印度尼西亚(11.3%)、马来西亚(8.4%)、加拿大(7.6%)。

在国内木材生产的总量中，大部分被木材生产者自用，如用作薪材、建材，进入流通领域的木材原材料约只占 20%。天然林资源保护工程实施后使得国内天然林商品材每年递减 10%，但到 2001 年我国国内木材商品供应已止跌回升，达到了 $5\,100 \times 10^4 m^3$，2012 年全国商品材总产量已达到 $8\,174.87 \times 10^4 m^3$，人工林资源已经起到越来越大的作用。

8.3　工程经济

工程经济，是将经济学的基本原理和方法应用于工程，通过定量分析的方法研究技术与经济的最佳组织，达到技术效果与经济效果的统一，使技术方案达到最佳经济效益。因此，技术、经济、定量就构成工程经济的 3 个基本要素。

8.3.1　工程经济学的概念

(1)工程(engineering)

指人们应用科学的理论、技术的手段和先进的设备来完成的大而复杂的具体实践活动，例如土木工程、机械工程、交通工程、水利工程、港口工程等。

(2)技术(technology)

指人类活动的技能和人类在改造世界的过程中采用的方法和手段。技术常常和工程联系在一起。

(3)经济(economic)

包括三个方面的含义：一是指生产关系；二是指社会生产和再生产，包括物质资料的生产、交换、分配、消费的现象和过程；三是指节约或节省。

（4）工程经济学（engineering economics）

是工程与经济的交叉学科，是以工程项目为对象，以经济分析方法为手段，研究工程领域的经济问题和经济规律，研究如何有效利用资源和提高经济效益。

8.3.2　工程经济学的应用

工程经济学主要应用于工程设计、施工以及设备更新等环节中。

（1）工程设计中的经济分析

虽然一般工程的设计费用占其全寿命周期费用不到 1%，但工程设计方案的好坏对工程经济性影响很大。它不仅影响工程的造价，而且直接关系到将来工程投入使用后运营阶段使用费用的高低，甚至对工程的预期收益产生影响。

对设计方案进行技术经济评价，是按照工程项目经济效果评价原则，用一个或一组主要指标对项目设计方案的工程造价、工期和设备、材料、人工消耗等方面进行定性和定量相结合的综合评价，从而择优选定技术经济效果好的设计方案。常用的评价方法主要有计算费用法和多因素评价优选法。

①计算费用法　用"费用"来反映设计方案对物质及劳动量的消耗多少，并以此评价设计方案的优劣，"计算费用"最小的设计方案为最佳方案。计算费用法有年费用计算法和总费用计算法。

②多因素评分优选法　这是一种定量分析评价与定性分析评价相结合的方法。通过对设计方案设定若干个评价指标，并按其重要程度分配权重，然后按评价标准给各指标打分，将各项指标所得分数与其权重相乘并汇总，得出各设计方案的评价总分，以总分最高的方案为最佳方案。

（2）工程施工中的经济分析

工程施工中的经济分析主要是对施工工艺方案、施工组织方案进行技术经济分析、评价、比较与选择，以及对工程施工中采用新工艺、新技术的经济分析评价等。

对施工方案进行技术经济评价的目的是论证所编制的施工方案在技术上是否可行，在经济上是否合理。通过科学的计算和分析，选择满意的方案，寻求节约的途径。

施工方案的技术经济评价指标主要有总工期指标、劳动生产率指标、质量指标、安全指标、造价指标、材料耗用指标、降低成本率、机械台班耗用指标及费用指标等。综合的技术经济分析指标应以工期、质量、成本（劳动力、材料、机械台班的合理搭配）为重点。

施工方案的技术经济评价方法有多指标综合评价法、单指标评价法和价值工程方法。

（3）设备选择与更新的经济分析

无论工业生产或工程施工，均要采用一些设备。设备选择与设备更新是两种不同的概念。设备选择指新购或新租设备，是从多种适用的型号中选择一种最经济的型号，以及选择租用设备还是自购设备。设备更新则是指对技术上或经济上不宜继续使用的设备，用新的设备更换或用先进的技术对原有设备进行局部改造。

我们通常关注设备在其整个寿命期内发生的 3 类费用：①原始费用，即购买新设备时投入的费用；②使用费，即设备在使用过程中发生的运行费和维修费；③设备残值，指旧设备被淘汰处理时的价值。

8.4 森工法律法规

森林是关系国民经济和社会可持续发展重要的可再生资源。森工生产、经营、管理是否合理，直接关系到森林的更新、生长和演替，也直接影响到森林三大效益的发挥。要确保森林资源永续利用，除了森工企业管理者要有较高的思想觉悟和自律能力外，还需要有相应的法律、法规予以规范和调整。

8.4.1 主要法律法规

(1)《中华人民共和国森林法》

简称《森林法》，于 1984 年首次制定发布，经 1998 年、2009 年两次修正，是我国林业的基本法。现行《森林法》分为总则、森林管理、森林保护、植树造林、森林采伐、法律责任以及附则共 7 章，内容比较概括、纲领性强，仅规定了林业上的基本问题，因此需要制定一系列配套法规，以形成系统的法律体系。

(2)《中华人民共和国森林法实施条例》

简称《森林法实施条例》，于 2000 年发布施行，2011 年修订，共 7 章 48 条。它是国家关于林业的行政法规之一，主要对森林资源的范围、重点防护林和特种用途林的确定方法、国有林地的管理办法、护林组织的建立、林木采伐许可证的申请和核发、违反森林法行为的行政处罚等，作了具体的规定。

其他有关森工的主要法律法规有：《野生动物保护法》《陆生野生动物保护实施条例》《自然保护区条例》《森林和野生动物类型自然保护区管理办法》《森林防火条例》《植物检疫条例》《森林病虫害防治条例》等。

8.4.2 有关管理制度

(1)林地管理制度

林地管理的主要目的是严格控制林地面积减少，保持森林覆盖率不断提高。其主要管理制度有：森林、林木和林地统一管理制度，征、占用林地管理制度，收取植被恢复费制度，林地流转管理制度。

(2)森林分类经营管理制度

在划分林种的基础上，按照提高森林综合效益的原则，实行分类经营，主要管理制度有划分林种制度和森林生态效益补偿基金制度。

(3)植树造林管理制度

为促进和保障植树造林工作，我国制定了一系列管理制度，包括各级人民政府的森林覆盖率达标制度、社会各界植树造林的责任和义务制度、经济扶持政策促进林业发展制度(造林补助及贷款、育林基金、林业基金、森林生态效益补偿基金)、更新造林制度等。

（4）林木采伐管理制度

包括森林采伐限额制度、木材生产计划制度、林木采伐许可证制度等。

其他有关管理制度还有：木材加工经营管理制度，木材运输许可证制度，珍贵树种、木材及其产品进出口管理制度，森林防火管理制度，森林病虫害防治管理制度，林木种苗管理制度等。

8.5　工程项目管理

8.5.1　基本概念

（1）项目（project）

指在一定的约束条件下（时间、资源、质量标准）完成的，具有明确目标的一次性任务。具有一次性、目标的明确性、整体性等特征。

（2）工程项目（engineering project）

是一种既有投资行为又有建设行为的项目，其目标是形成固定资产（建筑物或构筑物）。也就是说，工程项目是在一定资金支持下、按照一定程序、在一定时间内形成固定资产，同时该固定资产应符合一定质量要求。根据不同的划分标准，工程项目可分为不同类型：①生产性工程项目和非生产性工程项目；②基本建设工程项目（简称建设项目）、设备更新和技术改造工程项目；③新建、扩建、改建、恢复和迁建工程项目；④大、中、小型工程项目；④内资工程项目、外资工程项目和中外合资工程项目。

（3）施工项目（construction project）

指施工单位承包工程项目施工的一次性活动。

（4）管理（management）

指人们为达到一定的目的，对管理的对象进行的决策、计划、组织、协调、控制等一系列工作。

（5）项目管理（project management）

是以项目为管理对象，在既定的约束条件下，为最优地实现项目目标，对项目寿命周期全过程进行有效的计划、组织、指挥、控制和协调等一系列管理活动。

（6）工程管理（engineer management）

指通过决策、计划、组织、指挥、协调和控制以实现工程预期目标的过程。

8.5.2　工程项目的生命周期和基本建设程序

（1）工程项目的生命周期

任何一个工程项目都有它的生命周期。工程项目的生命周期是指从工程构思开始到工程报废的全过程。生命周期可分为决策立项、设计、实施和运营共 4 个阶段，如图 8-1 所示。

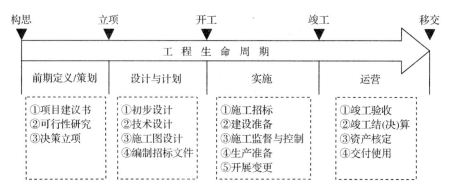

图8-1 工程的生命周期阶段划分

（2）工程项目的基本建设程序

建设程序是指工程在建设过程中各项工作必须遵循的先后顺序。基本建设各阶段主要内容见表8-4。

表8-4 工程的基本建设各阶段主要内容

主要阶段	详细阶段	主要工作
投资决策阶段	项目建议书阶段	1. 编制项目建议书 2. 办理项目选址规划意见书 3. 办理建设用地规划许可证和工程规划许可证 4. 办理土地使用审批手续 5. 办理环保审批手续
	可行性研究阶段	6. 编制可行性研究报告 7. 可行性研究报告论证 8. 可行性研究报告报批 9. 办理土地使用证 10. 办理征地、青苗补偿、拆迁安置等手续 11. 地勘 12. 报审供水、供气、排水市政配套方案
前期准备阶段	初步设计工作阶段	13. 初步设计 14. 消防手续 15. 初步设计文本审查
	施工图设计阶段	16. 施工图设计 17. 施工图设计文件的审查备案 18. 编制施工图预算。
	施工建设准备阶段	19. 编制项目投资计划书 20. 建设工程项目报建备案 21. 建设工程项目招标 22. 开工建设前准备 23. 办理工程质量监督手续 24. 办理施工许可证 25. 项目开工前审计

（续）

主要阶段	详细阶段	主要工作
施工阶段	施工安装阶段	26. 报批开工
竣工验收阶段	竣工验收阶段	27. 组织竣工验收
后评价阶段	工程后评价阶段	28. 工程项目后评价

8.5.3　工程项目建设与组织

8.5.3.1　工程项目建设模式

工程项目建设模式，是指项目决策后，组织实施工程项目的设计、招标、施工安装及采购等各项建设活动的方式。工程项目建设模式决定了工程项目的组织方式和组织行为，即组织模式。

（1）平行承发包模式

指建设单位（即业主）将工程项目的设计、施工以及材料和设备采购的任务，经过分解分别发包给若干个设计单位、施工单位、材料和设备供应单位，并分别与各方签订合同。各设计单位、施工单位、材料和设备供应单位之间的关系是平行的，其合同结构如图 8-2 所示。

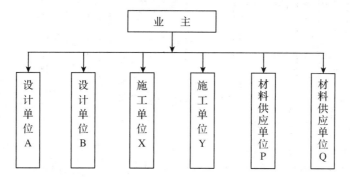

图 8-2　平行承发包模式

（2）设计或施工总分包模式

指业主将全部设计或施工任务发包给一个设计单位或一个施工单位作为总承包单位，总承包单位可以将其部分任务再分包给其他承包单位，形成一个设计总承包合同或一个施工总承包合同以及若干个分包合同的结构模式。图 8-3 是设计和施工均采用总分包模式的合同结构图。

（3）工程项目总承包模式

指业主将工程设计、施工、材料和设备采购等工作全部发包给一家承包公司，由其进行实质性设计、施工和采购工作，最后向业主交出一个已达到要求的工程。这种模式发包的工程也称"交钥匙工程"。这种模式下的合同结构如图 8-4 所示。

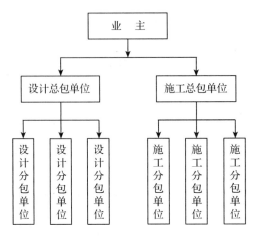

图8-3　设计/施工总分包模式

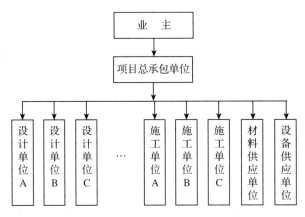

图8-4　项目总承包模式

（4）工程项目总承包管理模式

指业主将工程建设任务发包给专门从事项目组织管理的单位，再由其分包给若干个设计、施工和材料设备供应单位，并由总承包管理单位在实施中进行项目管理。

工程项目总承包管理模式与工程项目总承包模式的不同之处在于：前者的总承包管理单位不直接进行设计与施工，没有自己的设计和施工力量，而是将承接的设计与施工任务全部分包出去，专心致力于建设项目管理。后者的总承包单位有自己的设计、施工队伍，是设计、施工、材料和设备采购的主要力量。

8.5.3.2　工程项目组织结构

组织的第一种含义是指组织机构，第二种含义是指组织行为（活动），即通过一定的权力和影响力，为达到一定目标对所需资源进行合理配置，处理人和人、人和事、人和物的关系的行为。

常用的组织结构模型包括职能组织结构、线性组织结构和矩阵组织结构等。

①职能组织结构　这是一种传统的分层组织结构模式。在组织中每一个工作部门可

能有多个上级部门。

②线性组织结构　来源于军事组织系统。在组织中每一个工作部门只有一个上级部门指令源，避免了由于矛盾的指令而影响组织系统的运行。

③矩阵组织结构　该组织结构设纵向和横向两种不同类型的工作部门。在矩阵组织结构中，指令来自于纵向和横向的工作部门，因此其指令源有两个。这种组织结构适用于大的组织系统。

复习思考题

1. 说说森工产品与农业产品、工业产品有何不同？
2. 我国的木材需求对世界木材贸易的依赖性如何？
3. 工程施工方案的技术经济评价指标与评价方法有何关系？
4. 工程施工机械的原始费用与使用费有何不同？
5. 我国《森林法》对森工生产有何意义？
6. 一个工程项目的全生命周期的费用应如何划分？

本章推荐阅读文献

1. Tim Peck 著，党英杰，王庆，等译．木材．北京：中国海关出版社，2002.
2. 联合国粮农组织．2014 年世界森林状况．2014.
3. 联合国粮农组织．林产品．2009 – 2013.
4. 黄有亮编著．工程经济学．南京：东南大学出版社，2015.
5. 谭章禄，李涵，徐向真编著．工程管理总论．北京：人民交通出版社，2007.
6. 戎贤，杨静，章慧蓉主编．工程建设项目管理(第 2 版)．北京：人民交通出版社，2014.
7. 王卓甫，杨高升主编．工程项目管理 原理与案例(第 3 版)．北京：中国水利水电出版社，2014.

第 2 篇
木材科学与工程

　　木材加工是一个古老而又现代的行业。

　　说古老，是因为它相伴人类已有数千年的历史。与金属相比，木材最容易用手工来加工，因此，古代人们很容易用一般工具，就可以制造出各种日用品甚至战车，来满足人类生活和社会发展的需要。直到今天，木匠用手工锯、刨、凿、锤等，在简易的条件下，仍然可以加工出各种精致的木质家具和木质工艺品。

　　说现代，是因为随着科学技术的进步，生产能力的提高，还由于世界人口急剧增长和生活水平的快速提升，对木质产品数量和质量的巨大需求已经不可能再由木匠来手工解决。人们必须依靠现代工业手段，以尽可能高的生产效率，实现对各种木质产品的加工。于是，出现了现代木材工业。

　　所谓现代木材工业，就是根据木材或与木材相似的植物体的基本特性，依靠现代机械、电子、控制等技术装备，用物理或化学方法，来获得各种特定技术特征和经济意义的木质产品的加工业。

　　由此可见，要了解木材工业，要通过各种加工手段来获得各种产品，就需要现代物理、化学、数学等基础知识和木材学、材料学、机械、电子、化工等方面的专业基础知识，同时还需要有一定的市场、经济方面的知识。

　　所有以上内容，都是我们作为未来的木质产品生产加工者需要学习、研究的。本篇"木材科学与工程"将介绍基本的专业知识，包括制材、木材干燥、人造板生产工艺和表面装饰、木材材质的改良和木家具生产工艺。

第 9 章

木材加工概述

【本章提要】介绍木质材料及其制品的主要用途、基本性能以及获得其基本性能的方法。

木材是人类建设、生产和生活的重要物资，并且是环境友好型、可再生、可持续利用的材料。相对钢材和水泥，木材在温室效应、空气污染指数和固体废弃物等方面，产生的负效应要小得多。木材加工即是在现在资源利用的基础上，提高木材利用率和循环利用率，延长木材及其制品的使用寿命，做到科学地保护木材资源，合理加工和利用，充分发挥木材资源的潜能，不断满足人们对环境的要求。

9.1 木质产品及其主要用途

要搞加工，当然首先要知道你想加工什么东西，你加工的东西能否满足使用者的要求，也就是说，你加工的东西能否满足市场的要求。为此，首先需要了解到底有哪些木质产品。

①日常生活用品　其中，大到桌椅板凳、橱柜等各种家用家具、办公家具和教室里的课桌椅，小到木质菜板、木筷、木杆铅笔、牙签，等等。

②建筑用材料　如建筑工地最常用的木质水泥模板，砖混结构或钢筋水泥框架结构建筑物中的木质门、窗、地板，建筑装修用的各种木质线条，木结构建筑物所用的各种木质板、方材，等等。

③交通运输用材料　如铁道枕木，车厢、船舶里用的各种板材（当然还包括车、船适用家具），轿车内壁衬板，等等。

④包装、物流材料　如各种机械、电子设备的木质包装箱、木质物流托盘，等等。

⑤特殊用途产品　如步枪的枪托、电子工业用的各种绝缘木，等等。

9.2 木质产品的基本性能

作为木质产品加工者，不仅需要了解产品的用途，还需要了解产品的性能。

（1）美观性

人们之所以离不开木质产品，就在于人们对木材材色、花纹等各种美观外表的喜爱。

（2）尺寸稳定性

木质产品尤其是实木产品最大的缺陷就是容易翘曲变形或开裂，这也是木材工业所面临和需要解决的关键问题。为此，现在人们常常用胶合板、纤维板、刨花板等这些具有较好尺寸稳定性的重组性木质材料来取代实木，用做各种木质产品的原料。

（3）力学性能

如强度、硬度、刚度、抗冲击性等。强度和刚度是一般材料包括木质材料和木质产品所必须具备的最基本的力学性质。有了强度，木质产品才不容易损坏，才具有必要的使用寿命；有了硬度，木质产品的表面才不容易被磨损；有了刚度，木质产品才不容易变形。但是，各种木质产品，根据其用途，对强度、硬度和刚度却有着不同的要求。比如，一般的家具就不需要太高的强度，而木建筑却对木质材料的强度有着苛刻的要求。如对木质地板，不同的用途和不同的结构对其也有着不同的力学要求，在水泥地上铺设的地板，要求的是美观性、耐磨性和尺寸稳定性，由于其本身并不承受很大的力，因此对强度、刚度的要求并不需要很高；而对直接铺在木质横梁上的承重性木地板，则必须有足够的强度和刚度。

（4）化学性能

传统的存放衣物的樟木箱，利用了樟木特殊的化学性能所具有的防虫、防蛀功能。现在，人们更多地关注木质产品中有害化学物质的释放及其对人体的危害，如用石化原料合成胶黏剂胶合而成的重组性木质材料制作的家具或用其做室内装修时的游离甲醛的释放问题等。

（5）特殊性能

如耐水性、耐腐性、防虫性、高强性、高尺寸稳定性、阻燃性、电绝缘性、隔声性、隔热性等。使用在不同场合的木质产品往往需要有一定的特殊性能，如作为建筑结构、车厢、船舶所用的木质产品，就需要有很好的耐水性、耐腐性、防虫性、高强性、高尺寸稳定性和阻燃性等；变压器隔板用的木质材料就需要有很好的电绝缘性；影院、住宅、宾馆用隔板就需要有很好的隔声、隔热性和必要的阻燃性。

9.3　木质产品基本性能的获得

了解了木质产品的用途、性能，对加工者来说，就需要知道用什么样的方法，才能获得或赋予木质产品的上述各种通用性能或特殊性能。

（1）设计

这里所说的设计不只是指对木质产品的外观、造型的设计，因为外观、造型设计只是解决木质产品的美观性问题，还要更多地包括对产品性能、加工工艺和工艺条件的设计，以此解决想获得什么样的产品、这些产品应该具有什么样的性能、要用什么样的基本方法来获得这些产品的问题。

（2）机械加工方法

机械加工是木材工业中最常用的方法，如车、铣、刨、模压、浮雕、贴面、涂饰等方法，来获得木质产品的外形、外观和美观性；又如，用机械锯割的方法，将原木制成各种规格尺寸的、木材天然缺陷分布合理的实木板方材(所谓"制材");还有的先用机械方法将速生林木、疏伐材、采伐剩余物、木材加工剩余物等质量较次的木材或者竹材甚至稻秆、麦秸、芦苇、甘蔗渣等植物体分解成较小的单元原料,如单板、纤维、刨花等,再用胶黏剂,通过热压等各种机械方法,将这些单元原料再重组成具有特定性能的胶合板、纤维板、刨花板等重组性板材甚至方材。

(3)物理加工方法

最常用的物理加工方法是实木的干燥加工,以解决实木和实木产品的尺寸稳定性,克服实木产品容易翘曲变形或开裂等问题。

(4)化学方法

木材工业中的化学方法指的是根据木材的解剖结构和物理、化学、力学等基本特性尤其是木材的化学特性,借助于各种化学药剂和加压、浸注等机械方法或化学反应方法,来赋予实木产品各种特殊性能。例如,用真空加压方法将防腐剂、防虫剂、阻燃剂等化学药品注入木材内部,从而赋予木材较好的防腐性、防虫蛀性和阻燃性等;也可用机械方法将这些药剂施加到重组性木质材料的单元原料中去,以获得具上述特殊性能的重组性木质材料;又如,将树脂等注入实木,通过反应来赋予木材高强性、高尺寸稳定性、高抗变形性、耐磨性等。胶黏剂化学特性的赋予和控制,尤其是胶黏剂中有害物质含量和释放性的控制,也是木材加工中的化学方法之一。

9.4　木质产品性能和品质的衡量

当加工者将木质产品加工出来并送往市场时,首先碰到的问题就是"这个产品的质量和性能合不合格"。为了在加工者和使用者之间建立起一种公平的交易制度,就出现了用以衡量产品品质、性能的标准,其中包括科学、合理的质量、性能的衡量指标及其限度和检测方法。这些质量、性能指标的恒定,可以赋予木质产品的档次和市场价值;而市场价值正是产品加工者所追求的,也是木材工业不断发展的动力。

复习思考题

1. 木质产品的用途有哪几方面?并举例说明。
2. 木质产品有哪些基本性能?与其他产品有何区别?
3. 如何获得木质产品的基本性能?

本章推荐阅读文献

1. 江泽慧主编.中国林业工程.济南:济南出版社,2002.
2. 周定国主编.木材工业手册.北京:中国林业出版社,2007.
3. 刘一星主编.木质材料环境学.北京:中国林业出版社,2007.
4. 路则光主编.木材科学与工程专业实验教材.北京:科学出版社,2015.

第 10 章

制　材

【本章提要】介绍原木和锯材的分类与标准、制材设备、制材生产过程、下锯法和下锯图、制材产品工艺设计、原木的锯解加工等制材理论，简要介绍部分制材生产新技术。

制材是指按一定工艺将原木锯解成符合一定规格和质量要求的锯材的过程。制材生产是木材机械加工生产的主要部门之一，我国每年生产的原木中，60%左右要经过制材加工，锯解成各种锯材产品，供工农业生产和人民生活需要。合理加工利用原木，提高锯材产品质量和出材率，对充分利用森林资源、节约木材具有十分重要的意义。

10.1　制材生产的原料和产品

10.1.1　原木

10.1.1.1　原木的类型和标准

树木伐倒后，除去枝桠的树干称为原条。原条经过造材，截得一定材种的木段称为原木。原木按树种可分为针叶树材和阔叶树材；按使用方式可分为直接用原木和锯切用原木。

直接用原木指不经过木材加工直接投入使用的原木，如直接用于坑木、檩条、电杆、机台木等用材的原木。其树种、尺寸、材质指标、检验方法、主要用途由国家标准（GB/T 142—2013）等规定。

锯切用原木的树种、主要用途由国家标准（GB/T 143—2006）规定。国内锯切用原木针叶树树种主要有：落叶松、樟子松、马尾松、红松、云南松、华山松、云杉、冷杉、铁杉、杉木、柏木等，阔叶树树种主要有：樟树、檫树、麻栎、蒙古栎、红锥、栲木、木荷、水曲柳、核桃楸、黄波罗、榆树、红青冈、白青冈、槭树、山枣、桉树、椴树、枫香、杨树、桦树、泡桐等。

特级原木、旋切单板用原木、刨切单板用原木、小径原木和造纸用原木的树种、适用范围、技术要求和检量方法可参照国家标准（GB/T 4812—2006、GB/T 15779—2006、GB/T 15106—2006、GB/T 11716—2009、GB/T 11717—2009）的规定。

近二十年来，我国进口原木逐年增加，主要树种有花旗松、铁杉、冷杉、柳桉、克隆、奥古曼等，主要用于建筑、胶合板、家具及室内装修等。

10.1.1.2 原木的特性

原木具有许多固有特性，主要有：内部含有大量水分，且含水量不稳定；形状不规则；组织不均匀；材性不一致；体积较大搬运笨重；保管中易发生开裂和遭受菌虫侵害等。

原木中的水分依树种不同有很大差别。新伐的针叶材，水分可高达 100%~180%，阔叶材中软杂木可达 100%~150%，硬杂木达 45%~80%。原木放置在大气中一定时间自然干燥或经人工干燥，含水率可降到需要的程度。

由于自然环境的影响，树木在生长过程中，树干形状具有很大差异。原木断面形状呈圆形的很少，多为椭圆形或卵圆形，其他有三角形、四边形、五边形等多种形状。原木两头直径大小不一，有一定削度。原木中心线不在一条直线上，出现弯曲。

由于环境因子和保管、加工不当等引起的木材组织不正常或受到破坏，会使木材产生缺陷。国家标准(GB/T 155—2006、GB/T 4823—2013)将针、阔叶树木材缺陷分为：节子、变色、腐朽、蛀孔、裂纹、树干形状缺陷、木材构造缺陷、损伤(伤疤)、加工缺陷、变形等 10 大类。在原木等级评定中，节子、腐朽、弯曲、裂纹、扭转纹、变形等是主要缺陷。

10.1.1.3 原木贮存与保管

原木通过陆运或水运到厂后，贮存场地分为水上作业场、原木楞场和贮木池。水上作业场是对到厂原木进行验收、区分、短期贮存，以及原木出河的场所。原木楞场是接收、检验、区分、贮存原木，及做进车间前准备的场地。贮木池是制材车间与原木楞场之间的缓冲储备场所，通过贮木池，便于原木分类和小头进锯，清理表面泥沙污物，也有利于原木的连续均衡供应，保证制材生产的正常进行。

原木的保管方法可分为控制含水率法和化学处理法。前者因控制含水率的高低不同可分为水存法、湿存法和干存法。

①水存法　此法适合水运到材，利用江河、湖泊等水域或贮木池，将原木扎成排或堆成垛，浸于水中，露出水面部分要经常喷水，避免开裂和菌虫危害。

②湿存法　此法是保持原木含水率大于 60% 状态下的一种贮存方法。适用于水运到材和新采伐材的贮存。湿存法应将原木归楞密堆，最好带树皮，并定期喷水，使原木含水率保持稳定，以减少开裂，控制菌、虫害发生。

③干存法　短期内使原木含水率迅速降低到 25% 以下进行保存称为干存法。干存法原木一般要剥皮，但为防止原木端头水分下降过快发生端裂，原木两端头最好留有 10~15cm 树皮圈，并在端面涂防裂涂料。

化学处理保存法，是通过对湿存法、干存法保管原木的端头喷涂 10% 石蜡防水剂、防腐剂、石灰、沥青、聚醋酸乙烯乳剂和脲醛等，来减少端头因水分蒸发而引起的开裂和预防菌虫危害。用硼砂、硼酸、五氯酚钠、氟化钠进行喷涂，也有一定防腐效果。

10.1.2　锯材

原木经锯机纵向、横向加工后所得到的板、方材称为锯材，锯材是制材生产的产品，又称为成材。

10.1.2.1　锯材的分类

①锯材按树种分为针叶树锯材和阔叶树锯材。

②锯材按用途分为通用锯材和专用锯材。

通用锯材又分为针叶树通用锯材和特等锯材，阔叶树通用锯材和特等锯材。专用锯材分为枕木、机台木、铁路货车锯材、载重汽车锯材、罐道木、船舶锯材、乐器锯材等。

③按材质等级，针阔叶树锯材分为特等、一等、二等、三等4个等级。专用锯材中除普枕、岔枕分为一等、二等2个等级外，其余不分等级，只对材质要求作出规定。

④按断面尺寸，锯材可分为薄板、中板和厚板。

薄板：厚度 12，15，18，21mm；

中板：厚度 25，30，35mm；

厚板：厚度 40，45，50，60mm；

宽度尺寸范围：60~300mm，尺寸进级 10mm。

⑤按断面形状，锯材可分为 11 类，详见图 10-1 所示。

⑥按锯材在原木端面上的位置可分为髓心板、半髓心板和边板，详见图 10-2 所示。

⑦按锯材断面年轮走向与材面夹角分为径切板和弦切板，详见图 10-3 所示。

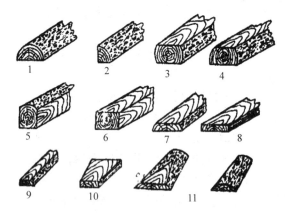

图 10-1　锯材、锯材半成品的形状分类

1. 对开材　2. 四开材　3. 等边毛方　4. 不等边毛方
5. 一边毛方　6. 枕木 或方材　7. 毛边板　8. 整边板　9. 一面毛边板　10. 梯形板　11. 工业板皮

图 10-2　锯材在原木断面上的分布

1. 髓心板　2. 半髓心板　3. 边板

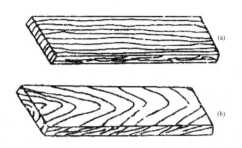

图 10-3　径切板与弦切板

（a）径切板　（b）弦切板

为提高木材利用率，可利用制材生产中的加工剩余物生产木地板、小木制品和工业木片。

10.1.2.2　锯材的质量标准

针阔叶树锯材的加工质量和缺陷允许限度，在国家标准（GB/T 153—2009、GB/T 4817—2009）中作了详细规定。

锯材尺寸公差：在宽度和厚度上均规定自 25mm 以下为 ±1mm；25~100mm 为 ±2mm；100mm 以上为 ±3mm。在长度上规定不足 2.0m 为 +3cm、-1cm；自 2.0m 以上为 +6cm、-2cm。我国现行公差幅度基本与国际标准相同。

枕木等专用锯材除普枕、岔枕外不分等级，但其材质要求均在国家标准中作了规定。

10.2　制材设备

制材设备包括主要工艺设备、运输设备、其他工艺设备和辅助设备。

①主要工艺设备是指各种类型的锯机和附属设备，用来直接将原木加工成一定断面尺寸的锯材或半成材。

锯机附属设备包括各种类型的原木跑车、原木上车装置、翻木装置、接板、分板、传送装置等。

锯机按类型分类有：带锯机、圆锯机、排锯机、联锯和削片制材联合机等。

锯机按工艺分类有：剖料锯、剖分锯、裁边锯和截断锯等。

②运输设备包括运送原木、锯材和加工剩余物的装置。如原木拖进链、踢木横向运输链、辊筒运输机、皮带运输机等。

③其他工艺设备包括原木分类机械、原木材积自动检测机构、剥皮机、金属探测仪等，是为主要设备加工前后服务的设备。

④辅助设备主要指锉锯、机修等生产服务部门所配置的各种设备。

10.2.1　带锯机

10.2.1.1　带锯机的分类

带锯机种类很多，可按不同方式进行分类。

①按工艺要求分类　带锯机可分为原木带锯机和再剖带锯机。原木带锯机一般分为立式、卧式和双联带锯[图 10-4 中（a）、（b）、（d）]。立式用于通用制材，卧式用于锯解珍贵树种的木材，双联带锯多用于将原木制成板材。再剖带锯机包括剖分板皮、毛方的立式、卧式和双联带锯机[图 10-4 中（c）、（e）、（f）]。

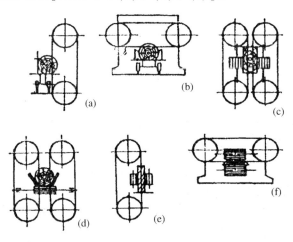

图 10-4　带锯机的种类

（a）锯原木用的立式带锯机　（b）锯原木用的卧式带锯机
（c）锯方材用的双联带锯机　（d）锯原木用的双联带锯机
（e）锯方材或板材用的带锯机　（f）锯板皮用的卧式带锯机

②按锯轮回转方向分类　可分为左式和右式。从锯机进料端看，锯轮作顺时针回转的为右式锯，反之为左式锯。

③按安装形式分类　可分为固定式带锯机和移动式带锯机。

④按锯轮直径分类　通常将锯轮直径自 1 524mm 以上的称为大型带锯机；1 067～1 372mm 的称为中型带锯机；自 965mm 以下的称为小型带锯机。

10.2.1.2　带锯机的特点

带锯机下锯灵活，可看材下锯，有利于集中或分散原木缺陷，提高锯材质量；生产特殊用材可使用薄锯条，减少锯屑损失，提高出材率，降低动力消耗。带锯机的缺点是锯机结构复杂，精度要求高，同时，修锯、锉锯难度较大，要求有较高技术水平。

10.2.2　圆锯机

（1）圆锯机分类

按锯剖方向分为纵剖圆锯和横截圆锯；按工艺要求分为原木圆锯机、再剖圆锯机、裁边圆锯机和截断圆锯机;按锯片数又可分为单锯片、双锯片和多锯片圆锯机。

(2)圆锯机特点

圆锯机传动机构和切削工具简单,安装使用方便,投资少,易于维修,既可纵剖又可横截,在制材中应用较为广泛。其缺点是稳定性差,加工质量低,不适宜锯解大径级原木,圆锯片较厚,出材率低,耗电量大,劳动强度大,安全性差。

10.2.3 排锯机

排锯机又称框锯机,是多锯条锯机,主要用来将原木锯解成毛方或板材。

(1)排锯机分类

按锯框运动方向分为垂直运动和水平运动的锯机,前者称为立式排锯,后者称为卧式排锯。按工艺用途可分为通用排锯和专用排锯。

(2)排锯机特点

排锯机加工精度高,产品质量好,合格率在98%以上,对工人操作技术要求低,安全性好,劳动强度低,生产效率高。其特点是加工过程中原木不能翻转下锯,适于加工中、小径级、缺陷少的原木,锯条较厚,出材率比带锯机低。

随着制材工业的发展,出现了双联、多联带锯机和削片制材联合机及光电原木检尺、锯材检测、原木整形等其他先进工艺设备,降低了劳动强度,简化了制材工艺,提高了生产效率和木材综合利用率。这些新设备、新技术正被越来越多的企业所应用。

10.3 锯解工艺

10.3.1 制材生产过程

制材生产过程是指由原木供应到厂至锯材产品出厂之间各部分相互关联的劳动过程的总和。

制材生产过程按其各部分所完成的任务不同可分为基本生产过程、辅助生产过程和服务性生产过程。基本生产过程主要包括原木供应、原木锯解和锯材处理等工艺过程;辅助生产过程由锯条、锯片的修整、设备维修及电器、动力的修配组成;服务性生产过程主要指原木进车间前的准备作业、原木与锯材的检验及锯材供应、调拨时的装卸、运输等过程。典型制材生产工艺流程如图10-5、图10-6所示。

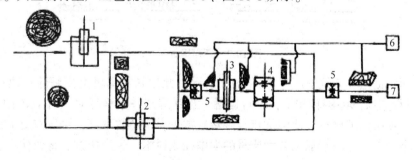

图10-5 2:1型带锯制材工艺流程图

1、2. 跑车带锯 3. 卧式带锯 4. 双锯片裁边锯 5. 截断锯 6. 打碎机 7. 选材场

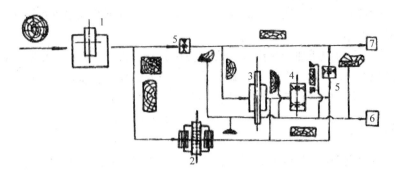

图 10-6　带锯、排锯配合的制材工艺流程图

1. 跑车带锯　2. 排锯机　3. 卧式带锯　4. 双锯片裁边锯

5. 截断锯　6. 打碎机　7. 选材场

10.3.2　下锯法分类和下锯图

10.3.2.1　下锯法分类

原木锯解时，按锯材的种类、规格确定锯口部位，并按锯解顺序下锯，这种方法称为下锯法。推广合理下锯，提高成材质量和出材率，对充分利用我国森林资源，节约木材，满足消费需求，具有十分重要的意义。

按锯条数分类，分为单锯法和组锯法。单锯法是使用一个锯条或锯片，一次锯一个锯口，依次一块一块地锯解板、方材。组锯法是用两个或两个以上的锯条或锯片，同时锯解原木，一次可锯出数块板、方材。

按下锯顺序可分外四面下锯法、三面下锯法和毛板下锯法。

① 四面下锯法　其锯解顺序如图 10-7 所示。此法是先将原木锯解成毛方或依次翻转下锯，在锯除四面板皮的同时，有选择地锯取优质板材。其优点是能充分利用原木边材优质部分，生产板宽一致的优质材，裁边工作量小，出材率高，适用于加工各种质量的大中径级原木，生产大方、厚板和枕木等。其缺点是原木翻转次数多，影响主机效率。

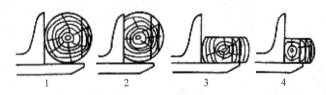

图 10-7　四面下锯法

② 三面下锯法　其锯解顺序如图 10-8 所示。此法是在锯机上先锯除一块板皮或带制一块边板，然后 90°翻转扣下，平行锯解。当锯解到一定程度时，再 180°向里或 90°向外翻转，依次锯解成材。此法优点是翻转次数少，生产效率高，可以看材下锯，裁边量和出材率居中，适用于加工各种质量的大中径级原木，生产中方、奇数枕木、门窗及家具材。其缺点是与四面下锯法比较，裁边工作量大，三角板皮多。

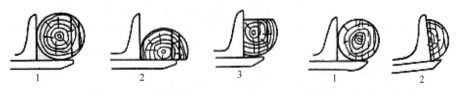

图 10-8　三面下锯法　　　　　　图 10-9　毛板下锯法

③毛板下锯法（二面下锯法）　其锯解顺序如图 10-9 所示。原木加工过程中，只通过一次 180°翻转，依次平行锯制毛边板。此法优点是工艺简单，便于机械化自动化，小径材加工可得到较宽板材，提高利用率；其缺点是不能看材下锯，材质下降，裁边工作量大，三角板皮多，生产整边板出材率低。

按木材纹理方向分为弦切板和径切板下锯法。

在端面上，年轮切线与板面夹角为 0°~45°、通常为 30°以内的板材，称为弦切板。弦切板下锯法如图 10-10 所示。其锯解方法一般是沿边材部分与年轮平行下锯。

在端面上，年轮切线与板面夹角为 45°~90°、通常为 60°以上的板材，称为径切板。径切板下锯法如图 10-11 所示。径切板是通过木材髓心，沿原木半径或直径锯解而成。

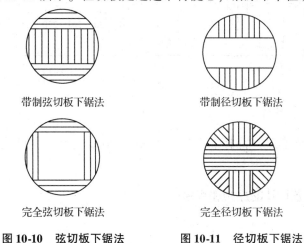

带制弦切板下锯法　　　　　　带制径切板下锯法

完全弦切板下锯法　　　　　　完全径切板下锯法

图 10-10　弦切板下锯法　　　　图 10-11　径切板下锯法

10.3.2.2　下锯图

原木下锯前，在其小头端面上按成材规格排列出的锯口图式，称为下锯图。下锯图是下锯的指示图，它是结合原木条件按锯材订制任务的规格、质量和用途而制定的。按下锯图下锯，可以提高原木出材率和木材利用率。

根据下锯方法分类的四面下锯法、三面下锯法和毛板下锯法的下锯图见表 10-1。

表 10-1 下锯图

分类	下锯图	表示方法
四面下锯法		15—25—180—25—15 15—30—40—40—40—40—30—15
三面下锯法		$[30]$—40—210 15—30—40—40—40—30—15
毛板下锯法		$(5.5)15—30—40—40—40—40—30—15(5.5)$ $\dfrac{40}{4}-\dfrac{30}{2}-\dfrac{15}{2}(5.5)$ $(5.5)\dfrac{15}{100}-\dfrac{30}{160}-\dfrac{40}{220}-\dfrac{40}{270}-\dfrac{40}{270}-\dfrac{40}{220}-\dfrac{30}{160}-\dfrac{15}{100}$ (5.5)

注：该原木直径 28cm，材长 6m。

10.3.3 产品工艺设计

产品工艺设计，包括产品标准工艺设计和原木划线设计，是制材生产的重要工艺措施之一。

10.3.3.1 产品工艺设计的原则和程序

产品工艺设计的原则是：

①根据原料条件，合理使用各种原木，以利于全面、均衡完成各种订制产品，提高企业经济效益。

②根据有关标准进行设计。

③合理套裁，节约优质原木，提高出材率。

④合理带钝棱，可采用一边挤、四面下锯等方法，以利于提高出材率。

⑤对具有缺陷的原木，可采取将缺陷集中或集中剔除的方法，以提高锯材质量。

产品工艺设计的程序如图 10-12 所示。

10.3.3.2 产品标准工艺设计

产品标准工艺设计，是技术人员根据企业原木供应和产品销售计划，以及用料原则，在图纸上画出各树种、径级、等级的原木的标准下锯图和下锯路线，作为生产计划和划线设计的依据。标准工艺设计是从一般通用的角度所进行的下锯设计。

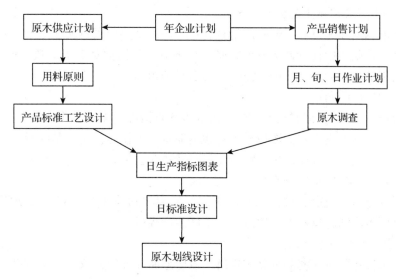

图 10-12　产品工艺设计程序图

10. 3. 3. 3　原木划线设计

原木划线设计是划线工根据标准工艺设计，结合月、日作业计划，进行原木小头端面设计和材长设计，画出产品品种和下锯路线，它是产品标准工艺设计的实施。原木划线设计是针对具体原木进行的下锯设计。

（1）原木端面设计

在原木小头端面上，确定锯口位置和下锯顺序，并对出材率进行设计核算。进行原木端面设计，要以划线设计原则为指导，以主产品为主，合理套裁，设计出主副产品合理搭配的下锯图，并且要特别选准第一、二锯口位置。

（2）原木材长设计

根据合理利用木材、提高出材率、提高质量、提高售价的原则，对原木进行材长划线，合理截断。材长设计主要针对长原木、弯曲原木、削度大的原木和端部有严重缺陷的原木。截断的目的是提高出材率和成材等级。只有在原木弯曲度超过规定限度、削度过大、或原木与锯材长度不同时才允许截断。

10. 3. 4　原木锯解加工

10. 3. 4. 1　缺陷原木的锯解

影响木材质量的原木缺陷主要有节子、腐朽、裂纹、弯曲和扭转纹等。

对缺陷原木的锯解，总的原则是：①要尽量减少原木缺陷对锯材质量的影响；②根据原木缺陷分布情况，下锯时要将最严重的缺陷集中或剔除，一般缺陷要适当地分散在少数板材上；③锯解后锯材材面上的缺陷要尽量少。

（1）根据节子在原木上的分布情况

对根段原木要在无节区锯解高质量锯材；中段原木要使锯材材面尽量剔除死节，保留活节；为使缺陷集中在少数板材上，应平行于节子下锯；对节子个数多而小的原木，应采取与密集节垂直的方向下锯，使锯材面多呈圆形节。

（2）腐朽原木下锯法

心腐及铁眼原木（根部腐朽），要根据腐朽分布情况，采取楔形下锯法或翻转原木下锯法，尽量使缺陷集中在少数板材上；边腐原木，下锯时按腐朽厚度下板皮，将中部优良部分锯解订制材，或在边角处略带腐朽，裁边时去掉。

（3）裂纹、扭转纹原木下锯法

对有裂纹原木，应沿裂纹方向平行下锯，使裂纹缺陷集中，避免每块板材都有裂纹；扭转纹原木应锯解成枕木、大方材，不能生产板材。

（4）偏心及双心原木下锯法

偏心原木应将年轮疏密部分分别锯解，以防翘曲和开裂；双心原木应沿短径方向锯解板材，逐渐锯解到中央部分，使夹皮集中在一块板皮上予以剔除。

（5）弯曲和尖削原木下锯法

一般弯曲原木采用侧面下锯法；有边腐的原木采用腹背下锯法。尖削原木采用平行纹理下锯法和平行原木轴心下锯法可得到高质量锯材；偏心下锯法综合出材率高。

10.3.4.2　枕木的锯解

普枕、岔枕选料，以硬阔叶材为主，桥枕要求松木；锯解枕木应结合订制任务选配关键径级原木制普枕；实行工艺设计，按原木小头断面形状精心设计下锯图，提高出材率；单枕一面挤，双枕两面跨，合理留钝棱，从中抽制板材；岔枕、桥枕要选配长材减少截头选配径级提高生产；除3根以上奇数枕木外，尽量采用四面下锯法，合理带制高档板材。

10.3.4.3　板、方材的锯解

板材生产时，厚板可选用专料专制，薄板进行带制，非订制中板因价格率低，尽量不生产或少生产。同时做到：小径级原木采取毛边下锯法，中径级原木采取三面下锯法，大径级原木采用四面下锯法；大径级椭圆形原木要将长径作为板厚，短径作为材宽，中小径则相反；中小径级原木中大节子要夹在厚板中间，小节子可显露在材面上成圆形节；大径级原木严重腐朽应剔除，轻微腐朽要落在板头或边角上。

方材生产时，大方材可专料专制，中小方材带制，并做到：方材生产要合理带钝棱，但要注意不要超差；单料或偶数料方材应采用四面下锯法，三块以上奇数料采用三面下锯法；生产扁方材平均等级略高，经济效益略好；方材的节子、腐朽要求与板材相同，要努力提高特等、一等品率。

其他特制板、方材，应严格挑选原木，专料专制，或在生产一般板、方材时择优配制，套裁下料。

10.3.4.4 截断和裁边

板、方材应根据长材不短用和锯材长级价格率及锯材订制要求截断和截头，厚板皮和半成品原则上先纵锯成一定厚度板材后，再进行截断或截头。

裁边时要锯制尽量宽的板方材，并将影响等级的缺陷剔除掉，或缩小其影响程度；其次是要合理留钝棱，提高出材率。裁边时采用激光投影划线自动定宽的双圆锯裁边机，可得到满意效果。

10.3.4.5 提高锯材出材率和锯材质量的工艺措施

提高出材率的工艺措施主要有：小头进锯；划线进锯；一边挤偏心下锯；尽量采用四面下锯法；合理留钝棱；合理截断；合理裁边；按生产合理选用原木；板宽进级缩小；梯形板斜拼；加强修锯，使用薄锯条；提高锯机精度；减小摇尺误差等。

提高锯材质量的工艺措施主要有：加强设备检修，提高锯机精度；改进操作技术，提高产品加工质量；采用先进工艺，加强工艺技术检查等。

10.3.5 制材生产新技术

10.3.5.1 计算机技术的应用

欧洲和美国许多制材厂成功应用计算机进行生产过程控制，下锯图辅助设计和模拟锯解，对提高原木出材率、劳动生产率和经济效益具有很大意义，我国制材生产也有一定应用。

10.3.5.2 小径原木制材技术

随着全球天然林资源锐减和人工林比例的迅速增长，小径原木已成为主要的木材资源之一。为了扩大和提高小径原木的利用，目前国外大多采用小径木生产胶合木。小径材胶合木生产是应用"橘瓣形下锯法"或"梯形材下锯法"将小径原木锯解成长度较短、宽度较窄，厚度为 10～30mm 的板材，通过板材端部和侧面接长、拼宽而成。胶合木既可用于装饰和家具业，也可制作结构材用于建筑业的梁柱、桁架等。

10.3.5.3 锯材的抛光及处理

现代化制材厂对锯材的加工向着精加工的方向发展，其方法是通过对锯材抛光和砂光，使锯材更加接近最终的产品尺寸和质量，减少加工余量，提高木材利用率，并减少用材单位的二次加工。

为加强锯材的抗腐性，提高使用寿命，现代化的制材厂通过化学药剂对锯材进行防腐处理。

锯材是由碳、氢、氧等组成的有机化合物，具有可燃性，作为建筑材料，为预防火灾的发生，一般可通过使用多种阻燃涂料或阻燃剂对锯材进行阻燃处理。

10.3.5.4 无锯屑制材

为了减少锯屑的产生，克服普通锯机锯解时产生的振动、噪声以及修锯技术复杂、锯解的锯材尺寸精度和表面质量不高等弱点，一些国家加紧研制各种无锯屑制材设备，其中包括薄铣刀、组合劈刀、多组圆锯片、无锯屑剖方机、水喷切削设备及激光切削设备等，其中有的已在生产单位具体应用，有的还处于实验阶段。

复习思考题

1. 合理量材、造材应遵循哪些原则？
2. 锯切用原木的材质评定标准作了哪些规定？
3. 制材设备的基本类型及主要内容是什么？
4. 带锯机、圆锯机和排锯机的各自技术特性有哪些？
5. 原木下锯法有哪几种？每种下锯法锯解顺序如何？
6. 什么叫下锯图？下锯图如何表示？

本章推荐阅读文献

1. 李坚主编. 木材科学(第3版). 北京：科学出版社，2014.
2. 刘一星，赵广杰主编. 木材学(第2版). 北京：中国林业出版社，2012.
3. 王恺主编. 木材工业实用大全(制材卷). 北京：中国林业出版社，1999.
4. 宋魁彦，郭明辉，孙明磊编著. 木制品生产工艺. 北京：化学工业出版社，2014.
5. 顾炼百主编. 木材加工工艺学(第2版). 北京：中国林业出版社，2011.
6. 黄见远主编. 实用木材手册. 上海：上海科学技术出版社，2012.
7. 何志贵，石红主编. 木材及其制品标准手册. 北京：中国标准出版社，2010.

第 11 章

木材干燥

【本章提要】介绍了木材干燥原理、干燥方法、设备与工艺、干燥窑、木材干燥缺陷和干燥质量评价等内容。

木材干燥是指在热力作用下木材中的水分以蒸发或沸腾的汽化方式由木材中排出的过程。

木材干燥是木制品生产过程中最为重要的工艺环节，其能耗约占木制品生产总能耗的40%～70%。对木材进行正确合理的干燥处理，既是保证木制品质量的关键，又是合理利用和节约木材的重要手段。

11.1 木材干燥原理

11.1.1 木材干燥目的

(1)提高木材和木制品使用的稳定性，防止变形和开裂

当木材含水率在纤维饱和点以下变化时，会发生干缩、湿胀。干缩和湿胀不均匀，就会引起木材变形或开裂。若用湿木材或没有干燥好的木材制造产品如门窗、地板、家具等时，在经过一段时间后就会发生门框歪斜、地板翘曲开裂等现象。干燥合格的木材则会避免上述现象。

(2)提高木材的力学强度，改善木材的物理性能

木材的各种物理—力学性能与木材的含水率密切相关，当木材含水率在纤维饱和点以下变化时，木材的强度将随木材的含水率的降低而提高。经干燥后的木材，其切削性能、胶合强度以及表面装饰质量均显著提高。

(3)预防木材腐朽，延长木制品的使用寿命

菌虫的寄生需要温度、湿度、空气和养料4个条件，缺一不可。实践证明，当木材含水率在20%以下或在100%以上时，可大大减少菌类和虫类的危害。一般生产上，把木材干燥到8%～15%左右。这样不仅保证了木材固有性质和强度，而且提高了木材的抗腐能力。

(4)减轻木材的重量

木材经过室干后，其重量可减轻约30%～50%，有利于提高车辆的运载能力，降低运费。

11.1.2　干燥时木材内水分排出过程

在气体介质的对流干燥过程中，木材内水分的排除主要取决于 2 种物理现象。即木材表面的水分蒸发和木材内部的水分移动。

11.1.2.1　木材表面的水分蒸发

（1）必要条件

在对流传热传质过程中，湿物体表面的水分蒸发和周围介质状态有关，只有当水面或湿物体表面上空气中的水蒸气处于过热状态时，即空气的相对湿度小于 100% 时才能发生。相对湿度越低，空气中水蒸气分压力越小，蒸发速度就越快。

（2）影响自由水蒸发的因素

①空气的温度是影响木材水分蒸发的一个主要因素，空气的温度越高水分越易蒸发。

②相对湿度是影响水分蒸发的制约因素。

③空气流动速度影响自由水面的蒸发强度。

（3）木材表面水分蒸发强度

湿木材表面的水分蒸发，当其表层含水率没有降低到纤维饱和点以下时，与自由水面的水分蒸发情况相同，即木材表面上空气中的水蒸气分压力等同于同温度下水面上的水蒸气分压力。但是从木材表层含水率降低到纤维饱和点的瞬间开始，情况就发生了变化，此时木材表面上空气中的水蒸气分压力将低于同温度下水面上的水蒸气分压力，因此，蒸发强度降低。

干燥过程主要阶段内的水分蒸发量，是由木材内部水分向表面的移动速度来决定。这是由于木材在干燥过程中，木材表层含水率很快达到纤维饱和点以下。

11.1.2.2　干燥过程中木材内部水分的移动

木材内部水分的移动过程是比较复杂的。当木材由湿变干时，木材表面及以下邻近诸层的自由水首先蒸发。大细胞腔内的自由水先逸失，然后是小细胞腔。随后，细胞壁内的微毛细管也开始排出水分。由于木材具有一定厚度，在内部与外层之间很快出现水分梯度，即内部高、外部低的含水率梯度。此梯度促使水分由内向外移动。

木材具有大小差异悬殊而又相互联系的大毛细管系统和微毛细管系统，因而，水分不可能只以一种形式贯穿 2 类系统作简单的移动。

在木材内，既有沿着纤维方向的水分移动，又有横着纤维方向的水分移动，顺纤维最快但距离长，所以主蒸发面沿厚度方向，木材厚度对干燥周期影响很大。当温度高于 50℃ 时，顺纹理的水分移动速率比横纹理的快 5～8 倍；径向水分移动约比弦向快 20%～50%，这是因为水蒸气沿木射线方向（径向）的移动较易。

总之，影响水分传导的因素很多。一般说来，密度小的木材，水分移动比密度大的木材容易些；边材中水分移动比心材的水分移动容易；弦向板（水分径向传导）中水分的移动比径向板（水分弦向传导）的水分移动容易些。

11.2　木材干燥方法

随着木材干燥技术的发展，新的干燥方法不断出现。50 多年来，先后出现了几十种干燥方法，下面介绍常用的几种。总的来看，木材的干燥方法，可分为自然干燥和人工干燥 2 大类。自然干燥又称大气干燥，简称气干。其分类如图 11-1 所示。

$$大气干燥 \begin{cases} 自然大气干燥 \\ 强制大气干燥 \end{cases} \quad 人工干燥 \begin{cases} 传统干燥方法 \\ (气体介质对流干燥法) \begin{cases} 长轴型、短轴型、侧风型 \\ 端风型、喷气型、自然循环 \end{cases} \\ 特种(其他)干燥方法 \begin{cases} 微波干燥、远红外干燥、真空干燥 \\ 加压干燥、除湿干燥等 \end{cases} \end{cases}$$

图 11-1　干燥方法分类

11.2.1　大气干燥

大气干燥包括自然气干和强制气干。

大气干燥简称为气干。把锯材按照一定的方式堆放在空旷的场院式棚子内。由自然空气通过材堆，使木材内水分逐步排出，以达到干燥的目的。这种干燥方法中的热能主要来自于太阳能的辐射。林业行业标准《锯材气干工艺规程》(LY/T 1069—2012)中对板材的技术条件、锯材堆积过程、气干过程的管理等内容作了详细说明。

这种干燥方法是目前常见的一种生产方式。它的特点是：

①生产方式简单，不需要太多的干燥设备，节约能源。

②占地面积大，干燥时间长，干燥过程不能人为地控制，受地区、季节、气候等条件的影响。

③终含水率较高(10%~15%，与当地的平衡含水率相适应)，在干燥期间易产生虫蛀、腐朽、变色、开裂等缺陷。

自然大气干燥仅仅是利用自然界的空气温度和风的能量，干燥速度必然受到一定的限制。而强制气干法是大气干燥法的发展，它和自然气干法的不同之处是利用通风机造成 1m/s 以上的强制气流，驱走板材表面上的饱和空气层，促使板材表面水分迅速蒸发，从而加快了干燥进程。

11.2.2　人工干燥

人工干燥方法种类很多，其特点是：采用适当的干燥设备；干燥过程可人为控制；干燥周期比大气干燥短；干燥过程不受地区、季节与气候的影响；干燥的最终含水率可根据实际需要人为控制；可保证木材的干燥质量。这种干燥方法比大气干燥方法优点多。

(1)传统(常规)干燥方法

长期以来使用最普遍的一种木材干燥方法，也是目前使用最多的传统干燥方法，就是木材的干燥过程在几种特定结构的干燥室中进行。主要特点是：

①以湿空气作为传热介质。

②传热方式以对流传热为主。

③加热方式以蒸汽为主。

（2）常压过热蒸汽干燥方法

这是 20 世纪 70 年代我国兴起的一种干燥方法。它与常规干燥方法相比，只是干燥介质不同，它使用的干燥介质为常压过热蒸汽。常压过热蒸汽是在干燥室内形成的，一般是用加热器在室内加热由木材中蒸发出来的水蒸气，使其过热形成过热蒸汽。过热蒸汽干燥属于高温干燥，特点是：

①干燥速度快。

②只适用于干燥针叶树材和软阔叶树材中的薄木材。

常压过热蒸汽干燥对干燥室的气密性和防腐蚀性有特殊的要求。由于这一问题还没有根本解决，所以这种干燥方法至今并没有得到广泛的应用。

（3）微波干燥方法

①微波　指频率为 300MHz～300GHz 的电磁波，波长范围为 1mm～1m，木材干燥用的主要是 915MHz，2450MHz 两种频率。

②原理　它是以湿木材作为电介质，置于微波电磁场中。在微波电磁场的作用下，引起木材中水分子的极化，由于电磁场的频繁交变，使被极化了的水分子高速频繁地转动，水分子之间发生摩擦而产生热量，从而加热和干燥木材。

③特点　热量在被干木材的内部产生，而不是由木材外部传入的，这是与常规干燥方法的区别之处。微波干燥木材的优点是：内外同时加热，加热均匀，干燥速度快，周期短，干燥质量好，能保持木材的天然色泽，有利于连续自动化生产等。缺点是：以电为能源，成本高，设备性能不完善。

初步实践证明，对于贵重树种（红木等）及高档木料，在常规干燥中降等、报废率大的难干材，适合用微波干燥方法干燥。

（4）远红外线木材干燥方法

红外线是一种介于可见光和微波之间的电磁波。

加热原理：在远红外线的照射下，木材分子能吸收一定波长的红外线的辐射能，产生共振现象，引起分子和原子的振动和转动，从而将电磁能转化为热能，从而加热木材，达到干燥木材的目的。因远红外线穿透能力低，所以只适合干燥薄板。

（5）真空干燥方法

这种干燥方法在我国刚开始使用，它的原理非常简单。我们知道，一个大气压下水的沸点为 100℃，当压力小于一个大气压时，水的沸点则小于 100℃。另外，木材表面水分的蒸发速度比木材内部水分的移动速度快 100～1 000 倍。要加快木材干燥速度，必须想办法加快木材内部水分的移动速度。研究表明，当温度为 40℃，在压力为 60mmHg 时，木材内的水分移动速度大约是压力为 760mmHg 时的 5 倍。

根据上述原理，将木材置于密闭的干燥容器内，一方面提高木材的温度，另一方面降低容器内的压力，使木材中水分在比较低的温度下就开始汽化与蒸发，从而达到干燥木材的目的。这种干燥方法的特点是干燥周期短，干燥质量好，但能耗较高，容器的容积较小，干燥设备及干燥过程的控制较为复杂。适合于透气性好的硬阔叶材厚板或易皱缩的木材。

根据加热方式不同，真空干燥机分为以下 3 种类型：

①对流加热真空干燥机　采用常压下对流加热与真空干燥交替进行的方法干燥木材，所以也称间歇真空干燥机。

②热板加热真空干燥机　被干燥木料一层层地堆积在加热板之间，与热板直接接触。通常采用连续真空工艺运作。

③高频加热真空干燥机　主要有介电加热和感应加热 2 种形式。

（6）加压干燥方法

这种干燥方法正好与真空干燥方法相反，它是 20 世纪 80 年代出现的一种新型的木材干燥方法。此法是将木材置于密闭的干燥容器内，一方面提高木材的温度，另一方面提高容器内的压力，使木材中水分在比较高的温度下汽化与蒸发，从而达到干燥的目的。此种干燥方法，干燥质量好，周期短，能耗较少；但是，成材加压干燥后颜色变暗，在节子周围会出现较大裂纹。同时容器的容积较小，生产量不大，这种干燥方法的设备腐蚀问题、干燥工艺和干燥基准均有待进一步研究。

（7）除湿干燥方法

这种干燥方法是国内外正在流行的一种较新型的木材干燥方法。它与传统干燥方法的原理基本相同，所不同的是传统干燥方法是通过换气的方法排除从木材中蒸发出来的水蒸气；而除湿干燥方法则是通过专用设备除湿器冷凝的方法，排除从木材中蒸发出来的水蒸气，即湿空气是在封闭系统内作"冷凝→加热→干燥"往复循环。其原理如图 11-2 所示。

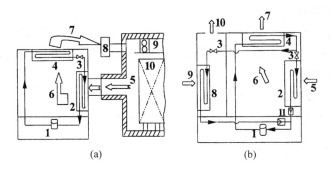

图 11-2　除湿干燥原理图

1. 压缩机　2. 除湿蒸发器　3. 膨胀阀　4. 冷凝器　5. 湿空气
6. 脱湿后的干空气　7. 送干燥室的热风
(a)8. 电加热器　(a)9. 干燥室风机　(a)10. 材堆　(b)8. 泵蒸发器
(b)9. 外界环境空气　(b)10. 排出的冷空气　(b)11. 单向阀

除湿干燥的优点是：

①能够回收水蒸气的汽化潜热，从理论上没有热量的损失，是一种节能的干燥方法。

②但干燥周期较长，是一种非常有发展前景的干燥方法。

(8)液体干燥方法

这是一种很少见的木材干燥方法。它是把湿木材放在嫌水性液体中，提高液体的温度，使液体的温度高于100℃，用这种嫌水性液体加热木材，使木材中的水分汽化和蒸发。这种液体的特点是既不溶于水，也不能与水混合。常用的嫌水液体有石蜡油、硫黄等。

(9)太阳能木材干燥方法

为一种节能的木材干燥方法。它是利用太阳能集热器将太阳能转变为热能来加热木材。这种干燥方法的最大特点就是节省能源，但干燥周期较长，而且受地区、季节和气候等条件的影响。所以，这种干燥方法的使用有一定的局限性。

11.3　干燥窑

木材干燥窑是对木材进行干燥处理的主要设备。干燥窑多为砖结构或钢筋混凝土结构，近年来金属结构壳体的干燥室也得到了较广泛的使用。在干燥窑内装备有通风和加热设备，能够人为地控制干燥介质的温度、湿度及气流速度，利用对流等传热作用对木材进行干燥处理。

11.3.1　干燥窑的分类

11.3.1.1　按照作业方式分类

(1)周期式干燥窑

干燥作业按周期进行，湿材从装窑到出窑为一个生产周期，即材堆一次性装窑，干燥结束后一次性出窑。在我国，这种形式的干燥窑数量最多，分布也最为普遍。

(2)连续式干燥窑

此类干燥窑比较长，通常在20m以上，有的甚至长达100m。被干木材在如同隧道一样的干燥窑内连续干燥，干燥过程是连续不断进行的。

11.3.1.2　按照干燥介质的种类分类

(1)空气干燥窑

用加热器把空气加热，热源主要是蒸汽，所以也称为蒸汽干燥窑。

(2)炉气干燥窑

干燥介质为炽热的炉气。通常不安装加热器，把燃烧所得到的炉气，通过净化与空气混合，然后引进干燥室作为干燥介质，这种干燥窑称为炉气干燥窑。

(3)过热蒸汽干燥窑

这种干燥窑的干燥介质是常压过热蒸汽，通常以蒸汽为热源。特点是散热面积较大，以保证使干燥窑内蒸汽过热，并能保持干燥窑内的过热度。

11.3.1.3　按照干燥介质的循环特性分类

(1)自然循环干燥窑

窑内气流循环是由冷热气体的重度差异而实现的,这种循环只能引起气流上、下垂直流动。循环气流通过材堆的速度较低,仅为 0.2~0.3m/s。

(2)强制循环干燥窑

窑内装有通风设备,循环气流通过材堆的速度在 1m/s 以上。通风机可以逆转,定期改变气流方向,进而保证被干材均匀地干燥,获得较好的干燥质量。

11.3.1.4　典型的干燥窑

典型的干燥窑主要有长轴型干燥室(图 11-3)和侧风型干燥室(图 11-4)2 种。

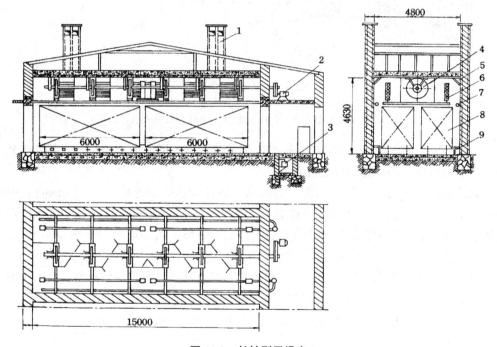

图 11-3　长轴型干燥室

1. 排气管　2. 电动机　3. 疏水器　4. 通风机　5. 进气道
6. 加热器　7. 喷蒸管　8. 材堆　9. 排气道

11.3.2　干燥窑的结构及施工

11.3.2.1　窑体结构及施工要求

(1)墙体

为加强整体牢固性,大、中型窑最好采用框架式结构,即窑的四角用钢筋混凝土柱与基础圈梁、楼层圈梁、门框及窑顶圈梁连成一体。对多座连体窑,应每 2~4 窑为一

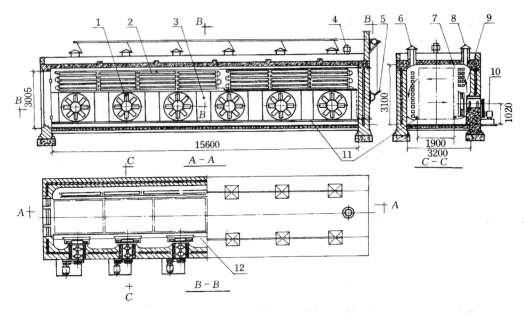

图 11-4 侧风型干燥室

1. 风机 2. 加热器 3. 测试孔 4. 称重装置 5. 操纵柄 6. 进气道
7、12. 挡风板 8、9. 排气道 10. 电机 11. 喷蒸管

单元，在单元之间的隔墙中间留 20mm 伸缩缝，自基础至屋面全部断开。墙面缝嵌沥青麻丝后照做粉刷，屋面缝按分仓缝处理。

墙体采用内外墙带保温层结构，即内墙一砖（240mm），外墙一砖（240mm），中间保温层 100mm。保温层填塞膨胀珍珠岩或硬石。在圈梁下沿的外墙中应在适当位置预埋钢管或塑料管，作为保温层的透气孔。连体窑的隔墙可用一砖半厚（370mm）。

（2）窑顶

必须采用现浇钢筋混凝土板，不能用预制的空心楼板。窑顶应做保温、防水屋面。

保温层必须用干燥的松散或板状的无机保温材料，常用膨胀珍珠岩，但不能用潮湿的水泥膨胀珍珠岩。应在晴天施工。施工时压实并做泛水坡。

（3）基础

木材干燥室是跨度不大的单层建筑，但工艺要求壳体不能开裂，因此，基础必须有良好的稳定性，不允许发生不均匀沉降。通常采用刚性条形砖基础，并在离室内地坪以下 5cm 处做一道钢筋混凝土圈梁。

基础埋置深度，南方可为 0.8~1.2m，北方可为 1.6~2.0m，由地基结构情况、地下水位、冻结线等因素决定。

（4）地面

窑内地面的做法一般分 3 层：基层素土夯实；垫层为 100mm 的厚碎石；面层 120mm 厚素混凝土随捣随光。单轨干燥室的地面开一条排水明沟，双轨干燥室开两条，坡度为 2%，以便排水。干燥室地面也要根据需要做防水和保温处理。

对于采用轨道车进出窑的干燥室，其轨道通常埋在混凝土中，使轨头标高与地坪相同，这样可防止窑内介质对钢轨的腐蚀。

(5)大门

干燥室的大门要求有较好的保温和气密性能，还应能耐腐蚀、不透水及开关操作灵活、轻便、安全、可靠。大门的形式归纳起来有 5 种类型，即单扇或双扇铰链门、多扇折叠门、多扇吊拉门、单扇吊挂门和单扇升降门。

窑门几乎都用合金铝材料做成，即用特制的合金铝型材作框架和骨架；用合金铝板做内面板，瓦楞铝板做外面板；用超细玻璃棉或离心玻璃棉板作保温材料，也可用彩塑钢板灌注耐高温聚氨酯泡沫塑料。对砖混结构窑，可直接用钢筋混凝土门框，也可在混凝土门框上嵌装合金角铝或角钢门框。

(6)进排气装置

进排气装置的功能是降低和控制干燥介质的相对湿度，通常成对地布置在风机的前、后方。根据干燥窑的结构布置，可以设在窑顶，也可设在窑壁上。进排气道除应能有效地排湿和控湿外，还应能使窑内的温、湿度分布均匀，并操作方便可靠。

进排气道用铝材做成，配有电动执行机构控制其开关，关闭时达到气密良好。铝制进排气道装于砖混结构窑体的预埋孔中时，应在窑内侧进排气道周边的缝隙中嵌塞沥青麻丝后用防水水泥砂浆涂封。进排气道窑外部分应能有效地防雨和防风。

11.3.2.2　金属装配式窑体

现代金属装配式木材干燥窑，几乎都用合金铝材料制作，外观漂亮。

通常的做法是，先用混凝土做基础和面，然后在基础上安装用合金铝型材预制的框架，可用现场焊接或用不锈钢螺钉连接。再安装预制的壁板和顶板及设备。预制板由内壁平板、外壁瓦楞板和中间保温板(或毡)组成，可以是一块整板，也可以不是整板，于现场先装内壁板，然后装保温板，最后装瓦楞面板。所有构件及连接件都不用黑色金属。因此，这种窑耐腐蚀性能好，但价格昂贵。预制壁板也可采用彩塑钢板灌注耐高温聚氨酯泡沫塑料做成。

11.3.2.3　砖混结构铝内壁窑

这种窑的做法是先在基础圈梁上安装型钢框架，然后用 1.2mm 厚的防锈铝板现场焊接成全封闭的内壳，并与框架联接。内壁做完后再砌砖外墙壳体，并填灌膨胀珍珠岩或硅石板保温材料。内壁与框架的联接通常用抽芯铆钉直接铆接，也可在内壁板后面焊些“翅片”，通过翅片与框架铆接。前者会破坏内壁的全封闭，并因铝板的热膨胀易将抽芯铆钉剪断。一旦内壁有孔洞或破损，水蒸气进入壳体保温层，就会引起框架和壁板的腐蚀。后一种联接方法较好，但施工麻烦。铝内壁窑施工难度大，对焊接技术要求高，只适用于中、小型窑。

11.4　木材干燥设备

11.4.1　动力设备

在木材干燥室内，安装通风机能促使气流强制循环，以加强室内的热交换和木材的水分蒸发过程。通风机有离心式与轴流式 2 种。

根据其压力可分为：高压(3kPa 以上)、中压(1~3kPa)和低压(小于 1kPa)。

木材干燥窑一般多采用低压和中压通风机。

通风机的性能常以气体的流量 $Q(\text{m}^3/\text{h})$，风压 $H(\text{Pa})$，主轴转速 n(转/分)，轴功率 $N(\text{kW})$ 及效率 η 等参数表示。每一类通风机在风量 Q，风压 H，转速 n，轴功率 N 之间存在着一定的关系。

(1)轴流风机

轴流风机是以与回转面成斜角的叶片转动所产生的压力使气体流动，气体流动的方向和机轴平行。

这种风机可分为可逆转(单材堆)和不可逆转(双材堆)2 类。可逆转风机的叶片横断面的形状是对称的，或者叶片形状不对称而相邻叶片在安装时倒转 180°。

可逆通风机无论正转或逆转都产生相同的风量和风压。不可逆转通风机叶片横断面是不对称的，它的效率比可逆通风机的效率高。

轴流通风机的类型较多，通常使用的有 Y 系列低压轴流通风机和 B 系列轴流风机等。风机叶片数目为 6~12 片，叶片安装角一般为 20°~23°(Y 系列)，或 30°~35°(B 系列)。

Y 系列轴流风机可用于长轴型、短轴型或侧向通风型干燥室。

B 系列轴流风机由于所产生的风压比较大(大于 1kPa)，一般可用于喷气型干燥室。目前国内已开发出能耐高温、高湿的木材干燥专用风机，型号有 3 种，分别为 №8、№6、№4，选用铝合金和不锈钢制作。其配用电机绝缘等级为 H 级(180℃)，防护等级为 IP54。

(2)离心通风机

离心通风机是由叶轮与蜗壳等部分组成。叶轮上的叶片与旋转轴平行地安装。当叶轮旋移时，空气便从外壳的侧面吸入，被叶片带动，受离心力的作用而向出风口排出，产生风量和风压，气流流动与机壳成切线方向脱离风机。

离心通风机在木材干燥生产上主要用于喷气型干燥室，一般安装在室外的管理间或操作室内。

11.4.2　供热与调湿设备

供热与调湿设备主要包括加热器、喷蒸管、疏水器和连接管路等。

11.4.2.1　加热器的分类

木材干燥窑安装加热器，用于加热室内空气，提高室内温度，使空气成为含有足够热量的干燥介质，或者使室内水蒸气过热，形成常压过热汽作为干燥介质干燥木材。加热器要根据设计干燥室时的热力计算配备，以保证其散热面积和传热系数。

加热器可分为铸铁肋形管、平滑钢管和螺旋翅片这 3 种，目前新建干燥窑几乎全部采用双金属挤压型复合铝翅片加热器。

11.4.2.2　喷蒸管

喷蒸管是用来快速提高干燥室内的温度和相对湿度的装置。在干燥过程中，为克服或减少木材的内应力发生，必须及时对木材进行预热处理、中间处理和终了处理，这就需要使用喷蒸管向干燥室内喷射蒸汽，以便尽快达到要求的温度和相对湿度。

喷蒸管是一端或两端封闭的管子，管径一般为 31.75 ~ 50.80mm，管子上钻有直径为 2 ~ 3mm 的喷孔，孔间距为 200 ~ 300mm。

11.4.2.3　疏水器

疏水器是安装在加热器管道上的必要设备之一，其作用是排除加热器中的冷凝水，阻止蒸汽损失，以提高加热器的传热效率，节省蒸汽。

疏水器的类型较多，在木材干燥生产中通常使用热动力式疏水器。热动力式疏水器，适用于蒸汽压力不大于 $16kg/cm^2$（1.6MPa），温度不大于 200℃ 的场合。安装位置在室内或室外皆可，不受气候条件的限制。

疏水器的选用主要根据疏水器的进出口的压力差及最大排水量而定。

11.4.3　干燥设备的维修和保养

干燥窑应正确使用并加强维护保养，对于砖混结构窑体和有黑色金属构件的干燥窑，应有维修制度，可根据干燥窑的耐久性能等级制订。就我国当前生产上使用的大部分干燥设备来说，可定为半年一小修，一年一中修，3 ~ 5 年一大修。只有这样，才能延长干燥窑的使用寿命。

11.5　木材干燥工艺

窑干即指用干燥室干燥木材。各种木材干燥室内工艺过程、测试方法大同小异，其中以周期式强制循环空气干燥窑的工艺过程具有典型性。

11.5.1　干燥前的准备

在干燥锯材之前，首先要对干燥室进行检验和开动前的检查，以保证干燥过程的正常进行。否则，在干燥过程中，加热、通风、换气等机械设备会出现故障。检查工作主要包括：

①检查干燥窑壳体，包括屋顶、地面和墙壁等。

②检查动力系统，包括风机、进排气道、电动机等。

③检查热力系统，包括加热器、喷蒸管、回水管路、疏水器、控制阀门及蒸汽管路等。

④检查测试仪表系统，包括干、湿球温度计、含水率测定仪等。

11.5.2　锯材的堆积

11.5.2.1　堆积的形式

木材在进行干燥以前，必须先将木材堆积成符合一定工艺要求的材堆。材堆堆积质量的好坏对干燥质量有非常大的影响，材堆的规格和形式，主要决定于干燥窑的结构和特性。

一般干燥窑都采用水平纵向堆积，根据气流循环速度的不同，其堆积方式有 3 种，如图 11-5 所示。

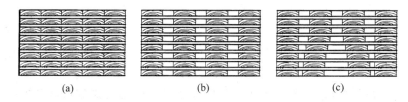

图 11-5　干燥室堆积法

（a）板材之间不留空隙的密集排列（气流速度大）　（b）板材之间留有空隙（速度小于 1m/s）

（c）在材堆中央部分留出较大的空隙（中央气道），适用于弱强制循环或自然循环

各种周期式强制循环干燥室有长轴干燥室、短轴干燥室、喷气干燥室和过热蒸汽干燥室等。由于循环气流都是以一定的速度水平横向通过材堆，以采用不留空隙的密集排列堆积方法较好。

周期式自然循环干燥窑或弱强制循环干燥窑，气流运动缓慢且规律性不强，采用留有空隙的堆积方法或留有中央气道的堆积方法较好。

11.5.2.2　隔条及其作用

板材堆积时，在材堆高度方向上，每 2 层板材之间应放置隔条。隔条作用是：

①使干燥介质能在每一层板材之间自由流通，以便将热量传给板材，同时把从板材中蒸发出来的水分带走。

②使材堆在宽度方向上稳定。

③使材堆中的各层板材夹紧，防止和减轻翘曲变形，也能起到稳定材堆的作用。

生产上经常使用的隔条，其宽度为 35 ~ 45mm，厚度为 20 ~ 25mm，用材质较好的硬杂木制作。

11.5.2.3　木材堆积的规则

①正确使用隔条。包括隔条规格、隔条水平间距、隔条在水平和高度方向上的排列等。

②合理搭配树种。每窑木材尽可能材种一致。特殊情况下，材性相似时可混装。例如，混装色木与桦木，黄波罗与色木，楸木与黄波罗，松木与椴木。

③初含水率要求。同一干燥窑，木材初含水率尽可能一致；绝对不允许湿材与气干材混装。

④板材厚度要求。同一干燥窑板材的厚度应当一致，绝对不允许厚度误差超过10%的板材在同一室混装。

⑤板材质量要求。材质好的堆在下部，材质差的堆在上部；当木料长度不同时，长材层堆积在材堆的下部和两侧，短材应堆积在材堆的上部和中间，以保证材堆的稳定性。

⑥材堆堆积时要求一端平齐。材堆两侧应整齐垂直，以利于循环气流沿材堆高度均匀流入。

⑦材堆堆积时要预留检验板的放置位置。

⑧使用压铁或水泥块。

11.5.3　干燥基准

木材干燥的原则，是在保证被干木材质量的前提下，尽量缩短干燥时间，降低干燥成本。为了保证质量首先要选用或制定合适的基准。

在干燥过程中，按照不同的干燥阶段调节干燥室内介质的温度与湿度的参数表，称作木材的干燥基准。它规定着在人工干燥木材过程中，干燥室内介质温度和湿度调节变化的数值和顺序，是木材干燥的依据。因此，干燥基准的正确与否直接影响到干燥质量和干燥时间，对于干燥工艺过程有决定性的意义。

（1）干燥基准的分类

目前生产上使用的干燥基准有 3 大类：按时间阶段操作的时间干燥基准；按含水率变化阶段操作的含水率干燥基准；按干球温度变化阶段操作的高温干燥基准。

（2）干燥基准的编制

在生产单位，由于采用的干燥室的室型已定，编制干燥基准表时，主要根据树种、成材规格、质量要求和产品用途等提出新的基准方案，然后再进行反复的试验和修改，才能制定出比较满意的干燥基准表。

11.5.4　干燥工艺

木材室干工艺的实质就是对干燥基准的实施。前面已提到，锯材在窑干过程中会产生干燥应力而影响干燥质量。消除干燥应力的办法是在适当的时候进行恰当的调湿处理。根据处理阶段和处理作用的不同，调湿处理可分为预热处理、中间处理、平衡处理和终了处理 4 个阶段。

11.5.4.1　预热阶段

木材进入干燥窑以后，不能马上进行升温干燥，而要先对木材进行高温高湿处理，使木材里、外热透，在工艺上称作预热处理。

被干木材进入干燥室后，关闭干燥室的进、排气道；关闭大门；开动通风机；打开加热器阀门、喷蒸管阀门，向干燥室内喷入蒸汽。对木材进行预热处理，是干燥过程的初期阶段。

预热处理可分 2 步进行。首先使介质温度升高到 45~55℃，并维持 0.5~1 h，使窑内设备和窑内壁及木材表面加热，以免在高湿处理时在这些固体表面上产生冷凝水。然后再进行调湿预热处理(热透阶段)。主要通过喷蒸，或喷蒸与加热相结合，使温、湿度同时升高到要求的介质状态，并保持一定的时间，让木材热透。

11.5.4.2　干燥阶段

预热处理结束后，停止喷蒸，关闭一些加热器，将介质温、湿度降到基准相应阶段的规定值，然后开始干燥。在整个干燥过程中，不允许急剧地升高温度和降低相对湿度。

在干燥过程中要适时地对木材进行中间处理，及干燥结束前的平衡处理和终了处理。

(1)中间处理

锯材在窑干过程的前期会产生表面张应力，严重时会引起表裂，而中、后期会出现表面硬化，严重时会造成内裂。中间处理就是在窑干过程中以消除表层张应力和表面硬化的调湿处理。即通过高温高湿处理，促其表层吸湿，调整表层和内层水分分布，削弱含水率梯度，使已经存在的应力趋于缓和。

经过中间处理后，可以使木材内部温度再次提高，形成内高外低的温度梯度，有利于水分向外移动，同时还能使表层毛细管舒张，消除干燥应力和解除表面硬化，进而利于继续干燥。实践证明，经中间处理后再转入干燥时，在一定的时间内，干燥速率明显加快而不会引起木材的损伤。

针叶材和软阔叶材的中、薄板，以及中等硬度的阔叶材薄板，可以不进行中间处理。中间处理的时机和次数，与树种、厚度、初含水率及干燥基准的软硬程度有关。

硬阔叶树材容易发生内裂，中间处理的重点是防止后期干燥发生内裂，必须比较充分地解除表面硬化。但防止前期发生表裂，保持锯材的完整性，对确保整个干燥过程的顺利实施和确保干燥质量也是至关重要的。

(2)平衡处理

平衡处理是当锯材的含水率达到要求的终含水率时，可能窑内还有一部分锯材的含水率尚未完全达到要求，或沿锯材厚度方向含水率分布还不均匀(即内层尚未干透)。若对干燥终含水率均匀性要求较高，须进行平衡处理，使已达到要求部分不再干燥，未达到要求部分继续干燥，以提高整个材堆的干燥均匀度和沿厚度上含水率分布的均匀度。

平衡处理维持的时间与初含水率状况的不均匀程度、干燥窑的干燥均匀性、含水率检验板在材堆中的位置，以及树种、厚度和干燥质量要求等诸多因素有关，不能硬性规定。应以含水率最高的样板和窑内干燥速度较慢部位的含水率及锯材沿厚度上的含水率偏差，都能达到要求的终含水率允许偏差的范围内为准。

对于针叶材和软阔叶材薄板，或次要用途的锯材干燥，可不进行平衡处理。

（3）终了处理

锯材干燥到所要求的终含水率并经过平衡处理之后，无论沿横断面（厚度方向）的含水率分布是否均匀，其内部都会有不同程度的残余干燥应力存在。为了消除这种应力所进行的调湿处理称作终了处理。对于要求干燥质量为一、二、三级材的锯材，必须进行终了调湿处理。

终了处理的介质状态：温度比基准最后阶段高 5~8℃，或保持平衡处理时的温度，湿度按介质状态的平衡含水率比锯材终含水率高 4% 来决定。

终了处理维持的时间与树种、厚度、基准软硬程度、有无进行中间处理和平衡处理，以及干燥质量要求等因素有关。

当被干木材进行了终了处理后，还不能马上结束干燥过程。因为终了处理后，被干木材的表层含水率略高于内部含水率，此时为了促使被干木材断面含水率的均匀分布，必须稍开排气道，通风机继续运转。在实际生产上，当被干木材进行了终了处理以后，还应在干燥室内冷却（一般不少于 24h），当温度下降到不高于环境大气温度 30℃ 左右时方可出窑。

11.6　木材干燥缺陷和质量评价

11.6.1　干燥缺陷及其预防

11.6.1.1　干燥缺陷的种类

在木材干燥过程中会产生各种缺陷，这些缺陷大多数是能够防止或减轻的。与干燥缺陷有关的因子是木材的干燥条件、干缩率、水分移动的难易程度以及材料抵抗变形的能力等。在同一干燥条件下，木材的密度越大，越容易产生开裂。

（1）初期开裂

如图 11-6 所示，木材在窑干过程中发生的初期开裂有 2 种情况。

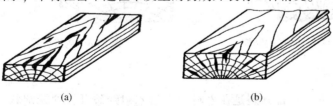

（a）　　　　　　　　　　（b）

图 11-6　初期开裂

（a）表裂　（b）端裂

①表裂 即在弦切板的外弦面上沿木射线发生的纵向裂纹。它是由于干燥前期表面张应力过大而引起的。当表面张应力由最大值逐渐递减时，表面裂纹也开始逐渐缩小。若裂纹不太严重，到干燥的中、后期可完全闭合，乃至肉眼不易察觉。轻度的表裂对质量影响不大，但在加工为成品后再油漆时，裂纹处会渗入油漆而留下痕迹，影响美观。

②端裂(劈裂或纵裂) 多数是制材前原木的生长应力和干缩出现的裂纹。当干燥条件恶劣时会发生新的端裂，而且使原来的裂纹进一步扩展。厚度较大的锯材，尤其是木射线粗的硬阔叶树材或髓心板，会由于端部的干燥应力和弦、径向差异收缩应力或髓心处的生长应力互相叠加而发生沿木射线或髓心的端头纵裂。对于数米长的锯材来说，端裂在 10～15cm 以内是允许的，因为加工时总要截去部分端头。但若端裂太长则会造成浪费。

窑干时若材堆端头整齐，材堆相连处互相紧靠，或设置挡板，防止窑内循环气流从材堆端头短路流过，可在一定程度上减轻端裂。对于贵重用材，可在端头涂刷能耐高温的黏性防水涂料，如涂以高温沥青漆或石蜡油等。

(2)皱缩(塌陷)

如图 11-7 所示，皱缩(塌陷)是木材细胞不均匀收缩引起的不均匀凹陷。常见于某些阔叶树材，如桉树、枫香、楝木、杨木、水曲柳等。一般在高含水率阶段，当干燥较快时发生。因为这些树种在高含水率阶段如干燥温度较高时，塑性提高较显著，并因干燥剧烈，水分蒸发及细胞腔内自由水的移动较快，一方面有毛细管张力的作用，一方面由于空气来不及进入细胞腔，使胞腔内部出现局部真空，而把细胞壁抽瘪。但也有少数树种，如桉树，甚至在气干条件下也常会发生皱缩，这主要与细胞形态、胞壁厚薄不均匀及胞壁透气性差有关。

根据树种不同，塌陷集中的部分会出现板面的凹凸不平现象，使加工余量增大。若因窑干工艺不合理而引起的皱缩，则往往还伴随有内裂或外裂，严重者使木材降等乃至报废。因此，对容易发生皱缩的树种，在高含水率阶段应以低温高湿的条件缓慢干燥或先将木材经过一段时间的气干，从而尽量减轻或避免皱缩的发生。

图 11-7 木材的皱缩

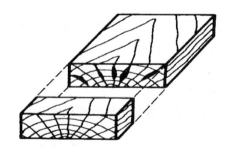

图 11-8 内部开裂

(3)内部开裂

如图 11-8 所示，内部开裂是在木材内部沿木射线裂开，如蜂窝状。外表无开裂痕迹，只有锯断时才能发现。但通常伴随有外表不平坦或明显皱缩，或炭化，或重量变轻等。内裂一般发生于干燥后期，是由于表面硬化较严重，后期干燥条件又较剧烈，使内部张应力过大引起的。

　　厚度较大的锯材，尤其是密度大的、木射线粗的、或木质较硬的树种，如栎木、水曲柳、柯木、锥木、枫香、柳桉等硬阔叶树材，都较易发生内裂。内裂是一种严重的干燥缺陷，对木材的强度、材质、加工及产品质量都有极其不利的影响，一般不允许发生。防止的办法，是在窑干的中、后期及时进行中间处理，以解除表面硬化。对于厚度较大的锯材，尤其是硬阔叶树材，后期干燥温度不能太高。

　　(4)弯曲变形

　　如图11-9所示，弯曲变形是由于板材纹理不直、各部位的收缩不同或不同组织间的收缩差及其局部塌陷而引起的，属于木材的固有性质。其弯曲的程度与树种、树干形状及锯解方法有关。对于窑干材，可通过合理装堆和控制干燥工艺来避免或减轻这些变形。即利用木材的弹—塑性性质，在将锯材压平的情况下使其变干，窑干后就可保持原来所挟持的平直形状。被干木材的变形主要有横弯、纵弯、扭曲和翘曲等几种。锯材弯曲变形给加工带来一定的困难，并使加工余量变大，从而大大降低出材率。

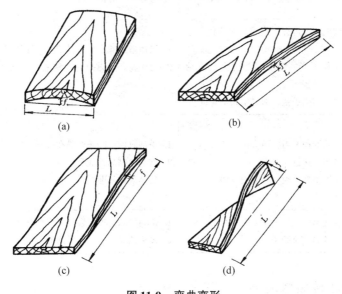

图11-9　弯曲变形
(a)横弯　(b)顺弯　(c)弓弯　(d)翘曲

　　(5)变色

　　木材经干燥后都会不同程度地发生变色现象，有的还比较严重。变色有2种情况：一种是由于变色菌、腐朽菌的繁殖而发生的变色；另一种是由于木材中含有的成分在湿热状态下酸化而造成的变色。

　　易长霉的某些树种，如橡胶木、马尾松、榕树、椰木、云南铁杉等，在高含水率阶段，当大气环境温、湿度较高且不通风时，极易长霉。这些树种不宜采用低温干燥方法。尤其是对湿材或生材的干燥，干燥温度不应低于60℃。用高温干燥含水率高的木材时，往往会使木材的颜色加深或变暗。有时也会因喷蒸处理时间过长(湿度过大)或干燥室长期未清扫而使木材表面变黑。

11.6.1.2　干燥缺陷产生原因及其工艺预防

干燥缺陷产生的原因及解决办法见表11-1。

表 11-1　干燥缺陷产生的原因及解决办法

缺陷名称	产生原因	解决办法
翘曲变形	1. 隔条距离过大，或厚薄不一致 2. 隔条上下不在一条垂直线上 3. 温度过高、湿度太低、干燥不均匀	1. 材料堆积合理、隔条厚度一致 2. 隔条上下放在一条垂直线上 3. 合理控制温度、湿度作好平衡处理
表裂	1. 干燥温度过高、湿度过低 2. 材料内应力未及时消除 3. 气流不均，使室内温度不均 4. 风干材原有裂缝，未处理而致发展	1. 选择较软的基准 2. 及时处理、消除应力 3. 检查风机及材垛，做到通风均匀 4. 做好中、后期处理
内裂	1. 初期应力过大，形成表面硬化，未做及时处理 2. 操作不当，温度调节过快及波动太大 3. 树种结构松弛，加之干燥不合理	1. 采用适当基准，做好初、中期处理 2. 对于易产生内裂的树种采用较软基准，操作时多加注意
端裂	1. 材垛堆积不当，两头出隔条过远 2. 材端风速过大 3. 干燥基准过硬，使端裂发展	1. 正确码垛，隔条要摆在端头 2. 材端涂刷沥青或石蜡等 3. 选择较软基准
发霉	1. 空气温度低，湿度太高 2. 材堆内气流滞缓	1. 正确码垛，提高温度、降低湿度 2. 设置挡风板，加大风速

11.6.2　木材干燥质量评价

根据国家标准，木材干燥质量定为4个等级：

①一级　指获得一级干燥质量指标的锯材，基本保持锯材固有的力学强度。适用于仪器、乐器、模型、航空、纺织、精密机械、鞋楦、钟表壳等生产。

②二级　指获得二级干燥质量指标的干燥锯材，允许部分力学强度有所降低（抗剪强度及冲击韧性降低不超过5%）。适用家具、建筑门窗、车辆、船舶、农业机械、军工、文体用品等生产。

③三级　指获得三级干燥质量指标的干燥锯材，允许力学强度有一定程度的降低，适用于室外建筑用料、普通包装箱等生产。

④四级　指气干或室干至运输含水率（20%）的锯材，完全保持木材的力学强度和天然色泽。适用于远道运输锯材、出口材等。

　　干燥质量指标包括平均终含水率、干燥均匀度即材堆内不同部位木材含水率容许偏差、锯材厚度上的含水率偏差、应力和可见干燥缺陷(弯曲、干裂、皱缩、炭化和变色等)。

复习思考题

1. 简述木材干燥的目的和意义。
2. 主要的干燥方法有哪些?
3. 大气干燥有哪些特点? 其材堆的堆积有哪些形式? 要注意哪些事项?
4. 微波干燥、除湿干燥和真空干燥的原理是什么? 各有什么优缺点?
5. 疏水器的作用是什么?
6. 表裂和内裂产生于哪个阶段? 产生的原因是什么?

本章推荐阅读文献

1. 顾炼百主编. 木材加工工艺学(第2版). 北京: 中国林业出版社, 2011.
2. 蔡家斌主编. 进口木材特性与干燥技术. 合肥: 合肥工业大学出版社, 2011.
3. 艾沐野主编. 木材干燥实践与应用. 北京: 化学工业出版社, 2016.
4. 郝华涛主编. 木材干燥技术(. 第2版). 北京: 中国林业出版社, 2015.
5. 王喜明主编. 木材干燥学(第3版). 北京: 中国林业出版社, 2007.

第 12 章

人造板生产工艺

【**本章提要**】本章概述胶合板、刨花板、纤维板、非木质人造板等产品，重点论述其生产工艺，并简要介绍在人造板生产过程中使用的胶黏剂。

人造板是以木材或其他植物纤维为原料，通过专门的工艺过程加工，施加胶黏剂或不加胶黏剂，在一定的条件下压制而成的板材或型材。人造板生产是一种高效利用和节约利用木材资源的有效途径。

12.1　概述

12.1.1　人造板生产概述

人造板主要有胶合板、刨花板和纤维板，合称三板。第一台旋切机发明于 1818 年，19 世纪末开始批量生产胶合板，20 世纪初逐步形成胶合板工业。目前生产胶合板有 3 大区域：北美以针叶材生产厚单板压制结构用厚胶合板，北欧以小径木生产接长单板压制结构用横纹胶合板，东南亚以大径木热带雨林阔叶材主要生产三层胶合板。中国以生产三层胶合板为主，用进口材作面板；部分生产国产材厚胶合板。

德国首先于 1941 年开始建厂生产刨花板，1948 年发明了连续式挤压机，20 世纪 50 年代开始生产单层热压机，并在英国 Bartev 连续加压热压机的基础上发明了近代结构简单、技术先进的连续热压机，广泛应用于刨花板和干法中密度纤维板生产线。此后，由于合成树脂胶产量增加、成本低，更加促进了刨花板工业的发展，使其成为三板中年产量最大的一个板种。我国刨花板生产起始于建国初期，直到引进德国年产 $3 \times 10^4 \mathrm{m}^3$ 成套刨花板技术后才得到迅速发展，并成为一个产业。1997 年我国开始生产定向刨花板（Oriented Structural Board，OSB），又称定向结构板。

纤维板制造脱胎于造纸工业中的纸板生产技术，开始生产的是软质纤维板，20 世纪初在美国等国成为一种工业。1926 年，应用 Mason 爆破法开始生产硬质纤维板；1931 年，发明了 Asplund 连续式木片热磨机，促进了湿法硬质纤维板的发展，并成为主要的生产方法。1952 年，美国开始生产干法硬质纤维板；1965 年，开始正式建厂生产中密度纤维板（MDF）。我国 1958 年开始生产湿法硬质纤维板，20 世纪 80 年代开始发展干法中密度纤维板。由于湿法生产的废水处理技术和成本的问题，致使干法生产成为纤维板发展的趋势。

世界人造板生产情况：近二十年，胶合板占的比重逐年下降，这是因为天然林大径木数量的下降；而利用小径材、加工剩余物产品的产量比重上升，尤以干法生产的产品发展更为迅速。中密度纤维板是人造板中发展迅速的品种，近 20 年来产量年增 13%，2000 年产量即达到 $2100 \times 10^4 \mathrm{m}^3$。

我国人造板工业发展较为迅速，但人均消费量还很低。我国人造板应用主要集中在家具业；而国外主要用在建筑业，占到 50%。

12.1.2　人造板种类

由于人造板在品种、应用场所、产品性能、功能、形状、密度、制造方法、胶黏剂、原料(木质或非木质)、构成单元形状等方面差别很大，其分类方法至今尚未统一。以下为主要的分类方法。

12.1.2.1　按生产过程类型分类

根据产品成型时板坯的含水率大小，分成干法、湿法和半干法。干法生产的人造板有胶合板、华夫板、定向结构板、刨花板、大片刨花板、中密度纤维板、硬质纤维板。湿法、半干法生产的人造板有绝缘板、中密度纤维板、硬质纤维板。

按原料的形态分为单板、刨花、纤维。用单板生产的人造板有胶合板；用刨花生产的人造板有华夫板、定向结构板、刨花板、大片刨花板；用纤维生产的人造板有中密度纤维板、硬质纤维板、绝缘板。

12.1.2.2　按使用性能分类

人造板属于复合材料，依其使用性能，可分成结构材料与功能材料 2 大类。结构材料的使用性能主要是力学性能和耐老化性；功能材料的使用性能主要是装饰性、阻燃性、抗虫性、抗腐性，以及在电、光、磁、热、声等方面的性能。按使用性能分类见表12-1。

表 12-1　人造板按性能分类

性能	依特性再分	产品名称
结构人造板	定向结构材	胶合层积木(又称集成材) 单板层积材(LVL) 木(竹)条层积材(PSL) 重组木(Scrimber) 胶合板 定向结构大片板(OSB) 定向结构华夫板(OWP) 细木工板
	高密度板	木材层积塑料 塑化胶合板 高密度纤维板(HDF) 高密度刨花板(HDP)

(续)

性能	依特性再分	产品名称
功能人造板	装饰	贴面的各种人造板
	阻燃	阻燃人造板
	抗虫	抗虫人造板
	抗腐	抗腐人造板
	抗静电	抗静电人造板
	曲面	曲面(弯曲、成型)人造板

12.1.2.3 按组成的木质(或非木质)单元分类

(1)以单板、板、片为主的产品

①普通胶合板 按树种分为木材胶合板、竹材胶合板等;按胶种分为脲醛胶胶合板、酚醛胶胶合板等;按层数分为三层胶合板、五层胶合板、七层胶合板、多层胶合板等。

②功能胶合板 有水泥模板、阻燃胶合板、装饰胶合板、抗虫胶合板、抗腐胶合板、抗静电胶合板、轻质细木工板。

③结构胶合板 有胶合板厚板、细木工板、单板层积材、胶合层积木——集成材、重组木、木(竹)条层积材、木(竹)层积塑料、塑化胶合板。

④异性胶合板 有单向、双向、成型。

(2)以刨花为主的产品

①普通刨花板 按树种分为木材刨花板、竹材刨花板、其他纤维材料刨花板等;按胶种分为有机胶刨花板、无机胶刨花板;按结构分为单层(均质)刨花板、渐变刨花板、多层刨花板;按密度分为轻型刨花板、中密度刨花板、高密度刨花板。

②功能刨花板 结构刨花板(定向刨花板、华夫板、华夫定向板);功能性刨花板(阻燃刨花板、抗静电刨花板)。

③成型刨花板 单向、双向、模压。

(3)以纤维为主的产品

①普通纤维板 按原料分为木质纤维板、非木质纤维板;按密度分为轻(软)质纤维板、中密度纤维板、高密度纤维板;按使用的胶黏剂分为有机胶黏剂纤维板、无机胶黏剂纤维板。

②功能纤维板 阻燃纤维板、隔磁纤维板、彩色纤维板等。

③成型纤维板 表面模压纤维板、整体成型纤维板。

(4)复合人造板

①贴面人造板 单板贴面人造板、浸渍纸贴面人造板、其他材料贴面人造板。

②装饰人造板 各种颜料饰面的人造板、各种涂料饰面的人造板。

③木材+其他材料 木材和碳纤维复合人造板、木材和金属复合人造板。

④复合结构材 工字梁、复合板材。

12.2 胶黏剂

12.2.1 概述

12.2.1.1 胶黏剂发展简史

在一定的条件下,将两个物体黏合起来的物质,称为胶黏剂。

早期的胶黏剂是以天然物为原料的,而且大多是水溶性的。但是,20 世纪以来,由于现代化大工业的发展,天然胶黏剂不论在产量还是品种方面都已不能满足要求,因而促使了合成胶黏剂的产生和不断发展。

20 世纪 50 年代开始出现了环氧树脂胶黏剂,与其他胶黏剂相比,具有强度高、种类多、适应性强的特点,成为主要的结构胶黏剂。

在木器制作、纸品加工及包装行业中,聚乙酸乙烯乳胶占有主导地位。它是一种优良的水溶性胶黏剂。在绝大多数的部门都可取代传统的酪朊、骨胶等天然胶黏剂。

20 世纪 60 年代开始出现了热熔胶黏剂,后来出现了反应、辐射固化热熔胶,70 年代有了第二代丙烯酸酯胶黏剂,以后又有第三代丙烯酸酯胶黏剂。80 年代以后,胶黏剂的研究主要是在原有品种上进行改性、提高其性能、改善其操作性、开发适用涂布设备和发展无损检测技术。

目前,胶黏剂已广泛应用于木材加工、建筑、电子工业、造船、汽车、机械和宇航等重要工业部门,也大量应用于与日常生活有关的包装、家具、造纸、医疗卫生、织物和制鞋等轻工业行业。可以说,胶黏剂和国民经济的各个领域都有着非常密切的关系,已成为必不可少的重要材料之一。

能使木材与木材或木材与其他材料通过表面胶接在一起的物质称为木材胶黏剂。在人造板生产中,胶黏剂是构成人造板必不可少的重要材料,对板的质量和产量起着极关键的作用,同时也直接关系到制品的成本。

12.2.1.2 木材胶黏剂

木材胶黏剂与发展木材加工工业和综合利用森林资源关系紧密,已成为开发人造板新品种最活跃的因素。

木材胶黏剂最突出的特点是用量大。生产 $1m^3$ 胶合板需用合成树脂胶 $80 \sim 95kg$,而生产 $1m^3$ 刨花板则需用合成树脂胶 $90 \sim 105kg$。

木材胶黏剂的使用对象是木材。相对而言,木材是一种价廉的、能再生的天然原材料,加之木材胶合制品特别是人造板中胶料的用量大,致使我国木材胶黏剂费用在人造板成本中占的比例较高,约为刨花板总成本的 25%~30%,胶合板的 10%~20%。因此,木材胶黏剂使用的原料必须适应其产品的价格承受能力。

目前,使用木质材料的产品有 70% 以上要使用胶黏剂,包括层积梁、胶合板、单板层积木、纤维板、刨花板、装饰贴面板,以及所有纸制品和用于人造板表面装饰的涂料。因此，木材加工工业是胶黏剂消耗量最大的部门。例如，前苏联约有 80% 胶黏剂用于木材加工工业，日本约为 70%，我国也在 50% 以上。可见，木材胶黏剂在胶黏剂领域中具有重要的地位。

20 世纪 50 年代初期，我国木材加工工业中大量使用各种动、植物蛋白系胶黏剂。这些天然胶黏剂一般不能承受较苛刻的环境条件的作用。合成树脂胶黏剂（酚醛与脲醛树脂胶黏剂）的出现，促使胶合板生产进入了新的发展阶段。特别是脲醛树脂胶黏剂原料易得、成本低廉，为大力发展木材综合利用和扩大人造板的生产提供了有利的条件。

合成树脂胶黏剂的生产，不仅提高了人造板的质量，而且不断增加新的品种，例如，航空、船舶和车厢用胶合板，中密度纤维板，单板层积木以及装饰贴面人造板。近年来，新开发的重组木的问世，为小径材的加工利用开辟了一条新路。各种人造板经过表面装饰加工，大大提高了使用价值，成为家具生产和建筑物装修的大宗装饰材料。

胶黏剂应具备以下条件：

①胶黏剂应具有足够的流动性，对固体表面很好的润湿。木质和非木质原料是极性物质，在其表面具有部分极性基团。由于具有极性基团，胶黏剂才容易被基材表面所吸附，即有好的润湿性，才能形成牢固结合，这是首要条件。

②各种胶黏剂使用时的特性不一样，应根据使用要求具备不同的使用性能。使用性能主要有黏度、浓度、活性期、固化条件、固化速度等。

③胶液的活性期决定了胶黏剂使用时间的长短。一般生产周期短的可选用活性期较短的胶料；反之，则选用活性期较长的胶种。

④胶黏剂的固化条件及固化速度，随胶种不同而异。胶的固化条件主要有：温度、压力和被胶黏基材的含水率等。绝大多数胶黏剂胶合时都必须施加一定的压力，但各板种要求的压力不同。对温度的要求，则依胶种是热固、热塑或冷固等不同性质而异。胶黏剂固化速度不仅影响生产率，而且影响产品质量和生产成本。一般说来，有机合成树脂胶黏剂的固化速度比无机胶黏剂要快。

⑤胶黏剂固化后能形成牢固的胶层，具有化学稳定性，制品具有足够的耐久性。各种胶黏剂的耐久性不一，即使同一种胶黏剂在不同的条件下耐久性也不一样。

⑥胶黏剂形成的胶接接头在其体积收缩时，所产生的内部应变要小且应能逐渐消失。

12. 2. 1. 3 木材胶黏剂的种类

根据胶黏剂的化学组成，分为有机胶黏剂和无机胶黏剂 2 大类，如图 12-1 所示。

（1）合成树脂胶黏剂

合成树脂胶黏剂是有机物通过加工合成的方法，形成高分子化合物后用作胶黏剂。它的优点是，不像天然型那样受资源品种及地理条件的限制，其原料来源丰富，品种繁多，可根据不同需要选择原料的配比和适当的加工工艺，制成满足性能要求的胶黏剂。

在人造板工业中，根据板性和使用场合选用不同的胶黏剂。按耐水性分，①高度耐水性胶：即以沸水作用一定时间，强度不显著降低者，如酚醛树脂；②耐水性胶：经室温水作用一定时间，强度不显著降低者，如脲醛树脂、血胶等；③非耐水性胶：经水的作用，强度显著降低者，如豆粉胶。在木材胶工和人造板工业中，目前适用范围最广、用量最大的是脲醛和酚醛树脂，约占总用量的90%左右。

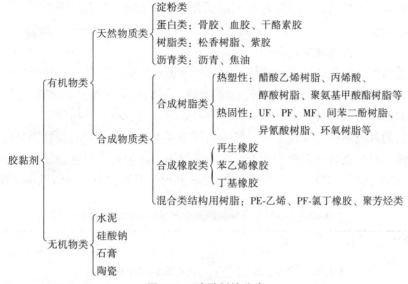

图 12-1　胶黏剂的分类

（2）无机胶黏剂

无机胶黏剂通常称无机胶凝材料，是指一类无机粉末材料。将它们混入刨花、纤维等植物纤维原料中，并与水或水溶液拌和形成混合料，经过一系列的物理、化学作用后，能够逐渐硬化并形成具有一定强度的人造板。其中的无机粉末材料，如水泥、石膏、菱苦土等称为无机胶黏剂。

无机胶黏剂具有以下特点：原料丰富，就地取材，生产成本低；耐久性好，适应性强，可用于水中、炎热、寒冷的环境；多为不燃材料，人造板制品的阻燃性好；作为基材组合或复合其他材料的能力强，制品有水泥刨花板、水泥木丝板、石膏刨花板、石膏纤维板等。

12.2.2　胶黏剂选用原则

12.2.2.1　根据黏接实际的主要矛盾选择胶黏剂

胶黏剂的品种繁多，性能不一，因此，选择胶黏剂，抓住主要矛盾是十分重要的。
①低档产品：成本问题是非常重要的。
②为了提高劳动生产率，如能采用热熔胶则效果比较好，便于机械化。
③尖端产品，性能要求往往是主要矛盾。
④选择黏接强度高的胶黏剂对结构件的黏接来说是主要矛盾。
⑤对非常构件的黏接，其黏接强度并不要求很高。
⑥每种胶黏剂具有各自特点。

12.2.2.2　木材胶黏剂的选择

胶合木材的胶黏剂，一般应根据制品的使用年限的长短(几个月或几年)，使用条件(如潮湿、热、冷、室内、室外、负载等)，材料情况(如材质、平滑程度、孔隙等)和加工生产条件等恰当地加以选择。其要求包括：

具有适当的黏度和良好的流动性；对木材表面有好的润湿性；硬化时能形成坚固的胶层，胶合强度大；具有一定的可塑性或弹性；耐久性好；耐火、耐老化性、耐热性好；使用方便；对胶合材质没有侵蚀性；原料来源丰富，而且价格便宜。

胶黏剂的种类不同，属性不同，使用条件也就不一样。一定的胶黏剂只能适应一定的使用条件。只有在合理选择和合理使用的情况下，才能最大限度地发挥每一种胶黏剂的优势，以满足黏接结构的各种要求。表 12-2 列出了各种被黏材料所适用的胶黏剂。

表 12-2　木材与各种材料黏结时胶黏剂的选择简表

被黏材	使用条件	适用胶黏剂
木材、纤维板	强耐水或结构性黏结 耐湿 非耐水	间苯二酚甲醛、酚醛、环氧 酚醛、氯丁橡胶、聚醋酸乙烯乳液 脲醛、聚醋酸乙烯乳液、动物胶等
金属、热工性塑料	强耐水 耐湿 非耐水	环氧、氯丁—酚醛、氯丁橡胶 间苯二酚甲醛、酚醛、环氧 氯丁橡胶、脲醛 聚醋酸乙烯乳液
玻璃、陶瓷、石材、混凝土		氯丁橡胶、环氧、氯丁—酚醛
石棉板	耐热 150℃ 耐热 70℃	间苯二酚甲醛、耐热型环氧 氯丁橡胶
布、纸		聚乙烯醇水乳液、聚醋酸乙烯乳液
皮革、橡胶		氯丁橡胶、天然橡胶

12.3　胶合板生产工艺

12.3.1　概述

木材的比强度大(强度与密度之比)，又易于加工，纹理美观，具有一定的弹性和隔音、隔热性能，是一种良好的工程材料。但木材有不等方向性，顺纹方向和横纹方向在强度、干缩性能等方面均有很大的差异，而且力学强度的绝对值较低；树木在生长过程中的各种缺陷(如节疤、涡纹等)引起质量的不均匀；木材吸湿或失去水分后易变形开裂；木材板面宽度受到树龄的限制而且一般宽度不够大。为了克服上述缺陷，充分和合理地利用木材，人们制造了各种人造板产品。胶合板是人造板产品的一个重要分支，用途十分广泛。

胶合板是由不同纹理方向排列的三层或多层（一般为奇数层）单板通过胶黏剂胶合而成的板状材料。通常相邻层的单板纹理方向是互相垂直排列的。胶合板的最外层单板称为表板，正面的表板称为面板，反面的表板称为背板，内层的单板称为芯板或中板。其中与表板长度相同的芯板称为长芯板。

胶合板的分类方法很多，通常根据胶合板的结构和加工方法可以分为普通胶合板和特种胶合板 2 大类。普通胶合板仅由奇数层单板根据对称原则组坯胶合而成，是产量最多、用途最广、结构最为典型的胶合板产品。特种胶合板是结构、加工方法、用途与普通胶合板都有明显差异的胶合板产品。

12.3.1.1　普通胶合板

普通胶合板可以按树种分为阔叶材胶合板和针叶材胶合板。我国胶合板国家标准规定，无论是阔叶材或针叶材胶合板，按胶种的耐水性分为以下 4 类：

（1）Ⅰ类（NQF）

耐气候、耐沸水胶合板。这类胶合板具有耐久、耐煮沸或蒸汽处理和抗菌等性能，能在室外使用。它是由酚醛树脂胶或其他性能相当的胶黏剂胶合而成。

（2）Ⅱ类（NS）

耐水胶合板。这类胶合板能在冷水中浸渍，并具有抗菌性能，但不耐煮沸。它是以脲醛树脂胶或其他性能相当的胶黏剂胶合而成。

（3）Ⅲ类（NC）

耐潮胶合板。这类胶合板能短期冷水浸渍，适于室内常态下使用。它是以低树脂含量的脲醛树脂胶、血胶或其他性能相当的胶黏剂胶合而成。

（4）Ⅳ类（BNC）

不耐潮胶合板。这类胶合板在室内常态下使用，具有一定的胶合强度。它是以豆胶或其他性能相当的胶黏剂胶合而成。

12.3.1.2　特种胶合板

特种胶合板根据结构、加工方法和用途可分为以下几种：

①细木工板　利用窄木条作为芯板，在其上下各组合 2 张纹理互相垂直的单板胶合而成。它具有结构稳定，工艺简单，成本、重量低于同等厚度的胶合板等优点，广泛应用于建筑、家具制造等工业部门。

②空心板　利用空芯格状木框或纸质蜂窝状框架、发泡合成树脂等作芯板，在其上下各组合 2 张纹理互相垂直的单板或胶合板胶合而成。它具有结构稳定、密度小、用料省、隔音隔热性能好等特点。作为非承重构件使用，应用十分广泛。

③装饰胶合板　为了各种装饰目的，在普通胶合板的表面上用刨制薄木、三聚氰胺装饰板及金属板等进行覆面装饰。也可在普通胶合板表面上直接进行贴纸装饰（制成保

丽板或华丽板)或印刷各种天然纹理的图案以达到装饰的目的。

④塑化胶合板　每一层单板都涂上酚醛树脂胶，在较高的压力(通常为 2.0 ~ 3.5MPa)下热压而成的一种胶合板。其表面形成固化的树脂层，可以防止水分透入，又有较高的强度，因而常用在船舶制造上，又称船舶板。

⑤木材层积塑料　由浸过酚醛树脂胶的单板，在高温、高压下压制而成。由于木材内细胞腔被树脂浸润，在热压时木材又被压缩得很紧密，因而具有很高的电器绝缘性能、耐水性能和力学强度。该产品多为多层的厚板，又称层压板。

⑥异形胶合板　根据制品的要求，在曲面形状的模具内将板坯直接胶合制成曲面形状的胶合板，以供特殊需要。如作天花板用的波纹胶合板和椅子靠背、后腿及其他曲面形状胶合板均为异形胶合板。

⑦防火胶合板(耐火、阻燃胶合板)　经磷酸铵、硫酸铵等防火药剂处理的具有防火性能的胶合板。

⑧防腐胶合板　经克鲁苏油(杂酚油)、五氯苯酚等防腐药剂处理的具有防腐性能的胶合板。

⑨防虫胶合板　经硼砂或硼酸等药剂处理的具有防虫性能的胶合板。

12.3.1.3　胶合板的构成原则

(1)对称原则

对称中心平面两侧的单板，无论树种、单板厚度、层数、制造方法、纤维方向、单板的含水率等都应该互相对应。

(2)奇数层原则

由于胶合板的结构是相邻层单板的纤维方向互相垂直，而且又必须符合对称原则，因此，它的总层数必定是奇数的。

12.3.2　普通胶合板生产工艺

12.3.2.1　胶合板的生产方法

胶合板制造方法可分为湿热法、干冷法和干热法。干和湿是指在胶合时用的是干单板还是湿单板。冷和热是指用热压胶合，还是冷压胶合。湿热法：旋制单板不经干燥，涂胶后立即热压。干冷法：旋制单板经干燥后涂胶，在冷压机中胶压，豆胶胶合板常用此法。干热法：干单板涂胶后，放在热压机中胶压成胶合板。

12.3.2.2　制造胶合板的主要工序

生产过程不是一成不变的，根据地区、设备、原材料等的变化，工序可以增减，也可以前后调换。表 12-3 列出了制造胶合板的一般工艺过程。

表 12-3 制造胶合板的工艺过程

工 序	制造方法			
	湿热法	干燥方法		干冷法
		蛋白胶	树脂胶	
原木划线及横锯	1	1	1	1
木段热处理	(2)	(2)	(2)	(2)
木段剥皮	3	3	3	3
木段定中心及旋切	4	4	4	4
碎单板挑选及剪裁	5	5	5	5
湿单板剪裁	6			
单板干燥		6 *	6 *	6 *
干单板剪裁及分选		7	7	7
干单板修补加工		8	8	8
单板涂胶	7	9	9	9
涂胶单板干燥			(10)	
配板坯	8	10	11	10
板坯预压		(11)	(12)	
胶合	9	12	13	11
胶合板冷却	10	13	14	
胶合板干燥	11	(14)		12
裁边	12	15	15	13
胶合板表面加工	(13)	(16)	(16)	(14)
胶合板分等和修理	14	17	17	15
胶合板包装	15	18	18	16

注：括号内的工序，根据生产情况，有时可不用。"＊"仅指湿单板的干燥。

(1)原木锯断

根据原木的外部特征，正确地判断木材的各种缺陷和所在位置，按照既能保证单板质量，又能获得木材最大利用率的原则，来确定原木锯断的合理位置。

(2)木材热处理

将原木(木段)进行软化，降低木材硬度，增加可塑性，有利于木段旋切。热处理方法有 3 种：水煮、水与空气同时加热和蒸汽热处理。

(3)木段剥皮

树皮在胶合板生产中是无用的，且旋切时易堵塞刀门。树皮内常夹带金属物和泥沙等杂物，易损伤旋刀。因此，木段旋切前必须剥皮。

(4)单板和薄木制造

薄木的制造方法有 3 种，旋切、刨切和锯切。应用最多的是旋切，旋切圆形木段得到的薄木称为单板，主要用于生产胶合板。制造装饰用薄木大多采用刨切法。锯切法因原木出材率较低，极少使用。旋切时，木段作定轴回转运动时，旋刀刀刃基本平行于木材纤维并在垂直木材纤维长度方向上进给。在木段的回转运动和旋刀的进给运动之间，有着严格的运动学关系。

（5）单板干燥及加工

旋切后的单板含水率很高，不符合胶合工艺的要求（湿热法胶合除外），必须进行干燥。单板干燥的终含水率应根据使用的胶种和胶合制品的各项性能（胶合强度、变形、胶合板表面裂隙等）来考虑。对于脲醛树脂胶、酚醛树脂胶及蛋白质胶，单板含水率在5%~15%之间。

（6）单板剪裁及干单板加工

根据所用的不同单板干燥设备，有的单板剪裁工序放在单板干燥以前，也有的放在干燥以后。剪板除了根据胶合板的规格将单板带剪成一定尺寸的单板外，还要从单板带上剪去不符合质量标准的材质缺陷和工艺缺陷。

单板加工包括单板分选、单板修补和单板胶拼。

（7）单板施胶

单板施胶是将一定数量胶黏剂均匀地涂布到单板表面上的一道工序。施胶方法分为干法和湿法2种。湿法施胶又可分为辊筒涂胶法、淋胶、挤胶和喷胶等方法。干法施胶使用的是胶膜纸，组坯时夹在单板中间，热压时靠胶膜纸中的树脂胶将单板胶合在一起。

（8）组坯和预压

单板涂胶以后，根据胶合板构成原则、产品厚度和层数组成板坯。近年在热压前增加一个预压工序，即对陈化后板坯进行短时间冷压，使之初步胶合成型便于机械化生产。板坯组合各层单板可以是等厚的，也可以是表板改薄厚芯结构的。

（9）胶合板胶合

一般称温度、压力和时间诸要素为胶合条件。单位压力取决于树种、胶种和产品的密度。硬阔叶材比软阔叶材单板需要的压力要略大。流动性较差的胶种比流动性较好的压力也要略大。单位压力取值见表12-4。

表12-4 各种胶合板单位压力

产品种类	单位压力（MPa）
普通胶合板	0.8~1.5
航空胶合板	2.0~2.5
船舶胶合板	3.5~4.0

热压温度取决于胶种、单板的树种、胶合板的层数和板坯厚度。为缩短热压周期一般采用高于胶层固化所需温度来加热板坯。酚醛树脂胶要求温度最高在130~150℃之间，脲醛树脂胶次之为105~120℃，蛋白胶95~120℃，一些透气性较差的树种应采用较低的温度。

确定胶压时间应考虑胶层温度增长速度、胶层固化速度、板坯厚度和水分排出速度等因素。在实际应用中为了简便起见，用每毫米板厚所需热压时间来计算。一般每毫米板厚需 0.5~0.7min。

12.4　刨花板生产工艺

12.4.1　概述

刨花板幅面大、品种多、用途广，机械加工性能好，容易胶合及表面装饰，既可用于室内也可用于室外，这些都是刨花板的良好性能。

刨花板的颜色主要与使用的胶种和树种有关。例如，用脲醛树脂胶制成的刨花板，由于胶本身色浅而透明，使得刨花板基本上保持天然木材的颜色；用酚醛胶或血胶制成的刨花板，由于胶本身颜色较深，因此，刨花板呈深褐色。平压法刨花板的厚度一般为2~40mm，挤压法刨花板厚度达 13~100mm，而辊压法刨花板为 1.4~6mm，最薄可达1mm。刨花板幅面一般为 1 220mm × 2 440mm，最小为 915mm × 915mm 和 2 440mm ×300mm。刨花板的物理性能主要有密度、垂直板平面的密度梯度(简称密度梯度)、含水率、对水的性质、隔热性、隔音性及游离甲醛含量等。

刨花板的分类，简单的可按照产品的容重来划分，其他一些不同的分类法见表12-5。

表 12-5　刨花板分类(不包括成型制品)

生产设备	产品结构	产品容重(g/cm³)
平压法 { 间歇式 { 单层压机 / 多层压机 } 连续式 { 履带式压机 / 单层压机 }	单层结构 三层结构 多层结构 渐变结构	轻级：0.25~0.45 中级：0.55~0.70 重级：0.75~1.3
挤压法 { 立式 / 卧式 } (均为连续式) 滚压法——刚带式 (连续式)	空心结构 { 瓦楞状 / 管状 }	

按生产工艺分类，分一般工艺方法和特殊工艺方法。每个特殊方法中有它的特殊生产工艺系统、相应的设备和独特的产品。

按生产设备分类，刨花板生产是以热压机为主机。因此，主要是以热压机的特性来区分。

①平压法　平压法的特点，是加压的方向与刨花板板坯的板面成垂直如图 12-2 所示。平压法压成的刨花板纵横方向(长度和宽度方向)强度一致，不像木板材那样有不

等方向性。平压法又可分为间歇式平压法和连续式平压法 2 种。

②挤压法　挤压法的特点，是加压的方向与刨花板板面成平行的方向。挤压法又可分为立式和卧式 2 种。立式的压机板面与地面垂直，卧式的压机板面与地面平行。挤压法都是连续式的，压机的压板是 2 块，如图 12-3 所示。

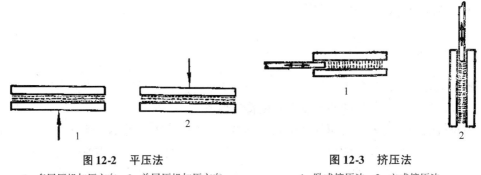

图 12-2　平压法　　　　　　　　图 12-3　挤压法
1. 多层压机加压方向　2. 单层压机加压方向　　1. 卧式挤压法　2. 立式挤压法

③滚压法　滚压法是专门生产厚度为 1.6~6mm 厚的特薄刨花板，有多种形式。按产品结构分类，就是从刨花板的断面结构来分类(结构是由铺装机的作用决定的)，有单层结构、三层结构、多层结构、渐变结构、空心结构。

按产品容重分类，轻级为 $0.25 \sim 0.45 \mathrm{g/cm^3}$，中级为 $0.55 \sim 0.70 \mathrm{g/cm^3}$，重级为 $0.75 \sim 1.30 \mathrm{g/cm^3}$。

12.4.2　普通刨花板生产工艺

(1)刨花制造

制刨花的工艺过程主要有 2 种形式。一种是直接刨片法，即用刨片机直接将原料加工成薄片状刨花，这种刨花可直接作多层结构刨花板芯层原料或作单层结构刨花板原料。这种刨花也可通过再碎机(如打密机或研磨机)粉碎成细刨花作表层原料使用。制刨花的另一种工艺是先削片后刨片法，即用削片机将原料加工成木片，然后再用双固轮刨片机加工成窄长刨花。其中粗的可作芯层料，细的可作表层料。生产三层结构刨花板最好把表层刨花和芯层刨花分别加工，以便得到符合不同工艺要求的刨花。图 12-4 为制造刨花工艺流程。

刨花制造设备有以下几种：

①削片机　加工刨花时，刀刃与木材纤维方向垂直，并且在垂直于纤维方向上进行切削，即端向或接近端向切削。它是将原木、板皮、板条、废单板、枝丫材等加工成木片的设备。

②刨片机　加工刨花时，刀刃与木材纤维方向相平行或接近于平行，并且在垂直于纤维方向上进行切削，即横向或接近于横向切削。它是将原木或其他规格较大的块状原料(如旋切后的原木芯、木截头、大板皮及板条等)加工成刨花的设备。

③切削型再碎机　切削型再碎机加工是通过刀刃对木材的切削作用将大刨花或木片加工成细刨花的设备，如双鼓轮刨片机。

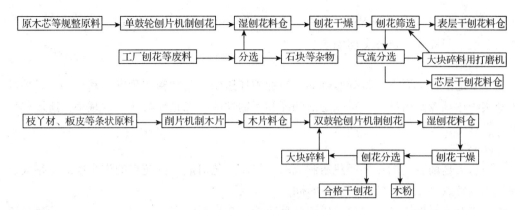

图 12-4 两种制刨花工艺流程

④打磨机 是通过研磨、撕裂作用将较大刨花、木片及碎单板等再碎成质量较高的细刨花，这种刨花主要用作刨花板的表层和部分芯层材料。打磨机种类很多，如双鼓轮打磨机、十字形打磨机、齿筛式—扣磨机以及盘磨机等。

（2）刨花干燥和分选

刨花干燥——在制造刨花板的过程中，往往根据不同的工序将刨花的含水率调整到各个不同的要求值。干燥后刨花含水率的要求，随所用胶种不同而异。

刨花干燥设备常用的有：接触加热回转圆筒干燥机，转子式干燥机，多层带式干燥机，烟气加热圆筒干燥机，三套筒气流干燥机，管道式气流干燥机和喷气式干燥机。

刨花分选——刨花的尺寸和规格往往不一致，总有一部分木尘和一些超过规格要求的大刨花，因此必须进行刨花分选。

分选方法可分为机械分选、气流分选和气流—机械分选。

（3）施胶

刨花施胶是在拌胶的设备内，按照一定的比例，将胶黏剂均匀地分布到刨花表面。

施胶方法分为摩擦法、涂布法和喷雾法 3 种。摩擦法是将胶液分次或连续不断地倒入被搅动着的刨花中，靠着刨花间相互摩擦作用将胶液分散开。这种方法的缺点是生产效率低。涂布法是用涂胶辊将胶液涂在刨花表面的一种方法，一般适用于高黏度的胶液，其缺点也是生产效率低。喷雾法是胶液在空气压力（或液压）作用下，通过喷嘴形成雾状，喷到悬浮状态的刨花上。

拌胶设备分为连续式拌胶机和周期式拌胶机 2 类。常用的有滚轮式拌胶机、叶轮式拌胶机、法尼离心式拌胶机、铲式喷雾拌胶机、标准式拌胶机、旋转式滚筒拌胶机、立式拌胶机、离心式拌胶机。

（4）板坯铺装

板坯铺装是指在胶压以前，拌胶刨花用一定的铺装方法，按规定重量铺成均匀的板坯。铺装设备包括刨花定量系统和铺装系统。常用的有申克型铺装机和尔泰克斯型铺装机。

木材顺纤维方向的强度和尺寸稳定性都比横纤维方向的高。为了做成某一方向有较高强度的结构刨花板，铺装时使刨花的纤维按一定方向排列，这就叫定向铺装。定向铺装所用的刨花尺寸都比较大，而且长度比宽度大。定向铺装的方式有流料板式定向铺装、电场定向铺装、机械定向铺装。

（5）预压

预压是指在室温下，将铺装好的松散的板坯压到一定的密实程度。其目的一是使板坯密实，达到较高密度，具备一定的强度和运输性能；二是使板坯厚度减小，所需热压板间隔减小，可降低热压机高度。

（6）热压

刨花板是铺装后的板坯经热压制成的。热压工艺对成品刨花板的许多性能有很大影响。热压参数有压力、温度、热压时间。

热压方法根据压力方向分平压法和挤压法，根据板坯在热压设备中的运动情况分连续式热压和周期式热压。

12.4.3 石膏刨花板

石膏刨花板是以石膏作为胶黏剂，以木质刨花作为基体材料制成的一种板材，在世界上已有较长的生产历史。石膏刨花板作为一种建筑材料得到广泛的应用。

早期的石膏刨花板是湿法工艺生产，即要掺和大量的水，使石膏和木刨花呈絮状。该方法生产周期长，消耗热量多。半干法生产目前在工业生产上得到了推广。

石膏刨花板生产工艺过程如图 12-5 所示。

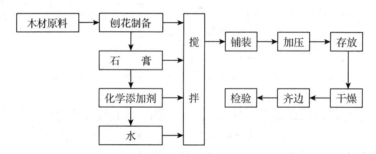

图 12-5 石膏刨花板生产工艺流程

12.4.4 水泥刨花板

水泥刨花板是以木质刨花为原料，以水泥为胶黏剂，添加其他化学助剂，经混合搅拌、成型、加压和养护而制成的一种人造板。

水泥刨花板一般采用冷压法，采用此法所需的加压时间长，为改善这一状况，发明了二氧化碳注入法，实现缩短加压时间的目的。

水泥刨花板生产工艺流程如图 12-6 所示。

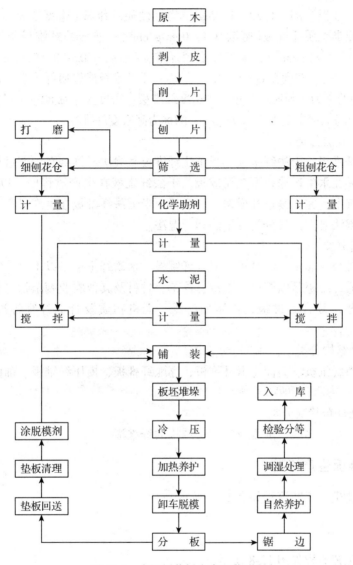

图 12-6　水泥刨花板生产工艺流程

12.5　纤维板生产工艺

12.5.1　概述

纤维板是由植物纤维交织成型，并利用纤维固有的自身结合性能或辅以胶黏剂等制成的人造板。由于制造方法不同，形成了产品品种的多样性，性能各有差异。其分类方式大致有按原料类型、生产过程、产品的密度、厚度、用途、特性、外观、结构等几种。

（1）按密度分类

压缩纤维板的密度大于 $0.4g/cm^3$，非压缩纤维板的密度小于 $0.4g/cm^3$。压缩纤维板包括高密度纤维板（密度 1.20 ~ 1.45g/cm³）、硬质纤维板（密度 0.80 ~ 1.20g/cm³）、中密度纤维板或半硬质纤维板（密度 0.4 ~ 0.80g/cm³）。非压缩纤维板包括硬质绝缘纤维板（密度 0.15 ~ 0.40g/cm³）、半硬质绝缘纤维板（密度 0.02 ~ 0.15g/cm³）。我国纤维板按密度大小分 3 类：密度在 0.40g/cm³ 以下称软质纤维板或轻质纤维板；密度在 0.40 ~ 0.80 g/cm³ 之间的称为半硬质纤维板或中密度纤维板；密度大于 0.80 g/cm³ 的称为硬质纤维板。近年来市场上把密度大于 0.95 g/cm³ 的称为高密度纤维板。

（2）按生产方法分类

分为湿法纤维板、干法纤维板、半干法纤维板。湿法纤维板在生产过程中，以水为介质，纤维悬浮在水中运输成型热压成板。干法纤维板在生产过程中，以空气为介质，纤维悬浮在空气中，完成输送和成型热压成板。半干法纤维板在生产过程中，其成型方法介于干法和湿法之间，又分为湿干法和干湿法。

（3）按原料分类

分木质纤维板、非木质纤维板、复合纤维板。木质纤维板是以木材纤维原料生产的纤维板。非木质纤维板是以棉秆、蔗渣、芦苇、竹材及其他农业剩余物等非木质纤维原料生产的纤维板。复合纤维板是由木质纤维、无机物质及合成纤维等混合压制的纤维板。

（4）按产品结构分类

分一面光滑纤维板、两面光滑纤维板、浮雕纤维板、模压纤维板、饰面纤维板、浸油处理纤维板。

（5）按纤维分布状况分类

分单层、三层、多层、渐变及定向等结构的纤维板。

12.5.2 纤维板生产工艺

纤维板主要生产工艺流程如图 12-7 所示。

12.5.2.1 原料制备

木片制造工艺流程如图 12-8 所示。

原料中树皮含量超过 20% 的要剥皮。加工剩余物作为原料时，一般不需要截断和剥皮。由辊式削片机出来的木片可不经筛选。经过人工干燥的下脚料应经浸泡或浸煮后切片。木片水洗后可省去筛选和磁选装置。

（1）削片

对木片的要求是木片大小均匀，切口匀整平滑。木片规格一般为长 16 ~ 30mm，宽为 15 ~ 25mm，厚度为 3 ~ 5mm。木片过大，在磨浆过程中难以软化，而且不易软化均匀，粗磨后纤维分离度小。木片过短，被切断的纤维比例大，交织性能差，导致纤维板强度下降。

（2）木片筛选、再碎

辊式削片机因本身带有筛板，所切削的木片不再经筛选。普通盘式削片机的木片合格率约为 85%，多刀削片机约为 95%。木片中的碎屑应该筛除，大木块必须分离再碎。

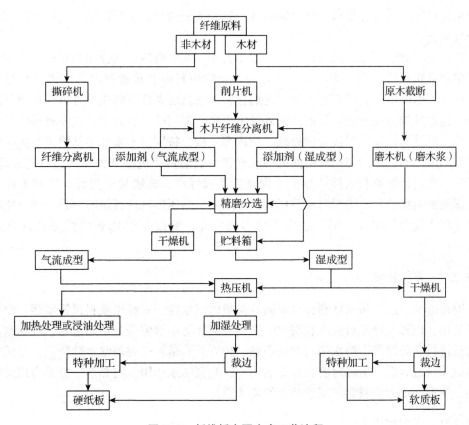

图 12-7　纤维板主要生产工艺流程

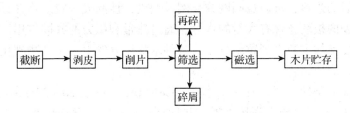

图 12-8　木片制造工艺流程

（3）磁选

为了保证纤维分离设备正常工作，木片进入料仓前必须经过电磁吸铁器以清除金属物。

（4）木片水洗

木片中的泥沙影响产品质量，夹杂的金属会损坏磨盘。故木片进入热磨机前应提高其含水率(一般为 40%~50%)，除去泥沙、金属等杂物。

12.5.2.2　纤维分离

纤维分离(又称制浆、解纤)是指植物原料分离成细小纤维的工艺过程。

纤维分离的基本要求是在纤维尽量少受损失的前提下，消耗较少的动力，将植物原料分离成单体纤维或纤维束，使浆料具备一定的比表面积和交织性能，为纤维之间的重新结合创造必要的条件。

纤维分离方法可分成机械法和爆破法 2 大类，其中机械法又分为加热机械法、化学机械法和纯机械法 3 类。加热机械法是先将植物原料用热水或饱和蒸汽进行水煮或汽蒸，使纤维胞间层软化或部分溶解，之后在常压或高压条件下经机械外力作用而分离成纤维。这种纤维分离方法是目前国内外纤维板生产采用的主要方法。化学机械法是先用少量化学药品对植物原料进行预处理，使内部结构，特别是木素和半纤维素受到一定程度的破坏或溶解，从而削弱纤维间的固有连接，之后再经机械外力作用而分离成纤维。纯机械法是将纤维原料直接或用温水浸泡后磨成纤维，该法又分为磨木法和木片磨木法。爆破法是将植物纤维原料在高压容器中用高温高压蒸汽进行短时间热处理，使木素软化、碳水化合物部分水解，之后突然启阀降压，纤维原料爆破成棉絮状纤维或纤维束。

12.5.2.3 浆料处理

对纤维浆料进行防水处理，以提高纤维板的耐水性。对纤维浆料进行增强、耐火和防腐处理，以提高纤维板强度和耐火、防腐性能。防水措施是施加防水剂、胶黏剂及对纤维板进行热处理等。防水剂一般是石蜡、松香、石蜡—松香等憎水性物质，做成乳液与纤维浆料混合后，破乳附着在纤维表面上，起到防水作用。胶黏剂一般是合成树脂胶黏剂，施加合成树脂胶黏剂属于持久性防水措施。

12.5.2.4 成型和热压

经过处理后的浆料，再通过圆网或长网成型机，抄制成一定规格并具有初步密实度的实板坯。成型的板坯还含有大量的水分，通过热量和压力的共同作用，使实板坯中的水分蒸发、密度增加、防水剂重新分布，各种木材组分发生一系列物理化学变化，从而使纤维板形成牢固地结合。

按常规方法成型的板坯，其含水率在 65%~70%，厚度 20~25mm。再将这种板坯制成最终厚度 3~4mm、含水率接近零、并具有一定机械强度和耐水性的纤维板，这个工序要在热压机中完成。热压分为 3 个阶段：挤水段、干燥段和塑化段。挤水段的压力为 50~70kg/cm²，干燥段的压力为 5~10kg/cm²，塑化段的压力为 50~70kg/cm²，温度在 200℃左右。

12.5.3 干法纤维板生产工艺流程

干法生产工艺特点是用气流作载体，不存在废水污染，可以制造结构平衡的两面光洁的产品，不易变形。但干法生产必须使用胶黏剂，这些合成胶料的挥发物以及成型时逸出的细小纤维，会对空气环境造成污染。其次，气流成型的稳定性差，产品结构的均匀性不易控制，且纤维干燥时存在着火的可能性。

12.5.3.1　制浆

干法生产纤维板的浆料采用一次分离法，一般不进行精磨。

12.5.3.2　浆料处理

与湿法纤维板的生产基本相同，但必须施加合成树脂以提高纤维板的强度。常用的胶黏剂有酚醛树脂、三聚氰胺树脂、聚乙烯醇树脂和脲醛树脂等。这些胶黏剂可单独使用，也可以混合使用。石蜡用量一般在 1%~3%，胶黏剂的用量在 5% 以内。

12.5.3.3　纤维干燥

经过施胶后的浆料，尤其使用乳浊液防水剂时，纤维的含水率都在 40%~60% 左右。而干法生产要求热压前纤维含水率在 6%~8% 的范围或更低。因此，湿纤维必须干燥。干燥方式有一级气流干燥法、二级气流干燥法。一级气流干燥法使用的干燥介质温度为 250~350℃，二级气流干燥法使用的干燥介质温度为 120~250℃。干燥时间前者在 7s 以内，后者约为 12s 左右。

12.5.3.4　板坯铺装

铺装方法很多，有机械成型、气流成型、真空成型和定向铺装等。机械成型是利用机械作用将经计量后的纤维松散、分级再均匀地铺成板坯。设备有双辊筛网成型机和带式多层铺装机等。气流成型的铺装设备有喷雾式气流成型机和气流铺装机等。真空成型是纤维经过预分选后的成型方法。分选后的干纤维和空气均匀混合后，以高速气流通过成型网上部的摆动喷嘴，均匀地铺撒在运动的网带上。网下有负压箱不让纤维由于气流的冲击而飞溅，被真空吸附在网上。定向铺装是铺装后的纤维按一定的方向排列。使纤维定向的主要手段是利用静电电场的作用。

12.5.3.5　预压和热压

成型后的板坯内纤维十分疏松，板坯厚度为成品的 30~40 倍，故必须进行预压。预压能排除板坯中的空气，防止热压时大量空气外溢冲破板坯。预压还使板坯具有一定的密实性，减少蓬松的板坯厚度，从而缩小压机开挡。预压压力一般为 120~200kg/cm²。热压温度对于软材原料为 180~220℃，对硬材原料为 220~260℃。热压压力高压段为 70~80kg/cm²，低压段为 20~25kg/cm²。热压时间受原料树种、板坯含水率、胶黏剂种类、温度、压力和产品厚度等因素的影响。

12.6　非木材人造板

12.6.1　概述

随着世界性的森林资源短缺，木材的供应日趋紧张，木材人造板的生产已受到一定程度的影响，而人造板的需求量还在逐年增长。因此，寻找新的人造板待用原料已势在必行。通过数十年的研究与探索，非木材植物人造板的产品种类、生产规模、工艺技术、性能质量、检验标准等，都得到了不同程度的发展与提高。

12.6.1.1　非木材植物人造板的开发概况

20世纪初，国外已开始利用非木材植物原料制造人造板。我国开发非木材植物原料生产人造板始于20世纪50年代末。

麻秆是最早用于人造板生产的非木材植物原料之一。我国除研究开发麻秆用于生产刨花板外，也进行了麻秆中密度纤维板及硬质纤维板的研制工作，并已基本取得成功，可以进行工业化生产。

稻麦秆最早用于造纸，后用于制造纤维板。

蔗渣是人造板生产的较好原料之一。除了在纸浆、纸和纸板方面的应用得到迅速发展之外，蔗渣也是人造板工业应用最早和范围最广的原料。

棉秆由于来源丰富，近些年来作为人造板原料的发展十分迅速。

稻壳生产人造板的研究早在20世纪50年代即已在国外进行，但直至80年代初，才由菲律宾采用加拿大技术建成世界上第一个稻壳板厂。

花生壳生产人造板的研究在国外早有报道，我国南京林业大学于1986年通过鉴定，并建成了相应的生产线。我国是盛产花生的国家，生产地区极广，花生壳的利用将进一步扩大人造板原料的来源。

竹类人造板是我国开发的新型人造板材，由于竹类植物纤维长，强度高，耐酸、耐碱，其抗拉强度是木材的2倍，硬度是木材的100倍，加之生长快、产量高，是极有前途的人造板原料。竹材人造板比木材人造板有许多更优良的特性，是一种优质、高强度的代木材料。我国是盛产竹子的国家，竹材人造板发展很快，目前已生产的品种有竹编胶合板、竹材积成材、竹片胶合板、竹材碎料板、竹材装饰板等，产品强度高、用途广。随着开发的持续进展，工艺与设备日趋完善，产品质量不断提高，品种也日渐增多。

近些年来，由于森林资源缺乏，我国对非木材植物人造板进行了大量的研究与试验。除了上述的原料外，还对其他一些非木材植物原料进行了开发，先后研制成功高粱（玉米）秆细木工板、剑麻头板、栲胶渣板、席草板、葵柄板、柠条板等一系列产品，有的已投入正式生产。

从根本上讲，用非木材植物原料生产人造板并没有理论上的难题，其工艺技术无需重大改变。但是，由于非木材植物原料与木材的结构组成有所不同，在相同的工艺条件下，非木材植物人造板的质量与木材人造板有较大差距，有的甚至无法制成产品。因此需要改革工艺条件，研制新设备或改造老设备。

12.6.1.2　非木材植物人造板的种类与应用

非木材植物原料大多数用于生产纤维板和碎料板。表12-6列出了非木材植物人造板的种类。

表 12-6 非木材植物人造板种类

类别	品种	品种举例
纤维板	软质纤维板	湿法棉秆软质吸音板、稻草软质吸音板
	硬质纤维板	剑麻头硬质纤维板、豆秸硬质纤维板、棉秆硬质纤维板
	中密度纤维板	蔗渣中密度纤维板、棉秆中密度纤维板、竹材中密度纤维板
碎料板	普通碎料板	麻屑板、芦苇碎料板、烟秆碎料板、竹大片定向碎料板
	废渣板	蔗渣板、栲胶渣板、麻黄渣板、玉米芯板、垃圾板
	废壳板	稻壳板、花生壳板、核桃板
胶合板	普通胶合板	竹席(帘)胶合板、竹片胶合板、高粱秆胶合板
	积成胶合板	竹篾积成板、葵花秆积成板
	特种胶合板	竹材空芯胶合板、竹材(蔗渣)瓦楞板、重组竹
复合板	夹芯复合板	秆段夹芯细木工板、碎料夹芯胶合板
	复合胶合板	竹木复合胶合板、复合层积材、复合空芯胶合板
	无机复合板	石膏碎料板、水泥碎料板、菱苦土碎料板
	特种复合板	纸面稻草板、果壳核人造板、网络板

竹质人造板是一类新型板材，包括纤维板、碎料板、胶合板、积成板，木材能够生产的品种，竹材几乎都能生产，而且强度一般更高。

非木材植物人造板一般可代替木材人造板用作建筑、家具、包装等工业的材料。一些非木材植物人造板还具有特殊的功用，其中比较突出的是竹材胶合板。

竹材胶合板具有强度高、弹性好、耐磨损、耐腐、耐蚀等特点，是一种理想的工程材料。近年来，竹材胶合板被用来代替木材制造汽车车厢底板，取得十分明显的经济效益，不仅节约了木材，而且简化了车厢结构和生产工艺，提高了产品质量，降低了车厢制造成本。

竹材胶合板作水泥模板，也正在得到推广应用，其优点是：造价低，比钢模板低40%，比木模板低20%；易脱模，不黏水泥；重复使用次数多，不易磨损。

稻草板是一种具有综合性能的新型板材，其隔热、隔声、耐火、抗震等性能较木材好，且强度也高，已用于承重外墙板。这种板材在东北、西北等严寒地区尤其受到欢迎。

12.6.2 非木材人造板生产工艺

木材原料与非木材植物原料并没有本质上的区别，只是化学组成和组织结构上有一些差别，而且差别主要是在量的多少或大小。因此，非木材植物人造板的工艺与设备基本上是套用木材人造板的工艺及设备，并根据原料性能上的差别做一些相应的调整，如非木材纤维板与碎料板的生产均是如此。

对一些比较特殊的原料，如稻壳、竹材、蔗渣，则增设了特殊的工序。此外，与木材原料生产的板材差别较大的产品，如纸面稻草板，在工艺与设备上则更有其特殊性。

（1）非木材植物纤维板

非木材植物纤维板包括湿法硬质纤维板、湿法软质纤维板、湿法中密度纤维板、干法中密度纤维板。除备料与制浆外，非木材植物原料与木材原料在干法生产上的差别小，在湿法生产上，各个工段与工序的具体工艺参数及少数设备有一些差别。

图12-9是目前比较成功的湿法棉秆纤维板生产工艺流程，在非木材植物纤维板生产中具有一定的代表性。从流程中可以看出，它基本上与木材纤维板生产工艺相同，只是增添了少数几个工序。

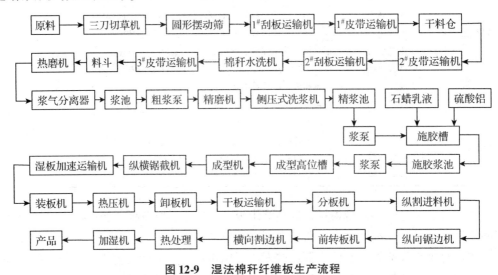

图12-9 湿法棉秆纤维板生产流程

（2）非木材植物碎料板

非木材植物碎料板同木材碎料板在工艺和设备上的差别较小。

非木材植物原料质地松、空隙多，较木材原料易于干燥，一般能耗较少。空隙多的非木材植物原料很易于吸收胶液，因此，一般采用喷胶和高速搅拌以及新式的气流管道施胶方式。

非木材植物碎料板的板坯厚度大，因此，预压设备的开挡大。预压压力不需很大，因非木材植物碎料较木材碎料易于压缩。

热压参数与原料特性、胶料、板坯含水率等有关。非木材植物原料种类杂，热压曲线与参数各异。

热压设备与木材板相同，有多层压机，也有单层压机。加热介质形式多为蒸汽，近年来以油作导热介质的设备逐渐增多。

（3）竹材人造板

竹材人造板中，竹编胶合板的备料较特殊，采用破篾后的竹编席作单板而后层压，竹编席目前均用人工，还没有研制出专用设备。竹帘胶合板的竹帘已有专用的编帘机。

微薄竹的生产中，采用了高精度专用竹材旋切机，其卡轴形式特殊，旋切工艺也与木材单板有差别。

竹筒展开式胶合板（也称竹片胶合板）生产工艺，是20世纪90年代开发的竹胶合板生产工艺。其工艺与设备均已研制成套并已逐步完善。

（4）纸面稻草板

纸面稻草（麦秸）板是以稻草或麦秸为原料，经梳理后，不加任何胶合剂，通过稻草或麦秸之间的拧绞交织作用，以及在热压条件下原料本身所含糖类和胶体物质互相黏连，再经热压而成的轻质板材。

主要原材料包括稻草（含水率在 8%~18%，长度不小于 150mm）、护面纸（常用的有牛皮纸、沥青牛皮纸、石膏板纸及其他合适的纸张）、封面胶（纸面稻草板的板芯不用胶，胶料用于贴纸和封边）、封边带。

纸面稻草（麦秸）板生产分为原料处理、成型、后处理 3 个工段。

纸面稻草板的生产工艺接近于挤压法碎料板生产工艺。其设备中的梳理机、喂料装置等比较特殊。

复习思考题

1. 人造板的分类方法有哪些？
2. 木材胶黏剂应该具备哪些条件？
3. 如何选用木材胶黏剂？
4. 简述胶合板的生产工艺过程。
5. 简述普通刨花板的生产工艺过程。
6. 简述干法纤维板的生产工艺过程。
7. 简述非木材植物纤维板的生产工艺过程。

本章推荐阅读文献

1. 孙德林，余先纯编著. 胶黏剂与黏接技术基础. 北京：化学工业出版社，2014.
2. 顾继友编著. 胶黏剂与涂料（第 2 版）. 北京：中国林业出版社，2012.
3. 周定国主编. 人造板工艺学（第 2 版）. 北京：中国林业出版社，2011.
4. 周晓燕主编. 胶合板制造学. 北京：中国林业出版社，2012.
5. 张洋主编. 纤维板制造学. 北京：中国林业出版社，2012.
6. 梅长彤主编. 刨花板制造学. 北京：中国林业出版社，2012.
7. 唐忠荣编著. 人造板制造学（上、下）. 北京：科学出版社，2015.

第 13 章

人造板表面装饰

【本章提要】本章阐述了人造板饰面处理的目的、方法和对基材的基本要求。简要阐述了薄木贴面装饰板热固性树脂装饰层压板、三聚氰胺浸渍纸贴面装饰板、聚氯乙烯薄膜贴面板的特点和生产工艺流程。最后介绍了涂饰装饰的方法和涂饰工艺流程。

随着人造板产量的迅速增长，对各种人造板性能也不断提出新的要求。这些要求综合起来，可以分为 2 个方面：一是对人造板本身的质量、产量、成本等方面的要求；二是对人造板的外观及表面性能的要求。

13.1 概述

13.1.1 人造板饰面处理的目的和作用

人造板是由木材、木屑、碎料、刨花及其加工剩余物等原料经过加工制成，它包括刨花板、中密度纤维板、胶合板、硬质纤维板等。

刨花板、纤维板等均以木材加工剩余物为原料制成的产品，在剩余物中有一些枝丫、梢头、腐朽及变色材。它们与胶合板一样，表面材色不均，有斑点、变色等，外观质量较差，颜色发深，表面粗糙，在直接使用上受到限制，而只能作为低次材使用。为了扩大人造板的使用范围，提高其使用价值，以便能更好地作为装饰材和结构材使用，对人造板表面必须进行深加工处理。

通过深加工手段，把装饰性强、表面美观的装饰覆面材料胶贴在人造板上，使人造板表面具有美观的装饰性和保护层作用，从而改善人造板表面装饰效果，即称为人造板表面装饰。人造板表面经装饰加工后，其突出作用为：

①根据用途和使用要求，可以在各种人造板表面胶贴薄木、薄膜、纸等，或印上各种美丽的木纹和图案。经表面处理后，可进一步改善产品的物理机械性能，提高产品质量，使表面获得较好的美观性，为建筑、装修、家具制造等提供多功能装饰材料。

②增强板材的稳定性。人造板经过表面处理后，其表面具有耐热、耐水、耐磨、耐化学污染、耐香烟烧灼等各种物理性能，同时提高了板材的抗拉、抗弯机械强度、刚度。通过表面处理后，可以减少饰面板的收缩性和膨胀率，提高板面尺寸稳定性。

③人造板表面装饰是对人造板表面胶贴覆盖保护层，除提高装饰效果之外，还保护人造板板面不受水分和热的影响，不受菌种侵蚀。由于涂层和覆盖层隔开了板制品与空气的接触，因而减少板内含有的有害气体(酚、甲醛)向周围空气的扩散，也防止板材

在运送过程中的机械损伤。

　　④人造板表面经处理后，促使家具生产工艺发生根本性变革，省却了传统榫眼结构和繁重的油饰作业，为发展组合板式家具，实现标准化、连续化生产奠定基础。

　　随着装饰工程技术水平的提高，装饰人造板的品种越来越多，目前已广泛应用于建筑、木制品、室内装饰等方面。

13.1.2　人造板饰面处理的方法

　　人造板表面装饰的处理方法有如下分类(图 13-1)。

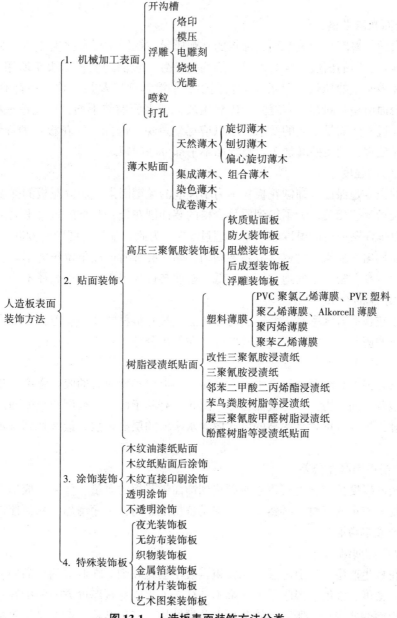

图 13-1　人造板表面装饰方法分类

13.1.3 人造板表面装饰对基材的要求

在人造板表面装饰加工中，基材人造板的性质和质量，直接影响着装饰板及其制品的物理力学性能和表面装饰效果。如果基材的质量不符合要求，即使采用最先进的饰面工艺及设备，也难以生产出高质量的饰面人造板产品。而对于基材的质量要求，随人造板种类和饰面方法的不同而不同。

13.1.3.1 对刨花板基材的技术要求

（1）表面光洁平整

基材表面平整度直接关系到装饰板的外观质量。在刨花板基材生产中，对于表层刨花要求较高，所用的面层细料必须尽可能均匀一致。板面的质量取决于所用微型刨花、纤维刨花和砂磨尘的质量。对板材的密闭性、平滑程度以及强度均一性都有较高的要求。如果表面由相互间存在有缝隙的碎料组成，或表面铺装不均，往往造成板面粗糙、光洁度差，远不能满足工艺的要求，所以应尽量避免。因此，刨花板在表面装饰以前，应进行砂光处理，利用砂磨加工，将板面不平部分磨削掉。

（2）足够的强度

基材的强度是保证装饰刨花板物理力学性能的关键因素。而刨花板的强度主要与其密度和施胶量密切相关。为了得到质量合格的装饰刨花板，基材的垂直平面抗拉强度应该较高，以确保贴面时的厚度收缩率不超过 5%。为此，基材密度应为 $680 \sim 750 kg/m^3$，而且分布要均匀。如果基材密度分布不均匀，贴面装饰时造成单位压力不匀，即密度大的地方压力较高，密度小的地方压力较低，会使装饰板表面上出现光泽不均的斑点。

（3）含水率的要求

基材刨花板的含水率对于装饰刨花板产品质量和板材的变形有着极大的影响。经热压工序制成的刨花板，刚卸压时，其厚度方向的水分分布不均，存放时板材内含水率要发生变化，饰面前最好控制在 8%～10%。如果基材含水率太低，表面润湿性差，得不到应有的胶合强度和附着力；含水率太高时，不但得不到应有的胶合强度，热压时还容易产生鼓泡及干缩应力，同时板面会形成湿花。有鉴于此，一般刨花板贴面前一定要进行调质处理，把水分由含水率高的层次向含水率低的层次扩散，最终达到含水率均匀而恰当。

（4）严格控制厚度公差

刨花板的厚度公差合理与否直接影响到饰面刨花板的质量、效果及成本。要制出高精度即厚度公差小的基材，必然要求所用设备精度提高，工序增加，从而使得生产效率降低，生产成本增加。

（5）厚度方向结构对称

在刨花板生产中，一般芯层刨花较粗，表层刨花较细。在制成的产品中，芯层和表层的结构、密度、强度、湿胀干缩等都不一样。如果刨花板厚度方向的配置不对称，必然会引起板面翘曲变形。所以，刨花板有单层结构、三层结构、渐变结构等种类。为了避免板面翘曲变形，在对刨花板进行砂光处理时也要求两面砂光，而且磨削量也要求一致。在贴面装饰时，即使基材是对称结构，在表面进行装饰后就变成了不对称结构，同样会产生变形。为了改善这种状况，一般在背面贴上一层吸湿性和物理力学性能类似的材料，以求平衡。

（6）表层 pH 值要求

基材表层 pH 值对于装饰刨花板表面质量也有一定的影响。一般 pH 值不应小于 6。如 pH 值过小，用三聚氰胺浸渍纸贴面或以氨基树脂作为胶黏剂贴面装饰时，由于基材表面 pH 值低（即呈酸性），会促使胶膜纸中的三聚氰胺树脂流动性降低，容易形成"干花"影响表面光泽。对于氨基树脂胶黏剂，低 pH 值还会促使树脂迅速胶凝或出现早期固化，而得不到足够的胶合强度。如果 pH 值太高，则使氨基树脂固化缓慢，生产周期延长，不利于提高生产效率。

13.1.3.2　对胶合板基材的技术要求

由于胶合板生产工艺及结构上的特点，影响其表面装饰加工质量和效果的因素，除加工上的缺陷外，还有胶合板原木质量的各种缺陷。

单板上的死节、活节部分材质硬度大、密度高，在加压贴面装饰时会产生压力分布不均的现象，产品产生局部光点，将节子反映到板面上来。龟裂、虫眼、孔隙等在加压时，开口部分没有受压，也会使压力分布不均，产生树脂积聚或白花。

为了保证装饰产品质量，应根据装饰产品的种类及工艺特点，明确允许的缺陷范围，制定出基材胶合板的质量要求。

①强度要求。符合 GB/T 9846—2015 标准中 Ⅰ 类或 Ⅱ 类胶合板的标准。

②含水率均匀一致。要求 8%~12%。

③厚度均匀。厚度公差应小于 ±0.2mm，组成基材的单板不能有叠芯、裂缝的缺陷。

④要求基材结构对称。即符合胶合板结构对称原则及奇数层原则，以避免基材翘曲。

⑤板面平整光洁。

⑥材质上固有的缺陷限制。节疤、虫眼、树脂、夹皮、龟裂、黄心腐朽等不均匀材质，应控制在一定范围内。

13.1.3.3　对纤维板基材的技术要求

纤维板作为表面装饰加工的基材，主要是硬质纤维板、干法纤维板及中密度纤维板。由于它不同于天然木板及胶合板，没有节疤、虫眼、开裂、夹皮、树脂道、导管等材质缺陷。在贴面装饰时，允许采用相当高的压力（2~3MPa），具有胶合效果好、光泽面容易加工等优点，其耐久性也较好。硬质纤维板一般在 160~190℃ 热压成型，其后在 150℃ 左右的热风下进行后期热处理。因此，贴面装饰也可以采用较高的温度。

纤维板作为表面装饰加工的基材，也必须满足一定的技术要求。

①厚度均匀　这对于纤维板基材特别关键。厚度公差小，贴面时胶黏剂或胶膜纸内

的树脂在板面均匀熔融流动，形成光洁平滑的表面。如厚度不均，板面各处压力也不一致，会导致产品板面光泽不匀。

②含水率均匀　湿法硬质纤维板经热压卸出的板子含水率只有2%~4%，要经过等湿处理，使含水率得到均匀调整，使其在装饰加工前含水率在8%~12%。

③要求有足够的强度　作为基材的纤维板其物理力学性能必须达到 GB/T 12626.2—2009 标准中一、二级产品的指标。

④板面平整、质地均匀　用于表面装饰的纤维板，表面必须平整。而且要求两面砂平，表面除去蜡质，使其平滑，背面砂去网纹，厚度公差控制在 ±0.15mm。

⑤密度稍大　硬质纤维板密度为 1 g/cm³。

⑥要求板面无翘曲　板面翘曲度不得超过0.5%，以适应贴面装饰连续化、机械化生产，并使贴面材料不致发皱或拉裂。

13.2　人造板表面装饰工艺

13.2.1　贴面工艺

13.2.1.1　薄木贴面装饰

(1)薄木贴面装饰的特点

把珍贵树种或人造木材制成的薄木，贴在人造板基材板面的一种工艺方法，称为薄木贴面。它可以得到具有珍贵树种特有的美丽木纹和色调，这种方法既节约了珍贵树种木材，又使人们能享受到真正的自然美，这是一种历史悠久的传统装饰方法。

制造装饰薄木的树种很多，主要选用木材花纹色泽美观的树种。选用树种，首先要考虑木材纹理特点。制薄型薄木时，还要考虑木材中导管直径的大小，管孔大的树种，不宜生产厚度过小的薄木，因为这种树种刨切的薄木在胶贴过程中容易产生透胶、渗胶等现象。

我国常用的生产薄木树种有水曲柳、槭木、椴木、樟木、楸木、桦木、酸枣、红椿、紫檀、檀香、柏木、柚木、山核桃、槐木、山龙眼、楠木、水青冈、红豆树和黄连木等。此外，也可用金钱松和柳杉等树种。

(2)薄木贴面装饰的生产工艺流程

一般生产薄木的方法有旋切法、半圆旋切法和刨切法等。制造薄木的方法和所用的主要设备见表13-1。

表13-1　生产薄木的方法

薄木制造方法	加工设备	木材纹理	薄木厚度	薄木宽度
旋切机	旋切机	弦向	薄—厚	宽度大
半圆旋切法	旋切机	弦向、径向	薄—厚	稍宽
刨制法	刨板机	径向	薄—厚	窄
锯制法	单板锯	径向	薄—厚	窄

　　纹理通直的木材宜采用刨切法制造薄木，可制成各种拼花图案。树瘤多的木材，可采用旋切法，旋制出涡纹多的美丽花纹薄木。芽眼节多的树种旋出具鸟眼纹的薄木。采用半圆旋切法，可在普通旋切机上加上特别的横梁固定木方或半圆形木段。装饰薄木的厚度一般在 0.1～1mm 之间。薄木贴面装饰板生产工艺流程如图 13-2 所示。

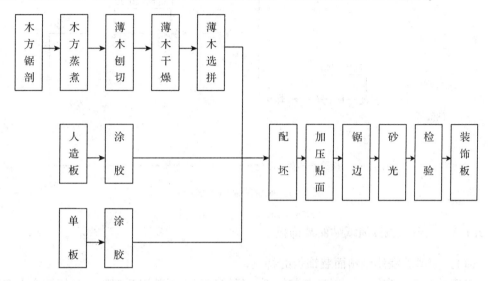

图 13-2　薄木贴面装饰板生产工艺流程图

　　为了进一步节约珍贵树种，提高木材利用率，随着薄木生产技术的进展，薄木厚度逐渐向薄型发展。近年来，主要采用刨切法和微薄木旋切法生产装饰薄木。

13.2.1.2　热固性树脂装饰层压板

　　(1)装饰板的特点

　　热固性树脂装饰层压板(简称为装饰板)，又称塑料贴面板、装饰层压塑料、高压三聚氰胺装饰板、木纹纸装饰板等。它是由多层专用原纸浸渍热固性树脂，层叠后在高温高压下制成装饰板，其特点是表面平滑光洁，花纹图案多种多样，色调美观大方，质地坚硬，具耐用、耐水、耐磨、耐热、阻燃、耐腐蚀性能，维护方便。这种装饰板的主要用途是室内装修、家具制造、车船装修装饰。

　　装饰板的品种很多，一般按基材分成以纸、纤维织物、人造板、刨切单板、薄金属板等为基材的装饰板。目前，国内外生产的高档装饰板是以纸为基材的。

　　装饰板是层压塑料的一种，它是具有一定功能的薄片材料。普通装饰板一般厚度在 0.5～1.5mm；单独使用的单面或双面装饰板一般厚度在 3mm 以上。根据用途和生产工艺不同可以制造出表面具有不同光亮度、不同花纹图案、不同表面状态的装饰板。它具有耐热、耐磨损等优良性能，但不能单独使用和承重，主要是胶贴在人造板、细木工板、中密度纤维板上，是平面和立面的一种良好的装饰材料。

　　(2)装饰板制造工艺流程

　　其工艺流程如图 13-3 所示。

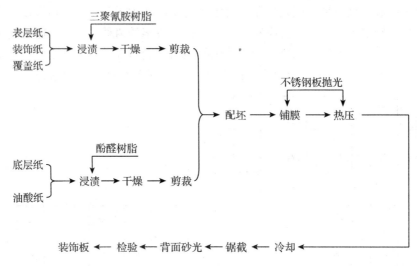

图 13-3　装饰板制造工艺流程

13. 2. 1. 3　三聚氰胺浸渍纸贴面装饰板

(1)三聚氰胺浸渍纸贴面装饰板的特点

浸渍纸贴面装饰板是采用特制装饰纸,经浸渍三聚氰胺甲醛树脂,直接贴在人造板表面的一种装饰方法(又称二次覆塑、人造板二次加工、层压法饰面等)。其过程是把装饰人造板组坯后送入热压机内,在一定的温度和压力下制成。浸渍纸与人造板直接贴面,可分为热—冷法、热—热法和双辊带连续辊压法生产工艺,具体见表 13-2。

表 13-2　按浸渍纸贴面人造板的工艺方法分类

分类方法	种　　类
热—冷法	一般是采用多层热压机贴面,压机升温后,把装好板坯送入热压机压制,待压制终了时,热压板必须通入冷水进行冷却,待温度达到50℃时降压出板
热—热法	它是采用低压短周期工艺,对贴面人造板连续化生产的一种工艺方法,在压制终了时不需要冷却下压。特点是生产效率高,节约能源
双辊带连续辊压法	采用低压高温,把浸渍纸连续辊压到人造板表面上,单双面装饰板均可生产,特点是生产效率比较高,可实现连续化生产

在热—冷法饰面过程中,除压力减小外,其他近似于高压三聚氰胺装饰板生产,只是把芯板(底层板)换成刨花板,通过先加热后冷却,制造出的产品是具有高光泽和结构(压花)型的饰面刨花板,这种生产工艺过程即称为热—冷法饰面。此法的主要特点是:在加热过程中使树脂能够充分塑化,而在全压力下进行冷却成型,从而在树脂表面形成了一个坚硬光亮的涂层,其表面具有耐热、耐水、耐磨、耐污染的特性。由于在刨花板两面对称胶贴覆面材料,可以作装饰材和结构材使用,能够节省大量原材料及繁杂的油饰作业。此种生产工艺的缺点是:加热加压周期较长,每热压一次需要 35～45min,由于受压时间较长,致使板材厚度变化而产生较大公差;又由于三聚氰胺树脂

缺乏弹性以及日后使用过程中环境气候的变化，表面易产生微小裂纹。

热—热法贴面(又称低压短周期贴面)，是当代最主要最通用的人造板贴面加工方法。目前95%的人造板企业采用了这种工艺方法，尤其在欧洲更为普遍。热—热法贴面的主要特点是采用高度改性三聚氰胺树脂，使热—热法与热—冷法相比，可以热压出板，无需冷却，大量节省能源(热能和冷却水)，并缩短热压周期，设备占地面积小，操作方便。这种工艺方法的最大意义在于它的经济性，因此得到越来越广泛的应用。但是，这种工艺方法有2个缺点：一是短周期法可加工任何表面，但不能加工高亮度表面的装饰板；二是压制双贴面的人造板时，其最小厚度不宜太薄，因为薄板在高温下很快完全热透，使刨花内所含的水分变为蒸汽后不能排出，当压板张开时，由于蒸汽的压力使板材或贴面层容易产生爆破或裂纹，压制出的板材脆性大。

热—热法短周期贴面多采用单层热压机，单层热压机有2种结构形式：一种是卧式单层热压机，另一种是立式单层热压机，前者的使用比较普遍。此外，还有连续辊压贴面的双钢带辊压机。

(2)三聚氰胺浸渍纸热—热法贴面生产工艺流程

其工艺流程如图13-4所示。

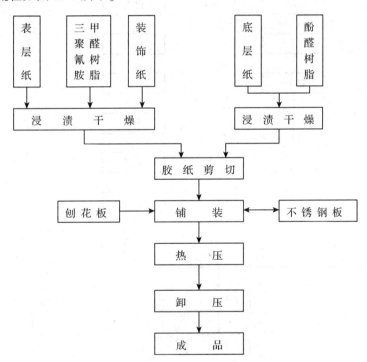

图13-4　三聚氰胺浸渍纸热—热法贴面生产工艺流程

13.2.1.4　聚氯乙烯薄膜贴面板

(1)聚氯乙烯薄膜贴面板的特点

塑料薄膜贴面是一种新型的饰面材料。将塑料薄膜用胶黏剂贴在人造板表面，制成塑料薄膜贴面人造板，这是一种优质美观的装饰材料。常用塑料薄膜有聚氯乙烯薄膜和聚丙烯薄膜。聚氯乙烯薄膜是用得最广泛的塑料薄膜贴面材料，是一种非结晶性的热塑性材料。它与增塑剂、润滑剂、稳定剂、着色剂等混合制成薄膜或片材。

塑料薄膜贴面是将热塑性树脂膜(或片材)，用胶黏剂胶贴到人造板上。聚氯乙烯树脂薄膜由于色泽鲜艳，花纹美丽，操作方便，是一种发展较快的人造板贴面材料。

近年来，在聚氯乙烯薄膜的制造工艺以及胶合技术方面都有较快的进展。特别是无增塑剂聚氯乙烯薄膜的制造，以及照相凹版印刷、表面压纹等技术的应用，可得到色调柔和且具立体感的装饰表面。聚氯乙烯薄膜贴面的主要缺点是耐热性差，软化温度低，表面硬度低。聚氯乙烯薄膜贴面装饰板可在建筑内部壁的装饰，以及家具、地板制造等方面应用。

(2)聚氯乙烯薄膜贴面板的生产工艺流程

其工艺流程如图 13-5 所示。

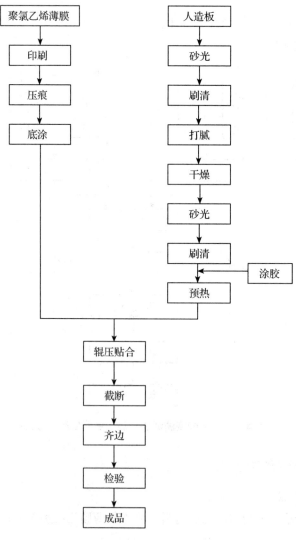

图 13-5　聚氯乙烯薄膜贴面板的生产工艺流程

13.2.2　涂饰装饰

13.2.2.1　人造板涂饰工艺流程

人造板表面涂饰方法，可分为透明涂饰和不透明涂饰 2 大类。

透明涂饰，是显露表面木纹的涂饰方法，它使基材人造板表面的自然木材纹理及色调显得更加美观，并使之具有自然的平滑感、立体感。

不透明涂饰，是用加有着色颜料的不透明色漆涂饰的方法，它使基材表面得到一种单色的涂饰效果。因此，对基材表面要求比较低，加工工艺也较简单。

人造板在涂饰处理之前必须进行砂光，砂光后应除尘。为了使木纹明显和美观，可根据需要进行着色处理，为便于向导管内渗透，一般可用醇溶性颜料。

底涂主要是为了填充木材的导管孔隙。底涂用氨基醇酸树脂类底漆，可采用逆转式涂料机。用蒸汽干燥机和远红外线干燥进行强制干燥。

根据装饰板的不同要求，必要时要进行开槽处理，槽的形状有"V""U"形等。机械开槽后，还可用专用设备进行着色涂漆、干燥及砂光处理。

最后，进行表面涂饰，通常使用氨基醇酸涂料和聚氨酯涂料，涂布量一般为 25～40g/m^2。高级产品应进行抛光处理。大规模现代化生产的典型涂饰工艺流程如图 13-6 所示。

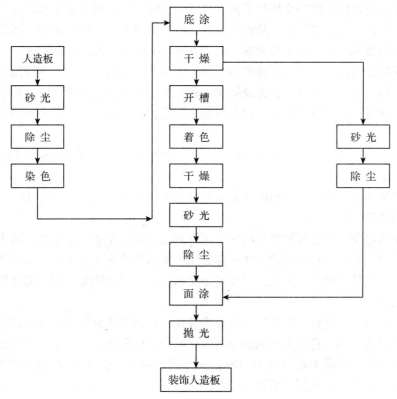

图 13-6　人造板涂饰工艺流程图

13.2.2.2 人造板涂饰的方法

目前，人造板涂饰方法有以下 5 种，即刷涂法、辊除法、淋涂法、喷涂法及薄膜法。

（1）刷涂法

刷涂法是漆用手工涂刷，可以涂刷平面部件及各种成型部件。刷涂法的效率低。

（2）辊涂法

辊涂法是用辊式涂布机来完成的。为了保证涂层的质量，最好涂 2 到 3 次，每次涂的涂层薄些，可获得较高的装饰质量。通常涂布一次后，需进行干燥，而后再涂第 2 次。每次涂布的涂布量约为 $25 \sim 40 g/m^2$。要求涂膜厚的制品，可用淋涂法，或者将辊涂机与淋涂机配合使用。

（3）淋涂法

淋涂法是人造板饰面生产中应用较广的一种方法。淋涂机头位于传送带的上方，涂料由涂料输送泵从涂料槽打入涂料机头，机头下部有刀口状缝隙，涂料从缝隙中流出，基材由传送带送入并通过机头下面，使之在其表面涂布形成上下层薄而均匀的涂层。

淋涂时，每次涂布量约为 $80 \sim 100 g/m^2$，每次淋涂厚度由刀口缝隙宽度来控制，淋涂次数按产品要求而定。淋涂机一般只有一个涂料机头，也有安装 2 个涂料机头的，可分别供给不同的涂料，但各有一条独立的涂料供给系统。

表面涂淋时，要求淋的漆层尽可能薄一些、均匀一些，以保证涂布质量，也有利于节约涂料。淋涂法的装饰工艺，是将人造板经砂光机砂光后，除去灰尘；通过加促进剂环烷酸类的不饱和聚酯树脂进行辊涂，涂布树脂量约 $50 g/m^2$；而后再通过 2 台淋涂机淋涂。聚酯树脂淋涂后，送入干燥机内干燥，再送入冷却室中冷却，使树脂完全硬化。涂饰板放冷后，经 24h 后进行砂光及抛光。砂光在三辊式砂光机内进行，将表面浮游的不均匀蜡层砂掉，最后进行抛光，使装饰板光亮度进一步提高，即可获得高质量的装饰人造板。

淋涂法生产效率高，适于在大规模的、自动化程度较高的装饰人造板车间使用。

（4）喷涂法

喷涂法装饰是一种普遍采用的技术。目前主要的喷涂方法有 3 种，即气压喷涂法、无气喷涂法及静电喷涂法。

①气压喷涂法　亦称压缩空气喷涂，这种方法实际上是手工喷涂法，较手工涂刷效率高，涂膜薄、均匀。这种方法会使一部分涂料飘落到涂饰工件之外，四处飞散，浪费较多，造成生产环境污染。因此，需要安装通风设备，排除漆雾中挥发的溶剂，以改善车间卫生条件。

②无气喷涂法　这种方法使用无气喷涂装置，它是借 2 种压力来喷涂的，一种是压力泵产生的压力，另一种是涂料加热溶剂汽化所产生的蒸汽压。用这 2 种压力使涂料高速喷射，由于空气的阻力而分散为微粒，涂布到工件上。无气喷涂法较气涂法能节约 50%的涂料，对排气通风装置的要求较低。

③静电喷涂法　静电喷涂是一项现代化的喷涂新技术，它是利用高压静电场的作

用，将涂料喷涂到工件上去的方法。静电喷涂工艺的优点是：没有漆雾飞扬，改善了劳动条件；节省涂料，降低了材料消耗；喷涂均匀，提高了劳动生产率和产品质量；有利于实现机械化及自动化生产。

两个物体一个带正电荷，另一个带负电荷，就会相互吸引。静电喷涂就是应用这一原理，达到喷涂的目的。静电喷涂按其涂料微粒得到电荷的方法不同，可分为 5 种喷涂法：电力分散喷涂法、阴极电栅喷涂法、旋杯电极式喷涂法、气幕旋杯电极式静电喷涂法和高周波手提式静电喷涂法。

（5）薄膜法

薄膜法的装饰工艺简单，生产效率高。这种方法是在胶合板或其他人造板上涂刷不饱和聚酯树脂。使用时，在树脂中加入引发剂（催化剂）——过氧化苯甲酰或过氧化甲乙酮等，及促进剂——环烷酸钴、辛酸钴或二甲基苯胺等。在引发剂和促进剂的作用下，发生共聚反应，固化成不熔不融的涂膜。在聚合反应时，用薄膜覆盖在涂膜表面使其隔氧，完成固化。薄膜可使用涤纶或维尼纶薄膜，前者厚度为 1 000 μm，后者厚度为 25 μm。

本方法采用树脂涂布及脱泡联合装置可获得较佳的效果。人造板经树脂涂布后，立即覆盖薄膜，使之隔氧，然后在薄膜上部由辊筒加压，把涂层中的气泡赶出，树脂固化后取下薄膜，可制得光泽较好的装饰人造板，无需抛光处理。

复习思考题

1. 人造板饰面处理的方法有哪些？
2. 人造板表面装饰对基材有哪些要求？
3. 简述薄木贴面装饰的特点。
4. 简述人造板涂饰的方法。

本章推荐阅读文献

1. 王恺主编. 木材工业实用大全（人造板表面装饰卷）. 北京：中国林业出版社，2002.
2. 王恺主编. 木材工业实用大全（涂饰卷）. 北京：中国林业出版社，2002.
3. 韩健主编. 人造板表面装饰工艺学. 北京：中国林业出版社，2014.
4. 郑顺兴编. 涂料与涂装原理. 北京：化学工业出版社，2013.

第 14 章

木材材质的改良

【本章提要】本章简要介绍了木材防腐、防变色、木材阻燃、木材尺寸稳定化的机理与方法。阐述了木塑复合材的性质、用途和木塑复合材的制造方法，同时还介绍了木材软化的目的和处理方法。最后介绍了遗传育种和营林培育在材性改良方面的应用情况。

14.1 木材防腐和防变色

14.1.1 木材防腐

木材是一种具有生物学特性的天然材料。在人们居住和使用的条件下，经常受到生物和微生物的侵害，主要有真菌、甲虫、白蚁和海生蛀木动物等。

14.1.1.1 木材防腐机理

防腐处理就是通过某种手段，消除上述微生物赖以生存的必要条件之一，来达到阻止其繁殖的目的。例如，用水浸泡木材就是断绝微生物的氧气来源，用干燥方法干燥木材是消除微生物生存必需的水分；化学药剂的防腐处理主要是断绝其营养物质来源。目前木材防腐主要是利用化学防腐剂的防腐作用。

防腐剂的防腐机理主要在 2 个方面，机械隔离防腐和毒性防腐。机械隔离防腐，如装饰涂料，将木材暴露的表面保护起来，阻止木材与外界环境因素直接接触，以防止微生物的侵蚀。一般以油漆作为表面隔离防腐剂，其防腐效能有限。毒性防腐是靠防腐剂的毒性抑制微生物的生长，或被微生物吸收而受毒死。现行的防腐剂多是以毒杀作用来达到防腐目的。

14.1.1.2 木材防腐剂

木材防腐剂种类繁多，大致可分为油质类(杂酚油)、油溶性类、水溶性类。

油质防腐剂目前主要使用的是煤杂酚油，以及其与煤焦油或石油的混合油。油质防腐剂对各种危害木材的生物都有良好的毒杀和预防作用，而且耐久性好，不易流失，对金属无腐蚀，但油质防腐剂处理后的木材表面脏，不易进行其他加工处理，并且有溢油现象，成分含量变化较大。常用的油溶性防腐剂有五氯苯酚、环烷酸铜、有机锡化合物等。这类防腐剂毒性强，易被木材吸收，不易流失，不腐蚀金属，处理后木材变形小，材面干净，便于后续的加工处理。但由于采用昂贵的有机溶剂，使处理成本提高，而且要求有较高的防火性能。水溶性防腐剂是使用最多的一种防腐剂，有单一型和复合型 2 种，复合型防腐性能较好。主要有铜铬砷（CCA）、铜铬硼（CCB）、氟铬砷酚（FCAP）、氨溶砷酸铜（ACA）、酸性铬酸铜（ACC）、硼砂—硼酸及氟化物、砷化物、铜化物、锌化物等。水溶性防腐剂以水作溶剂，成本低，处理材干净，无刺激性气味，不增加可燃性；但处理木材时易造成膨胀，干燥后又收缩。不宜对尺寸精度要求高的部件进行处理，而且抗流失性差。

14.1.1.3　防腐处理的方法

目前，木材防腐处理过程中，药剂的注入方法有简易处理和加压处理方法。简易处理方法包括浸渍处理、喷淋处理、涂刷处理、冷热槽法及双剂扩散法等。加压处理方法包括高压法及低压法，还有高低频压法、超高压法、两段处理法等。

（1）简易防腐处理

这种处理方法简单易行，投资少、见效快。常用的方法如下：

①涂刷处理　适用于较小规格材的处理。在涂刷前必须充分干燥，涂刷次数愈多，防腐效果愈好，但必须在前一次涂刷干燥后再进行下一次涂刷，效果才好。所用防腐剂为有机溶剂防腐剂和水溶性防腐剂。对于裂隙、榫接合部位要重点处理。

②喷淋处理　这种方法比涂刷法效率高，但易造成防腐剂的损失（达 25%～30%）及环境污染，因而只用于数量较大或难以涂刷的地方。

③浸渍处理　把木材放在盛有防腐剂的敞口浸渍槽中浸泡，使防腐剂渗入到木材中。一般设有加热装置，以提高防腐剂的渗透能力。

④冷热槽法　其原理是先将木材在防腐剂槽中加热，由于受热木材温度上升，同时使木材内的空气受热膨胀，水分蒸发，内压大于大气压，空气、水蒸气从木材中排出。然后迅速将木材转移到冷槽中，由于骤冷木材内的空气收缩，未排出的水蒸气凝结，在木材内产生部分真空，防腐剂借助于内外压差被吸入木材中。

⑤双剂扩散法　这种方法是利用 2 种不同的水溶性防腐药液甲液和乙液，分别置于 2 个槽中，木材在甲液中充分浸渍处理后，再放到乙液中浸渍一段时间，最后取出放置一段时间。甲和乙一般能形成不溶性沉淀，从而增加防腐效力，如由水溶性的硫酸铜和砷酸钠形成不溶性的砷酸铜沉淀，沉积在木材的大孔隙及细胞壁中。

（2）加压防腐处理

这是一种工业化生产常用的加压浸注防腐工艺。它是利用一定压力、温度将药剂注入木材内。加压浸注需要一些专门设备，如处理罐、加热管道及轨道，必要时另设一个全封闭的机动罐，以及药液调制罐等，并附有泵、空气压缩机、真空系统、控制仪表及其他设备等。

14.1.2 木材防变色

14.1.2.1 木材变色的机理

木材变色是指木材的本色由于生物及化学成分的作用而发生变异，大多是变成降低材料等级的不均匀深色。美国学者 Zabel 将木材变色分为 5 大类，即木材内化学物质变色(包括霉变色)、木材接触变色、木材早期腐朽变色、木材表面或内部真菌滋生变色和光变色。概括起来可分为微生物变色、光变色和化学变色 3 大类。但归根到底是由于外在因素引起木材内部的生物化学变化导致材色发生降解和使用障碍的变化。

(1)微生物变色

微生物变色是木材变色中对材色破坏最严重的一种，它是指木材受到变色菌侵害而产生的各种变色。它既侵害边材也侵害心材，一般侵害边材的居多，所产生的变色称为边材变色。边材变色发生在干枯木、原木或成材上。木材变色菌分为 2 类：一类是霉，发生于木材表面，仅使木材表面变色，可以擦掉或刮掉；另一类是边材变色菌，进入边材内部而变色，这种变色不容易除去。霉呈毛状生长，有黄白色、褐色、红色、胭脂色、蓝色、绿色、黑色等。温暖潮湿、通风换气条件差的环境适于生霉。有色菌引起的边材变色随菌的颜色而定。它们和木材腐朽菌不同，几乎不使木材发生实质分解，而只是把边材中薄壁细胞内的营养物质取作养料。边材的变色对木材强度的影响极小。变色菌在温暖高湿的地方蔓延非常快，其蔓延对其他腐朽菌的生长很有利，因此，变色菌和腐朽菌往往同时生长蔓延。

(2)光变色

光变色被认为在木材变色中占主导地位。木材材面颜色的呈现是由于木材吸收了一定波长的可见光。构成木材重要化学成分的纤维素、半纤维素并不吸收可见光，只是含发色基的木素和木材内部特定的着色物质吸收某区段的可见光，而使木材变色。在可见光区产生吸收可见光峰的不饱和基团，一般称为发色基。当一些基团加到一种化合物上以后，使这些化合物的颜色加深，则将该基团称为助色基，如羟基、醚、羧基、胺。发色基与助色基在某种化合物中以一定的形式结合，此时其吸收光谱从紫外光区延伸到整个可见光区，而显出颜色。木材变色主要是光中紫外线对木素作用的结果。光变色是木材表面组织结构的变化，主要是木素吸收紫外光及短波长的可见光产生降解，生成苯醌这种发色基团，再借助丰富的助色基团发生颜色的变化。变色的化学成分主要是木材组织成分中的单宁类、黄酮类和木质素及酚类化合物。木材抽提物是导致木材变色的重要原因之一，这些物质在木材干燥过程中，随水分移动到木材表面，在光照下发生氧化，产生变色物质。

(3)化学变色

化学变色大多指木材中的化学成分与外界物质接触发生的颜色变化，如含单宁类较多材种与金属接触材面发生蓝或红变色，或在酸或碱的介质中，发生红变或褐变等颜色变化。化学变色的另一类情况是由于木材的边材细胞中存在多种有机化合物和酶，干燥时与空气接触发生氧化或其他化学作用，从而引起化学变色，例如，松木因干燥而变成褐色。

14.1.2.2　木材变色的预防措施

木材变色源于上述的一种或几种原因的共同作用，是木材内因在环境外因的诱导和诱发下发生的自身化学成分的氧化、聚合、降解等反应的结果。根据木材的变色机理和变色类型，可采取各种预防措施。

（1）生物变色的预防措施

①物理保管法　引起木材生物变色的菌类，它们在木材上生长的必要条件是需要一定量的水分和空气。木材变色菌生长需要的木材含水率通常是在25%～150%之间。木材含水率超过150%时，变色菌往往因木材中缺乏足够的氧气而生长受到抑制，从而难以生存。同样，如果把木材干燥到含水率小于25%时，由于木材内缺乏足够的水分供菌生长而受到抑制。木材物理保管方法可分为干存法、湿存法和水存法3种。干存法是使木材含水率迅速减低到木材气干的程度，木材在干燥状态下保管。因此，堆放木材的场地通风要好，材堆最好能做到上盖、下垫、中通风。湿存法主要是使木材的边材保持在高度含水率状态，以阻止或抑制变色菌的生长、繁殖，并能防止木材开裂。这种方法适用于新采伐的原木或水运出河的原木。湿存法楞垛需经常进行喷淋水。水存法是把原木沉浸在水中，对露出水面的原木应经常喷水，或加以覆盖。

②化学保管法　就是用化学药剂配成的溶液喷淋或浸泡木材，使木材表面覆盖一层化学药剂，一部分药剂渗入木材的表层，使木材变为有毒物质，可以杀死或抑制侵染木材的菌，从而防止菌进入木材造成变色或腐朽。

（2）光变色的预防措施

木材光变色是一种诱导变色，与木素或抽提物有关。为防止木材变色可采用下列方法：

①在木材表面涂刷涂料，在涂料中加入紫外吸收剂和防氧化剂。

②木材先用有机溶剂浸提，除去其中的与木材变色有关的抽提物。

③对木材进行组分分子官能团的改性。有实验证明氨基脲是比较有效的一种防褪色剂。

（3）化学变色的预防措施

①木材先用有机溶剂浸提，去除与木材颜色变化有关的单宁类物质。

②防止木材淋雨，避免雨水中的酸碱物质造成木材变色。

③真空干燥被认为对干燥引起的酶致氧化变色有一定效果。

14.2　木材阻燃

14.2.1　阻燃机理

木材阻燃机理的分类如图14-1所示。

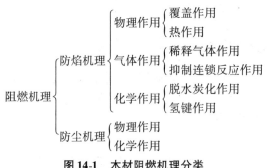

图 14-1　木材阻燃机理分类

14.2.1.1　物理作用

（1）覆盖作用

在木材热解温度以下阻燃药剂熔融，覆盖在木材表面上，能抑制气体的发生，同时阻断氧气及热量。

（2）热作用

包括隔热、吸热及热传导 3 种作用。

①隔热　阻挡热量向木材内传递。如磷酸盐、碳酸钙、氰化物等都可使形成的炭化层起到隔热作用。用磷酸二氢胺处理的木材，所形成的木炭热传导率和热扩散率都比未处理的木材低，而比热变高。

②吸热　药剂的分解或熔融是吸热反应，能抑制木材达到热分解温度和着火温度。抑制释放结晶水及木材中水分的汽化都是阻燃剂吸热反应的结果。

③热传导　将供给的热量迅速扩散，抑制木材温度的上升。

14.2.1.2　气体作用

（1）稀释气体作用

药剂分解时产生的不燃性气体或消焰性气体使可燃性混合气体稀释，从而降低燃烧反应速度和火焰温度。不燃性气体或消焰性气体包括水蒸气、二氧化碳、二氧化硫、氨气、卤化氢等，能生成这些气体的化合物有碱金属的碳酸盐和卤化胺、磷酸、硫酸、氨基磺酸的胺盐等。

（2）抑制火焰内的连锁反应

利用在火焰下热分解或气化产生的活性物质的触媒作用，使火焰内的连锁反应停止，从而抑制燃烧。卤化物、碱金属、碱土金属等化合物都有这种作用。

14.2.2　常用的木材阻燃剂

木材阻燃剂应具备如下性能：

①在火焰温度下能阻止发焰燃烧，降低木材的热降解及炭化速度。

②阻止木材着火。

③阻止除去热源后的有焰燃烧及表面燃烧。

④价格低廉，无毒无污染，使用方便。

⑤处理后对木材和金属连接件无腐蚀作用，对木材加工不产生障碍。

⑥具有耐溶剂性能，有耐久性。

⑦不在材料表面产生结晶或其他沉积物。

⑧不降低木材的物理力学性能。

在诸多阻燃剂中，有的单独使用就可以充分发挥抑制、阻止燃烧的作用，有时只用单一阻燃剂和单一的化合物不起作用。另外，有的化学药剂由于溶解度小，而采用数种药剂互相配合可发挥各种化学药剂的相乘效果和相溶效果，进而可用混合药剂改变处理材的吸湿性、防烟性、金属腐蚀性，防止结晶物的析出、木材材质的劣化以及强度的降低等。具代表性的阻燃剂有下列 3 类：磷及其化合物，如磷酸铵、磷酸氢二铵、磷酸二氢铵等；卤素及其化合物，如溴化铵、氯化镁、氯化锌等，卤化物与含锑化合物并用也有明显的阻燃效果；硼及其化合物，如硼酸、硼砂等。

14.2.3　木材的阻燃处理方法

（1）深层处理

通过一定手段使阻燃剂或具有阻燃作用的物质，浸注入木材达到一定深度。一般采用浸渍法和浸注法。浸渍法适合于渗透性好的树种和无机阻燃剂，要求木材保持足够的含水率，便于阻燃物质渗入到木材内。浸渍法的浸透深度一般可达几毫米。浸注法是用来处理渗透性差的木材，常用真空加压法注入。其工艺过程如下：先将木材放进处理罐中，后抽真空，在压力下注入阻燃药液，保持压力，一定时间后解除压力。

（2）表面处理

即在木材表面涂刷或喷淋阻燃物质。这种方法不宜用于处理成材。因为成材较厚，涂刷或喷淋只能在木材表面形成微薄一层阻燃剂，达不到应有的阻燃效果。如果处理单板，通过层积作用，药剂保持且增加，能保证一定的阻燃效力。例如胶合板、单板层积材的阻燃处理，大多是先处理单板再层积。近年来也有采用混入胶黏剂来达到阻燃目的的。常用的阻燃物质是阻燃涂料。阻燃涂料有 2 类。一种是密封性油漆，这是一种聚合物，耐燃性很强。它在木材表面形成密封保护层，隔断木材与火焰的直接接触，但它不能阻止木材的温度上升。当木材细胞空隙中的空气被加热膨胀后会破坏漆膜，丧失阻燃作用。另外，漆膜在环境因素日积月累作用下会老化，需定期维护漆膜才有效。另一种是膨胀性涂料。这种涂料在木材着火之前很快燃烧，产生不燃性气体，而且气体很快膨胀，在木材表面形成保护层，使木材热分解形成的可燃性气体难以被外部火源点燃，也就不能形成发焰燃烧，阻燃效果好。但这种涂料外观性较差，而且必须经常维护，才能保持有效的阻燃作用。有的膨胀性涂料是以天然或人工合成的高分子聚合物为基料，添加发泡剂、助发泡剂等阻燃成分构成的，在火焰作用下形成均匀而致密的蜂窝状或海绵状的碳质泡沫层。这种泡沫层不仅具有良好的隔氧作用，而且有较好的隔热效果。这种泡沫层松软，可塑性大，高温灼烧不易破裂。

（3）贴面处理

即在木材表面贴具有阻燃作用的材料。例如，无机物或金属薄板等非燃性材料，或者经阻燃处理的单板，或者在木材表面注入一层熔化了的金属液体，形成所谓的"金属化木材"。

14.3　木材的尺寸稳定化

木材的湿胀、干缩的各向异性以及木材中存在的残余应力(树木的生长应力)常引起木材的开裂、翘曲和变形，给木材加工和利用造成困难。水分的存在与变化是导致木材尺寸不稳定的主要原因之一。

14.3.1　木材尺寸稳定化的机理

在木材和纤维素材料的膨胀现象中有 2 个独立的因子：固体物质的内部膨胀和这个膨胀量传递给外部尺寸的变化。膨胀的这种双重性就决定了要减小木材及纤维材料膨胀率的 2 个基本途径：一是降低其吸湿性，可以采用减少具有吸附水分能力的吸附点——羟基，或使之失去吸附能力；二是限制内部向外部的传递，借以减小外部因膨胀而产生的尺寸变化。

14.3.2　木材尺寸稳定化的方法

(1)单板纹理相互垂直进行层积

主要效应是板厚度方向的膨胀率增加，从而解除了各层单板之间相互抑制的应力，以及增加了向细胞腔内部的膨胀。

(2)覆盖处理

包括外覆盖和内覆盖 2 种。

①外覆盖　利用涂饰或贴面可延缓湿空气在木材中的扩散速度，减少木材对水蒸气的吸着速度，由此减少膨胀和表面开裂的速度。

②内覆盖　将拒水材料溶解于挥发性溶剂中或通过乳化剂溶解于水中制成黏度低流动好的溶液注入木材内部，当溶剂挥发后将拒水材料留在木材内表面上。这种处理方法称为内表面覆面处理或内部涂饰法。该法常应用于对加工构件的临时防湿处理和暂时保护。

覆面处理方法只能降低水蒸气和水在木材中的传导速率，推迟或延缓由水分的变化引起的膨胀或收缩，而不能改变木材最终平衡含水率，其防湿和拒水作用的效力低而且是短期的。

(3)减少木材的吸湿性

由于纤维素和木素的极性羟基对水有吸引力，当极性羟基用低极性基置换时，可以显著减少对水的亲和力。理想的情况是用氢置换羟基，但至今还未发现一种氢化方法能够仅使那些不参与各种结构结合的羟基氢化。加热可改变吸湿性从而使木材稳定。加热处理材的结果是重量减小、材面变暗，与此同时，处理材吸湿降低，尺寸稳定性提高。虽然加热处理提高了木材的尺寸稳定性，但力学强度降低。当单板在高温干燥机中干燥时，由于加热处理，材面变为疏水性，尤其对天然树脂含量较高的木材单板，这种现象更为明显，致使胶合困难，胶合性能下降。

（4）交联

木材分子结构单元之间形成化学交联，是获得木材尺寸稳定处理最有效的方法之一。采用强酸或无机盐催化，用甲醛（FA）蒸汽处理纤维素材料，由于甲醛的交联反应，使纤维素链分子之间架桥。由于细胞壁非结晶区纤维素分子之间形成交联结合，封闭了羟基从而使尺寸稳定。此法的优点是能气相处理，用少量药剂能获得很大的尺寸永久稳定性，且重量增加少。缺点是未反应的甲醛难以去除，酸性催化时处理材的韧性和耐磨性有较大的降低。

（5）填充增容法

包括以下 6 种方法。

①盐处理　就是用饱和浓度的各种盐溶液浸注木材。由于盐膨胀细胞壁，以致细胞壁不按正常量收缩。虽然盐处理能达到尺寸稳定目的，但由于用盐处理后对加工刀具和紧固件有腐蚀作用，因而还不能在生产中广泛使用。

②糖处理　用单糖或混合单糖溶液注入木材进行改性，处理材润胀率低，还能保持木材原有状态。由于糖类是生物体的食物，所以应用时必须添加毒剂，因而很少使用。

③聚乙二醇处理（PEG）　浸渍聚乙二醇，可使木材的膨胀和收缩变小，即可减少木材开裂、翘曲、扭转、变形等。聚乙二醇是一种常用的木材增容处理剂。

④树脂处理　用水溶性树脂处理木材，在木材细胞壁内沉积非水溶性物质。水溶性树脂能扩散进细胞壁，随后干燥除去水分，然后在催化剂存在下加热，使树脂聚合。

⑤聚合处理　将乙烯基单体注入木材中，然后采用高能射线辐射或借助于引发剂和热量的作用，使有机单体与木材组分发生接枝共聚反应或以聚合物填充于木材细胞腔内，从而形成一种新型材料。制造木塑复合材料的方法有多种，但归纳起来有辐射法和触媒法 2 种。无论采用哪种方法，首先要选择好单体、引发剂和膨胀剂。常用的单体是一类具有不饱和双键的乙烯基化合物，主要有：苯乙烯、甲基丙烯酸甲酯、丙烯腈、丙烯酸、氯乙烯、乙烯、丙烯、丙烯酸乙酯、乙酸乙酯等。引发剂是一类易于分解成自由基的化合物，以引发自由基聚合反应。常用引发剂有 2 类：一类是有机过氧化合物（如过氧化苯甲酰）；另一类是偶氮氧化合物（如偶氮二异丁腈）。在单体溶液中加入膨胀剂能提高难浸入木材的含浸率。常用的木材膨胀剂有乙醇、二烷、甲酰胺等。木塑复合材料兼有木材和聚合物的双重优点，其吸湿性、吸水性比未处理材显著降低，具有优良的体积稳定性，其抗缩率可高达 70%。此外，力学强度、表面形状、耐腐和耐候性能等均较未处理材有明显改善。

⑥乙酰化　乙酰化处理是用疏水性的乙酰基（CH_3CO—）置换亲水性的羟基（—OH），由于木材中引入了乙酰基，因此，可以认为是增容作用而引起的尺寸稳定化。与其他尺寸稳定处理方法比较，乙酰化处理后木材无脆化效应，能保持木材原有的良好特性，材色变化少，对环境污染小。

14.4　木塑复合材

木材中注入不饱和烯烃类单体或低聚体、预聚物后，利用射线照射或催化加热手段提供能量，使其在材内聚合固着，制得的材料称为 Wood Plastic(木塑)，缩写为 WPC。

14.4.1　木塑复合材的性质和用途

WPC 由于兼具木材和塑料的性能，故较未经处理的素材坚硬、强韧、耐久、耐磨，尺寸稳定性大。与素材相比，WPC 的硬度提高 2~8 倍，耐磨性提高 4~5 倍，耐磨强度甚至比大理石还高 5 倍。顺纹抗压强度大 2 倍，横纹抗压强度大 4 倍，气干状态下的静曲强度大 1 倍。吸湿膨胀率则减少 60%，耐候性增大 50%。此外，WPC 的阻燃性、耐腐蚀性和耐微生物侵蚀能力较素材都有提高。速生树种的木材材质疏松，若进行表层 WPC 处理能使其性能大为改善，如再经色泽彩化的 WPC，其强度提高，外观改善，可作为优质材使用。

彩色 WPC 仍可保持表面光滑和木纹清晰，并有一定的立体感。简化了表面装饰工艺，可用于建筑、家具、工艺品和高级木制品。国外称其为"华丽木"。

14.4.2　WPC 的制造

14.4.2.1　原材料

WPC 是木材和塑料(树脂)的复合材。树种和树脂液原料的选择必然会影响到 WPC 的特性和产品价格。此外，根据产品的不同用途和使用场合，在制造过程中还应使用着色剂、交联剂、阻燃剂等多种添加成分。

（1）木材

应选择浸注性能好的树种木材做原料，通常以桦木属、槭木属、水青冈等阔叶散孔材最为适宜。此外，栎木、水曲柳、杨木等也较适用。椴木的浸注性最好，很适合作为研究用材，但由于木材纹理不够清晰，其实用性受到限制。

（2）树脂液

作为浸注用树脂液，主要有：苯乙烯(ST)、甲基丙烯酸甲酯(MMA)、醋酸乙烯（ VAC ）、丙烯脂(AN)等乙烯类单体，不饱和聚酯(UPE)、丙烯类低聚体等。这些树脂液既可单独使用，亦可按比例混合配制使用，混合型树脂液效果较佳。

（3）添加剂

包括着色剂、交联剂、促进剂和阻燃剂 4 种。

①着色剂　在树脂液中预先添加着色剂，能使 WPC 呈现预定的颜色，着色剂通常使用偶氮类、蒽醌类油溶性染料。油溶性染料在树脂液中的溶解性好，着色鲜明。但某些油溶性染料对聚合反应具有阻聚性，而且产品耐光性较差。为此，常使用着色鲜明性一般但耐光性较好的醇溶性染料。

②交联剂　为了加快聚合反应的速度，提高 WPC 的力学性质，应添加交联剂。常

使用过氧化类化合物和二甲基丙烯 1, 3-丁烯、二乙烯基苯和三甲基丙烯酸三羟甲基丙烷等交联性单体。

③促进剂　常用的促进剂为亚硫酸钠(Na_2SO_3)、亚硫酸氢钠($NaHSO_3$)、氨基钠和各种胺类。

④阻燃剂　WPC 作为建筑材料使用时，有时需要进行阻燃处理。常用的阻燃剂为含卤的有机磷化合物(如三氯乙基磷酸酯)、二氯乙烯和含磷单体等。

14.4.2.2　注入方法

树脂液向木材中的注入遵循常规的防腐药液的注入方法。把原木材装入浸注罐中，开启真空泵抽真空，尽可能排除材内空气。真空状态下注入树脂液，并将木材完全浸没。然后将空气或氮气引入浸注罐，使罐内恢复到大气压状态(减压法)。根据木材树种的注入难易程度，选择空气或氮气加压，并保持压力。加压终止后，缓慢地解除压力(减压—加压法)。

14.4.2.3　聚合方法

向木材中注入树脂液并使其聚合的方法大致可分为射线照射法和催化加热法 2 大类。

(1)射线照射法

用高能射线(γ、β、X)照射浸渍了树脂液的木材，使之产生聚合反应生成 WPC。用射线照射生产 WPC 时，单体中不用添加引发剂，也不需冷藏。自由基产生的速率只取决于照射剂量而不受温度影响。这种方法适于大批量生产，但一次性投资大，必须设置的照射源基地造价昂贵。

(2)催化加热法

催化加热法生产 WPC，具有投资少、工艺简便、易于推广等优点，适用于小规模、高价值制品的生产。用该法生产时，单体中需加入引发剂。由于木材中的含酚类物质如单宁、木素等会不断地消耗引发剂，从而影响链锁反应的接枝共聚。为了保持预定的反应速度，必须提高反应温度。而长时间的升温加热会导致木材物理力学性能下降，同时也增加单体的挥发损失。生产过程中加了引发剂的单体溶液需在 11℃ 温度下存放，因此，必须配备专用冷藏设备贮存单体，而且浸渍后的剩余单体尚需加入某些阻聚剂，方能贮存，否则易于聚合。

14.5　木材软化

14.5.1　木材软化目的

(1)成型加工

木材成型加工包括 3 个连续工序：软化、成型和固定。木材被加热后，水分渗透进入木材达到饱和，基质软化致使木材塑性增大，成型加工得以进行。随后，木材在变形状态下干燥，获得永久应变称为干燥固定。常使用蒸煮法、饱水状态下微波加热成型法、液氮和氨气处理法等。这些方法与切削、胶合、接合等成型加工不同，是一种不损伤木材纤维连续性的成型加工方法。

（2）压密化

为了提高木材的强度和弹性模量，常采用压缩方法使木材密度增大。在压缩过程中若木材已暂时塑化，则木材压密化变得易于进行。木材表层压密化可提高其耐磨性。此外，可利用刻花模具对木材进行特殊的压花加工。在表层压密化之前，欲使木材暂时塑化，可采用含水状态下的加热处理，也可用氨水浸渍等方法。

（3）碎料成型

刨花或纤维在适宜条件下塑化加工成型，热压过程中使刨花板或纤维板表层压密。

（4）永久塑化

在木材中添加适宜的软化剂，使木材的软化点降到常温以下，从而制得常温下具有柔软性的材料。以胺为基质的非挥发性膨胀剂具有这种功能。

14.5.2　木材软化处理

木材软化处理可分为物理方法和化学方法 2 类。

（1）物理方法

又称水热处理法，是以水为软化剂，同时加热达到木材软化的目的，如火烤法、水煮法、汽蒸法、高频加热法、微波加热法。

①蒸煮法　采用热水煮沸或者高温蒸汽汽蒸，处理时间随树种、材料厚度、处理温度等不同而变化。在处理厚材时，为缩短时间，采用耐压蒸煮锅提高蒸汽压力。若蒸汽压力过高，往往出现木材表层温度过高，软化过度，而中心层温度较低，软化不均。反之，若处理温度过低，则软化不足。

②高频加热法　将木材置于高频振荡电路工作电容器的 2 块极板之间，加上高频电压，即在 2 极板之间产生交变电场。在其作用下，引起电介质（木材）内部分子的反复极化，分子间发生强烈摩擦。这样，就将从电磁场中吸收的电能变成热能，从而使木材加热软化。电场变化越快，即频率越高，反复极化越剧烈，木材软化时间越短。

③微波加热法　是 20 世纪 80 年代开发的新工艺。微波频率为 300MHz ~ 300GHz、波长约 1 ~ 1 000mm，它对电介质具有穿透能力，能激发电介质分子产生极化、振动、摩擦生热。当用 2 450MHz 的微波照射饱水木材时，木材内部迅速发热。由于木材内部压力增大，内部的水分便以热水或蒸汽状态向外移动，木材明显软化。

（2）化学方法

又称化学药剂处理法，是用液氨、氨水、氨气、亚胺、碱液（NaOH，KOH）、尿素、单宁酸等化学药剂处理木材。

用化学药剂软化木材的机理与蒸煮法不同，不同的化学药剂处理木材时的软化机理也各不相同。

这种处理方法的特点是木材软化充分，不受树种限制，是实用性、可行性强的木材软化法。常用的化学药剂处理有碱处理和氨处理，其中氨处理效果甚佳。

①碱处理　本法将木材放在 10% ~ 15% 氢氧化钠溶液或 15% ~ 20% 氢氧化钾溶液

中，达到一定时间后木材即明显软化。取出木材用清水清洗，即可进行自由的弯曲。该法软化效果很好，但易产生木材变色和塌陷等缺陷。为了防止这些缺陷的产生，可用 3%~5% 的双氧水漂白浸渍过碱液的木材，并用甘油等浸渍。碱处理过的木材虽然干燥定型，但若浸入水中则仍可以恢复可塑性。

②氨处理　氨塑化性能与木材树种、含水率和木材的结构有关。液态氨处理是将气干或绝干的木材放入 −78~−33℃ 的液态氨中浸泡 0.5~4h 后取出，当温度升到室温时，木材已软化。进行弯曲成型加工后，放置一定时间使氨全部蒸发，即可固定成型，恢复木材刚度。该法与蒸煮法相比，具有如下特点：木材的弯曲半径更小，几乎适用于所有树种的木材；弯曲所需的力矩较小，木材破损率低；弯曲成型件在水分作用下，几乎没有回弹。液氨的塑化作用表现在对木素和多聚糖类都是很好的膨胀剂。木素是具有分枝状交联的球形高聚物，氨塑化时，木素分子发生扭曲变形，但分子链不溶解或不完全分离，并且松弛木素与多聚糖类的化学联结，使其呈现软化状态。

14.6　材质改良与遗传育种和营林培育

14.6.1　遗传育种和营林培育对材质改良的意义

木材作为一种生物材料，具有许多非生物材料所不具有的优点，但也存在着许多的天然缺陷。目前，木材品质的改进方法可以分为生物技术和非生物技术 2 大类。人们所熟知的木材干燥技术、化学改性技术、各种功能性复合等材性改良技术都属于非生物技术类。这些方法虽然可以有效地改善木材的天然品质缺陷，提高木材利用价值和经济价值，但毕竟是属于后天的一种补救性技术措施，不能从根本上改变木材的天然缺陷。

自 20 世纪 60 年代以来，随着木材科学技术和林木遗传改良工作的交叉和结合，形成了一系列新兴的木材品质的生物技术改良方法。木材品质遗传改良学家试图通过对现存的林木群体中木材品质遗传变异的利用、木材形成过程中木材品质的遗传调控和木材形成过程中目的基因的识别、分离和转移等技术，进行木材品质的定向遗传改良。木材品质的生物技术改良方法不仅从木材形成的源头上避免或克服了木材天然缺陷的形成，改进了木材品质，而且在减少和降低因改进木材天然缺陷而带来的各种物理能耗、化学改性带来的环境压力等方面均具有重要的意义。

因此，无论是木材的实木加工利用还是造纸等化学加工利用，木材品质的生物技术改良，即木材品质的遗传改良无疑是林木遗传改良的重要组成部分。

14.6.2　林木的遗传性与林木材质和材性

通过选种育种改进木材的质量，它涉及林木的很多特性：树冠特性如树枝的大小、角度和分布，树干形状如直立、倾斜和尖削，缺陷如轮裂的有无，以及固有的木材性质如花纹、晚材率、密度、细胞长度和其他细胞尺寸、纤丝角、干缩、斜纹理，以及化学组成。这些特征可以通过选种育种加以控制，并可以遗传到下一代。例如，某些树种的幼龄材期通过育种可以缩短，并可遗传后代。

　　木材品质因子大部分有较高的遗传性，即受较大程度的遗传控制。但是木材品质因子间的遗传控制方式不完全是简单的独立遗传，许多木材品质因子与生长性状、品质因子与品质因子之间存在相关遗传关系，对一个性状进行选择会影响到另一个性状的遗传进展。遗传相关有紧密与不紧密，正相关、负相关或不相关之分。当我们对生长与木材品质进行联合改良时，希望生长与木材品质因子是独立遗传或不相关的。而当对木材品质因子进行改良时，有的希望正相关，有的希望不相关或负相关。例如，进行木材密度选择时，由于木材物理力学性质大都与木材密度呈正相关关系，所以在对密度进行选择的同时，也改良了其他性状。松类、杨树等阔叶树种的生长量与木材密度多呈负相关关系。杉木的木材密度与生长没有显著的相关关系，因而可以进行独立选择。在进行木材品质遗传改良时，要首先了解清楚性状的遗传控制方式。另外，木材品质因子还与环境存在明显的交互效应，因此，必须重视木材品质的遗传变异。

14.6.3　营林措施对木材材性的影响

　　木材品质除了受到遗传因子的影响外，营林措施对人工林木材品质的影响也是十分明显的。对木材品质有重要影响的营林措施主要有栽植株行距、疏伐、修枝、施肥、整地等。已有的研究结果表明，较大的株行距和疏伐可以促进树木的直径生长，提高成熟材的比例，但可能带来分枝粗大、疏伐初期可能导致纤维长度暂时下降等。修枝可以明显降低应力木的比例和改进分枝带来的缺陷。幼林期施肥虽然可以明显提高生长量，但同时也明显增加了幼龄材的比例，使得木材比重有一个阶段的下降期。

　　总之，木材的品质明显受到遗传和环境(生物因子和非生物因子)的影响，存在明显的遗传与环境的相互作用，这方面还有许多未知科学问题需要探索。

复习思考题

1. 木材防腐处理的方法有哪些?
2. 简述木材变色的机理。
3. 木材阻燃剂应该具备哪些条件?
4. 简述木材尺寸稳定化的机理。
5. 常用木材尺寸稳定化的方法有哪些?
6. 简述遗传育种和营林培育对木材材质改良的意义。

本章推荐阅读文献

1. 王恺主编. 木材工业实用大全(木材保护卷). 北京：中国林业出版社，2002.
2. 王明庥主编. 林木遗传育种学. 北京：中国林业出版社，2001.
3. 李坚主编. 木材科学(第3版). 北京：科学出版社，2014.
4. 陆文达主编. 木材改性工艺学. 哈尔滨：东北林业大学出版社，1993.
5. 谭守侠，周定国主编. 木材工业手册. 北京：中国林业出版社，2006.
6. 方桂珍主编. 木材功能性改良. 北京：化学工业出版社，2008.

第 15 章

木家具生产工艺

【本章提要】本章简要介绍木家具常用的材料和接合方法，介绍木家具的加工工艺，包括方材零件、板式部件和弯曲成型部件的加工以及木家具的装配，简单介绍了木家具的涂料装饰。

15.1　木家具的材料与接合方法

15.1.1　材料与配件

（1）锯材

锯材是原木经制材加工得到的产品。不同用途不同质量要求的家具，对锯材材质的要求不同。用于家具的木材要重量适中，变形小，具有足够的强度。

（2）人造板

人造板的种类和品种很多，家具生产常用的有胶合板、三层结构刨花板、中密度纤维板、细木工板等。它们具有幅面大、质地均匀、变形小，厚度上可直接利用等优点，在家具生产中得到了广泛的应用。

（3）饰面材料

饰面材料种类很多，主要有如下几种。

①薄木和单板　厚度为 0.1～3mm 的薄木片称薄木。按制造方法不同薄木有 3 种：锯制薄木、刨制薄木和旋制薄木。锯制薄木表面无裂纹，但锯路损失比薄木本身还大，因此很少采用。刨制薄木纹理美观，表面裂纹小，常用厚度为 0.1～0.5mm，多用于家具的饰面装饰。旋制薄木纹理是弦向的，不美观，表面裂纹较大，旋制薄木专称单板。

②印刷装饰纸　指印有木纹或其他图案的、没浸渍树脂的纸。可直接贴在基材上，然后用涂料涂饰表面，或在表面贴一层透明的塑料薄膜。其装饰性能良好，成本低，但其装饰层薄，主要用于立面部件的装饰。

③合成树脂装饰纸　直接把浸渍纸贴在已成型的家具表面，贴面时浸渍树脂本身与基材起胶合作用。其工艺过程简单，常用于饰贴磨损较小的部件。

（4）封边材料

上述饰面材料都可以用于封边。此外，还有木条、铝合金、塑料等材料制成的封边条。封边材料都预先制成条状或卷材，背面可以带胶或不带胶。

（5）配件

家具用到的配件种类很多，有铰链（合页）、连接件、木螺钉、拉手、玻璃、镜子、插销、碰珠、滑道、套脚等。配件不仅具有实用功能，而且与家具的外观装饰有关系。

15. 1. 2　木家具的接合方式

任何家具都是由若干个零件、部件按一定的接合方式装配而成的。选用的接合方式对家具的外观、强度和加工过程都有直接的关系。家具常用的接合方式有以下几种。

（1）榫接合

把榫头嵌入榫眼或榫沟的一种接合方式。榫头主要有 3 种类型（图 15-1）：直角榫、燕尾榫和圆榫。其他形式的榫头都是由这 3 种榫头演变而来的。

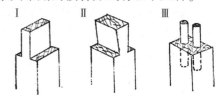

图 15-1　榫头的几种形式

（2）钉接合

钉子有金属钉、竹钉和木钉 3 种。钉接合容易破坏木材，接合强度小，只适合用于家具内部的接合或外观要求不高的地方。钉接合通常是在胶料的配合下进行的，有时只起辅助作用。

（3）木螺钉接合

也称木螺丝，它是一种简单的金属连接件。用它连接可以拆装，但拆装次数有限，否则会影响接合强度。螺钉头露在表面对外观有影响，多用于家具台面、柜面、椅座板及配件的安装。握螺钉力和钉着力随钉的长度、直径的增大而增强。

（4）胶接合

指单独用胶来胶合，如短料接长、窄料拼宽、薄木贴面、覆面板的胶合等。胶接合可以达到小材大用，劣材优用，节约木材的目的。

（5）连接件接合

连接件的种类很多，可用于方材、板件的接合，特别是家具部件之间的连接。采用连接件接合可以多次拆装，而且拆装方便。拆装式家具的生产、加工、组装、储存、包装和运输都很方便。

15. 2　机械加工基础知识

15. 2. 1　加工基准

在进行机械加工的时候，应先把工件放在机床或夹具上，使之与刀具之间有一个正确的相对位置，这称为定位。为了使零件在机床上相对于刀具或在产品中相对于其他零、部件具有正确的位置，需利用一些点、线、面来定位，这些点、线、面称为基准。根据基准的作用不同，可以分为设计基准和工艺基准 2 大类。

①设计基准　在设计时用来确定产品中零件与零件之间相互位置的那些点、线、面称为设计基准。

②工艺基准 在加工或装配过程中，用来确定与该零件的其余表面或与产品中的其他零、部件的相对位置的点、线、面称为工艺基准。工艺基准按用途不同，又分为定位基准、装配基准和测量基准。

15.2.2 加工精度

加工精度是零件在加工后所得到的尺寸、几何形状等参数和图纸上规定的尺寸、几何形状等参数的理论数值相符合的程度。相符合的程度越高，即二者之间的差距越小，加工精度就越高。在家具的加工过程中，加工精度受诸多因素的影响，主要有下列因素。

①机床本身的结构和几何精度。

②刀具的结构与安装精度及刀具的磨损。

③夹具的精度及零件在夹具上的安装误差。

④工艺系统的弹性变形。在切削加工过程中，由于切削力、机床高速旋转时产生的离心力等外力的作用，机床、刀具、夹具、工件所构成的工艺系统会出现弹性变形而产生误差。

⑤量具和测量误差。

⑥机床的调整误差。

⑦加工基准的误差。在加工过程中，基准的选择是否正确，对加工精度有较大的影响。

⑧材料的性质。在切削加工之前，成材必须进行干燥，成材的干燥质量直接影响工件加工时形状和尺寸的稳定性。另外，木材的各向异性和天然缺陷，材料加工余量大小不一等都会造成工件的加工误差。

15.2.3 表面光洁度

木材经过加工后，其表面光滑、平整的程度称为表面光洁度。家具零件表面的光洁度直接影响胶合、胶贴和涂饰质量。经过加工的木材表面，由于各种原因可能出现的不平度有：刀具痕迹、木材表面成束的木纤维被剥落或撕开而形成的破坏性不平度、木材弹性恢复不平度、木毛和毛刺等。

木材表面的不平度与切削加工过程中的切削用量、切削刀具、工艺系统的刚度和稳定性、木材的物理力学性质以及切削方向等因素有关。

在家具生产中表面粗糙度的测量主要依靠目测、手摸触感来评定，或采用特制的光洁度工艺样板与加工后的零部件进行比较的办法进行。

15.2.4 工艺过程

通过各种加工设备改变原材料的形状、尺寸或物理性质，将原材料加工成符合技术要求的产品所进行的一系列工作的总和称为工艺过程。

木家具根据其材料和结构特点可以分为框式家具和板式家具2大类。框式家具是以实木为基材，其主要部件由木框或木框嵌板结构所构成。框式家具的生产工艺流程为：板材→干燥→配料→毛料加工→(胶合)→(弯曲)→净料加工→部件装配→总装配→涂饰→成品。板式家具是以人造板为基材，部件间主要以圆榫或连接件接合。其生产工艺流程为：板式部件制造→钻孔→涂饰→圆榫打入→装配→成品。

15.3　方材零件加工

15.3.1　配料

15.3.1.1　加工余量

将毛料加工成形状、尺寸和表面质量等方面符合设计要求的零件时所切去的一部分材料称为加工余量。如果用湿板材配料，则加工余量中还应该包括湿毛料的干缩量。

加工余量可分为工序余量和总余量。工序余量是为了消除上道工序所造成的形状和尺寸误差而应当切去的一部分材料。总余量是为了获得形状、尺寸和表面光洁度都符合要求的零部件应从毛料表面切去的那部分材料。总余量等于各工序余量之和。

目前我国木制品生产中采用的加工余量为经验值。木家具生产中的加工余量为：厚度或宽度上取 3～5mm；对于短零件取 3mm，1m 以上的长零件取 5mm。长度上取 2～20mm；对于带榫头的零件取 5mm，没带榫头的零件取 10mm，用于整拼板的毛料长度取 15～20mm。阔叶材毛料的加工余量应比针叶材毛料取得大些。

15.3.1.2　锯材配料

按照零件的尺寸规格和质量要求，将锯材锯割成毛料的过程称为锯材配料。

配料要点：根据产品的质量要求合理选料；合理确定加工余量；锯材含水率应符合产品的技术要求；选用的锯材规格尽量和加工零部件规格相衔接；正确选择配料的方式和加工的方法。

锯解时根据板材的类型和毛料的形状尺寸可按下列方案进行配料：

①先横截后纵解，如图 15-2 所示。先根据毛料的长度尺寸及其加工余量将板材横截成短板，同时截去不符合技术要求的缺陷部分，再纵解成毛料。

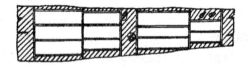 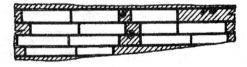

图 15-2　先截断后纵解　　　　　　　　图 15-3　先纵解后截断

②先纵解后横截，如图 15-3 所示。按零件的宽度尺寸先纵向锯解，再根据零件的长度截成毛料，同时除去缺陷部分。此法适合配制同一宽度（或厚度）规格的大批量毛料。可在机械进料的单片锯或多片锯的纵解圆锯机上进行。

③在下锯前预先进行划线。根据零件的规格、形状和质量要求，先在板面按套裁法画好线，然后再锯解。可提高出材率，尤其对于曲线零件，先画线既保证了质量，又提高了生产率，但是增加了工序。画线方法有平行画线和交叉画线 2 种。

④先粗刨再配料。即将锯材先经单面压刨或双面压刨加工后，再进行截断或纵解。此法便于操作人员按板面缺陷分布情况合理配料。另外，板面经过粗刨，对于质量要求不高的内框料等零件，在毛料加工时，就只需加工其他两面，减少了加工工序。

⑤长度或宽度上胶合后，再配料。此法可提高毛料出材率和零件质量。

配料方式的选择应根据零件的要求，并考虑到提高出材率、劳动生产率和保证产品质量等因素，进行组合选用，组成各种配料方案。

配料时用于板材截断的设备有：带推车的截断锯、刀架直线移动的截断锯和脚踏圆锯机等。纵向锯解采用手工进料或机械进料的单片锯或多片锯和小带锯，锯解曲线形毛料需用细木工带锯机。

锯材配料的材料利用程度可用毛料出材率来表示。毛料出材率是毛料材积与锯成毛料所耗用的成材材积之比。

15.3.2　方材毛料加工

15.3.2.1　基准面的加工

方材毛料的加工通常是从基准面加工开始的。基准面包括平面（大面）、侧面（小面）和端面。不同的零件，随着加工要求的不同，不一定都需要 3 个基准面。

平面和侧面的基准面用铣削方式加工，常在平刨或铣床上加工。在平刨上加工基准面如图 15-4 所示。此法在生产中普遍使用，它可以消除毛料的形状误差和锯痕等。平刨加工基准边如图 15-5 所示，通过调整导尺与工作台面的夹角可以使侧面与平面成直角或所需的角度。

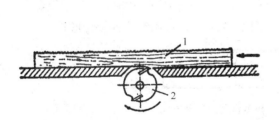
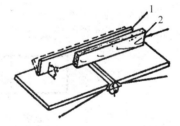

图 15-4　在平刨上加工基准面　　　　　图 15-5　在平刨上加工基准边
1. 工件　2. 刀具　　　　　　　　　　　1. 导尺　2. 工件

生产中使用的平刨大多数是手工进料的，但劳动强度大，生产效率低，且操作不安全。目前在平刨上采用的机械进料方式有弹簧销、弹簧爪和履带进料装置。

在铣床上加工基准面如图 15-6 所示。加工时是将毛料靠住导尺进行。加工曲面则需采用夹具和样模。宽而长的毛料侧面在铣床上加工，可保证放置稳固，操作安全。

端基准面加工的目的是使它和其他表面具有规定的相对位置与角度，使零件具有精确的长度。通常在带推架的圆锯机、悬臂式万能圆锯机（图 15-7）或双面截断锯上进行。

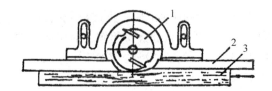

图 15-6　在铣床上加工基准面

1. 刀具　2. 导尺　3. 工件

图 15-7　在悬臂式万能圆锯上截端

1. 锯片　2. 工件

15.3.2.2　相对面的加工

在加工出基准面后，还需对毛料的其余面进行加工，使之平整光洁，与基准面之间具有正确的相对位置，使毛料具有规定的断面尺寸，所以必须进行基准相对面的加工。这可以在单面压刨床（图 15-8）或铣床上完成。加工精度要求不高的零件，在基准面加工后，可直接通过三面刨或四面刨加工其他面。

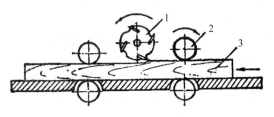

图 15-8　在压刨上加工相对面

1. 刀具　2. 进料辊　3. 工件

15.3.3　方材胶合

在家具生产中，为了制造大型部件，常采用方材胶合的方法。胶合零件可减小木材干缩湿胀所引起的变形，使尺寸稳定。方材胶合分为宽度上胶拼，长度上胶接和厚度上胶合。

（1）拼宽

拼宽可采用平拼或榫槽接合形式。图 15-9 为拼宽常用的几种接合形式。

图 15-9　拼宽常用的接合方式

胶拼常用胶黏剂为动物胶、聚醋酸乙烯酯乳液胶、脲醛树脂胶。涂胶可用手工刷涂、辊涂、淋涂等方法。

（2）接长

常用的接长方式有对接、斜面接合和指形接合，如图 15-10。

指接榫加工方法有 2 种：热压成型法和铣削加工法。目前广泛应用铣削加工法，在带推车的单轴铣床上或在专门的指型榫开榫机上加工。一般指接工艺过程为：板材或短料→配料→平面加工→截端铣榫→涂胶→加压接长→定长截断→接长料。

（3）厚度上胶合

断面尺寸大的部件和稳定性有特殊要求的部件不仅要在长度上和宽度上胶合，还需要在厚度上胶合。加工过程为：小方材接长→加工平面和侧边→宽度胶拼→厚度加工→

厚度胶合→最后加工。厚度胶合主要采用平面胶合，各层拼板长度上的接头要错开。

15.3.4　方材净料加工

毛料经过加工之后成为光洁、平整和尺寸精确的净料。净料加工的目的是把净料加工成设计要求的零件。即加工出各种接合用的榫头、榫眼或铣出各种线型、型面和槽簧等。

15.4　板式部件加工

板式部件按结构可分为实心覆面板和空心覆面板 2 大类。它的制造工艺过程包括：芯板材料和覆面材料的加工、涂胶、配坯、胶压、齐边、边部处理、机加工、成品。

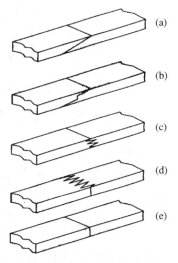

图 15-10　纵向接长材的接头形式
(a)斜面接合　(b)带阶梯斜面接合
(c)指形榫接合(水平)　(d)指形榫
接合(垂直)　(e)对接

15.4.1　材料的准备

制造板式部件的材料可分为芯板材料和覆面材料 2 类。实心覆面板的芯板材料主要由各种人造板素板构成，如细木工板、刨花板和中密度板等，其芯料可以带边框也可以不带边框，贴面前应使芯板平整光洁，厚度均匀。空心覆面板的芯板由边框和空心填料构成。

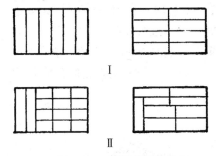

图 15-11　板料的锯剖方案

Ⅰ. 单一锯剖方案　Ⅱ. 组合锯剖方案

15.4.1.1　板材的锯截

对于胶合板、刨花板和纤维板的锯截，一般是先根据毛料的尺寸、板的幅面、锯口宽度和所用设备编制裁板图，常用的锯截方案有单一的和组合的 2 种(图 15-11)。

锯解板材常用的设备是各种开料锯，有卧式、立式及带推架的开料锯等。根据锯机使用锯片的数量，又分为单锯片开料锯和多锯片开料锯。

15.4.1.2　空心芯板制备

(1)边框制作

边框材料可用木材、刨花板或中密度纤维板。实木边框要用同一树种的木材，宽度不宜过大，以免变形。边框的接合形式有直角榫接合、槽榫接合和"n"形钉接合。

(2)栅状空心填料

木条、刨花板条和中密度纤维板条作框架内撑档，与边框方材间用"n"形钉或榫槽接合(图 15-12)。

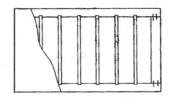
图 15-12 栅状空心填料

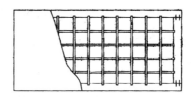
图 15-13 格状空心填料

（3）格状空心填料

单板条、胶合板条和纤维板条等。宽度与边框厚度相等，长度与边框内腔相应（图15-13）。

15.4.1.3 覆面材料

按覆面材料在板件中所起的作用可分为加固性覆面材料和装饰性覆面材料。常用的加固性覆面材料有胶合板、纤维板和单板。前面介绍的饰面材料均可作覆面板的饰面材料。制作空心覆面板时，表层都要同时用加固性和装饰性覆面材料，加固性覆面材料不仅起缓冲作用，而且能起加强板坯的作用。在制作实心覆面板时，一般只需用装饰性覆面材料。

15.4.2 空心覆面板胶合

空心板覆面胶合时，将已经准备好的芯层材料、覆面材料进行涂胶、配坯和胶合，成为空心板材。

①涂胶　常用胶黏剂有脲醛树脂胶和聚醋酸乙烯酯乳液 2 种，每面涂胶量为 120 ~ 150g/m²。通常在覆面材料上涂胶，当空心板两边用两层单板时，在内层单板上双面涂胶。如用胶合板或纤维板作覆面材料就将 2 张板面对面合起来进行涂胶。

②胶压方法　有冷压法和热压法 2 种。冷压覆面时用冷固性脲醛树脂胶或乳白胶，一般用单层压机。热压一般用热固性脲醛树脂胶。热压工艺参数与所用胶黏剂、覆面材料及芯板材料的性质有关。

15.4.3 薄木贴面

薄木贴面以湿贴为常用，胶贴工艺过程为：基材涂胶→配坯→胶压。

（1）基材涂胶

用手工刷涂或辊涂机。常用胶种有脲醛树脂胶、聚醋酸乙烯酯乳液胶及 2 种树脂的混合胶等。涂胶量依据基材种类和薄木厚度确定。为防止透胶，基材涂胶后要陈放。

（2）配坯

基材两面配置的薄木，其树种、厚度和含水率等要尽量一致，使板件两面应力平衡，防止覆面板翘曲变形。

（3）胶压

薄木贴面可用冷压法和热压法。常用热压法，用单层压机或多层压机贴面，压板由升压到闭合不得超过 2min，以防胶层提前固化。薄木贴面的热压条件与胶种有关。薄形薄木贴面时,要对表面作喷湿处理,以防薄木在热压过程中开裂或在接缝处开口。

15.4.4 板式部件尺寸精加工

贴面后的板式部件边部参差不齐,需要齐边,加工成要求的长度与宽度,并要求边部平齐,相邻边垂直,表面不许有崩坏或撕裂。

板式部件尺寸精加工设备均需设置刻痕锯片。刻痕锯的作用是在主锯片切割前先在板面划出一条深约 1~2mm 的锯痕,切断饰面材料纤维,以免主锯片从部件切出时产生撕裂和崩裂现象。

板式部件尺寸精加工可用手工进料的带推车单边裁板机或双边锯边机。大批量生产时可由 2 台双边锯边机组成板件加工生产线,有时与封边机和多轴排钻联合组成板式部件加工自动生产线。

15.4.5 边部处理

板式部件的侧边显出各种材料的接缝或空隙,会影响外观,而且在制品的使用和运输过程中边角部容易损坏。特别是刨花板部件侧边暴露在大气中,会产生膨胀和变形现象。因此,板式部件的侧边处理是必不可少的重要工序。

常用的板式部件边部处理方法有:镶边法、封边法、包边法和涂饰法等。

15.4.6 钻圆孔、磨光

板式部件上通常需加工各种连接件接合孔和圆榫孔。为了保证孔位的加工精度,通常采用多轴钻床加工。多轴钻床可分为单排多轴钻和多排多轴钻。多排多轴钻由几个钻排组成,常见的为 3~6 个钻排,其布置形式多样,可在板式部件端头和平面上钻孔。

用单板或胶合板覆面以及用薄木饰面的板式部件表面都要磨光,板式部件表面幅面大,通常用带式和辊式磨光机加工,目前多用宽带式磨光机修整板式部件表面。

15.5 弯曲成型部件加工

15.5.1 曲线型零部件的加工方法

在家具生产中经常需要制造各种曲线形的零部件。制造曲线形零部件的方法有锯制加工和加压弯曲加工 2 大类。

锯制加工就是用小带锯锯割成弯曲形状的毛料。由于大量的纤维被割断,毛料的强度降低,涂饰质量差。弯曲角度大的零部件和环形部件还需要拼接,加工复杂,出材率低。

加压弯曲加工,又称弯曲成型加工,是用加压的方法把方材、薄木(单板)或碎料(刨花、纤维)制成各种曲线形的零部件。根据材料种类和加压方式不同,弯曲成型方法可分为:实木弯曲、薄板胶合弯曲、模压成型、锯口弯曲、V 形槽折叠成型和人造板弯曲等。

15.5.2 实木弯曲

15.5.2.1 实木弯曲原理

实木弯曲是通过对木材的软化处理和加压，使木材弯曲成型的一种方法。

木材弯曲时，会形成凹凸 2 面，在凸面产生拉伸应力，凹面产生压缩应力。其应力分布是由表面向中间逐渐减小，中间一层纤维既不受拉也不受压，称之为中性层，如图 15-14 所示。长为 L 的方材弯曲后，拉伸面伸长为 $L + \Delta L$，压缩面长度为 $L - \Delta L$，中性层长度不变，仍为 L。相对拉伸形变：

$$\varepsilon = \frac{\Delta L}{L} = \frac{h}{2R}$$

式中　R——弯曲半径；
　　　h——方材厚度。

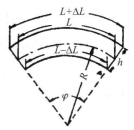

图 15-14　方材弯曲时应力与应变

由上式可见，对同样厚度的木材，能弯曲的曲率半径越小，则其弯曲性能越好。对于一定树种的木材，木材厚度越小，弯曲半径也越小。

弯曲性能通常受木材相对形变 ε 的限制，如超过木材允许的形变就会产生破坏。为保证木材的弯曲质量，必须注意木材顺纹拉伸和压缩的应力与形变规律。

15.5.2.2 弯曲工艺

方材弯曲工艺过程主要包括以下工序：毛料的选择与加工、软化处理、加压弯曲和干燥定型。

(1)毛料的选择与加工

根据零件断面尺寸和弯曲形状来挑选弯曲性能合适的树种。一般来说，硬阔叶材的弯曲性能优于针叶材和软阔叶材，常用的树种有榆木、水曲柳、蒙古栎、白蜡树、栎木、山核桃、山毛榉等。配料时，毛料的纹理要通直，不允许有腐朽、轮裂、斜纹、夹皮、大节子等缺陷，否则在弯曲时易开裂。

毛料含水率对弯曲质量和加工成本都有影响，含水率过低，容易产生破坏；含水率过高，弯曲时因水分过多形成静压力，也易造成废品，并延长弯曲零件的定型干燥时间。一般不进行软化处理、直接弯曲的方材含水率以 10%~15% 为宜，软化处理的弯曲毛料含水率应为 25%~30%。

(2)软化处理

为了改进木材的弯曲性能，增加木材的塑性变形，需在弯曲前对木材进行软化处理。软化处理方法有以下几种：物理方法(包括火烤法、水煮法、汽蒸法、高频加热法、微波加热法等)和化学方法(包括液态氨、气态氨、氨水、碱液等化学药剂处理法)。用物理方法软化木材的工艺成熟，成本较低，是比较常用的方法。

（3）加压弯曲

经软化处理特别是蒸汽和水煮等方式处理的材料，应立即进行加压弯曲，以免冷却后弯曲性能降低。

木材弯曲操作可用手工弯曲或在曲木机上弯曲。手工弯曲适合小批量生产，成批生产弯曲木零件应采用各种曲木机床。

（4）干燥定型

弯曲成型后的毛料中具有很大的残余应力和较大的含水率，若立即松开，毛料会在弹性恢复下伸直，因此，弯曲后的毛料必须进行干燥。常用的定型方法有 3 种：用定形架定型，在干燥室定型，以及在曲木机上定型。

木材弯曲质量受很多因素的影响，主要有木材树种和含水率、木材缺陷、年轮方向以及弯曲速度、加工方法和干燥定型方法等弯曲工艺条件。

15.6　装配

一般的木家具都是由若干个零件或部件接合而成的。装配过程包括部件装配和总装配。装配方式有手工装配和机械装配。装配的方式和次序应根据家具的结构特点与复杂程度选择。装配的过程有：零件→检查配套→部件装配→部件修整加工→总装配→检修→半成品或成品。

（1）部件装配

按照设计图纸和技术条件的规定，将零件接合成部件的过程为部件装配。目前生产中多采用手工装配，也有利用装配机进行装配，如椅子部件装配机、木框装配机和箱框装配机等。

（2）部件修整加工

包括尺寸和形状的修整加工。尺寸修整就是消除部件加工余量，以得到合乎要求的外形尺寸，可通过锯、铣、刨等进行加工。形状修整就是使部件获得设计要求的形状并对部件进行线型、企口、倒角及圆弧等的加工。

（3）总装配

将已经修整过的零部件组装成为产品。其总装过程取决于家具的类型和结构，通常按 4 个阶段进行：①组装成家具的主骨架；②在骨架上安装固定连接的零、部件；③在相应的位置装上活动零部件；④安装次要的零件、配件和装饰件。

15.7　木家具装饰

通常木家具都要进行装饰，然后才能作为成品供人们使用。木家具装饰的目的在于起保护和美化作用。

15.7.1　装饰方法

木家具的装饰方法多种多样，基本上可分为涂饰、贴面和特种艺术装饰等 3 类。涂饰是按一定工艺程序将涂料涂布在木家具表面上，并形成一层漆膜。按漆膜能否显现木材纹理可分为透明涂饰和不透明涂饰。贴面是将片状或膜状的饰面材料如刨切薄木、装饰纸和塑料薄膜等粘贴在木家具表面上进行装饰。特种艺术装饰包括雕刻、压花、镶嵌、烙花、喷砂和贴金等。

实际上，在家具生产中，往往是几种装饰方法结合使用，如贴装饰纸或贴薄木后，再进行涂饰，镶嵌、雕刻等与涂饰结合使用。

15.7.2 涂饰工艺

用涂料涂饰木家具的过程，就是木材表面处理、涂饰涂料、涂层固化以及漆膜修整等一系列工序的总和。各种木家具对漆膜理化性能和装饰性的要求各不相同。木材的特性，如多孔性、各向异性，某些树种含有单宁、树脂等内含物等，都对涂饰工艺及效果有着直接的影响。

透明涂饰就是用透明涂料涂饰木家具的表面。进行透明涂饰，不仅要保留木材天然的纹理和颜色，而且还要通过某些特定的工序使其纹理更加明显，木质感更强，色泽更加鲜明悦目。透明涂饰多用于名贵优质阔叶材制成(及其薄木或印刷木纹装饰纸贴面)的家具。木家具透明涂饰工艺过程，大体上可以分为表面处理(表面清净、去树脂、漂白、嵌补)、涂饰涂料(填纹孔、染色、涂底漆、涂面漆、涂层干燥)和漆膜修整(磨光、抛光)3 个阶段。按涂饰质量要求、基材情况和涂料品种的不同，有的工序需要重复多次，有些工序的顺序也可以调整。

不透明涂饰是用含有颜料的不透明涂料涂饰木材表面。不透明涂饰的涂层能完全遮盖木材的纹理和颜色以及表面缺陷，常用于针叶材、散孔材、刨花板和纤维板等直接制成的家具。不透明涂饰工艺与透明涂饰工艺相似，也可分为 3 个阶段，但不需要漂白工序和染色工序。

15.7.3 涂饰方法

适用于木家具的涂饰方法很多，它们各具特点，应根据涂饰质量要求、涂料种类和性质、家具的形状和大小合理地选用。

15.7.3.1 手工涂饰

手工涂饰时，常用的工具有排笔、鬃刷、刮刀、棉花团等。必须根据涂料和工序的特点来选用工具。手工涂饰节省涂料，工具简单，施工不受制品形状、尺寸大小及场地的限制，但劳动强度大，生产效率低，涂饰质量受操作人员技术水平的影响。

15.7.3.2 喷涂

喷涂是使液体涂料雾化成雾状喷射到木家具的表面上形成涂层的方法。由于使涂料雾化的原理不同分为气压喷涂、高压无气喷涂和静电喷涂等。

15.7.3.3　淋涂

就是用传送带以稳定的速度载送零部件，当其通过淋漆机头连续淋下的漆幕时，零部件表面就被淋盖上一层涂料而形成涂层的方法。淋漆机主要由淋漆机头、贮漆槽、涂料循环系统和传送装置组成(图 15-15)。

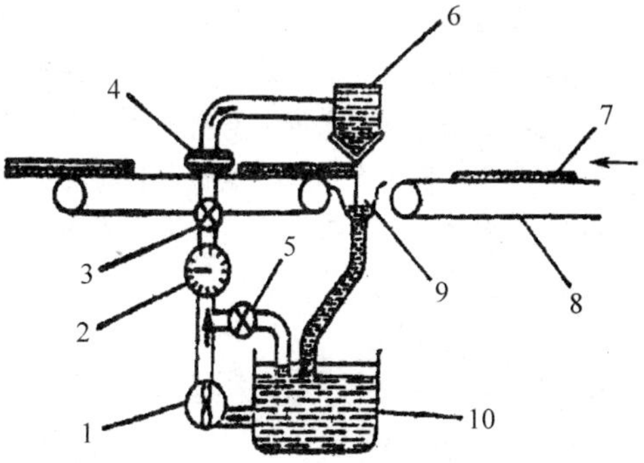

淋涂的优点是可获得均匀的涂层，几乎没有涂料损失，生产效率高，能实现连续化流水线生产。缺点是只适于平表面板式部件涂饰。

图 15-15　底缝式机头淋漆机示意
1. 漆泵　2. 压力计　3. 调节阀　4. 过滤器
5. 溢流阀　6. 淋漆机头　7. 工件　8. 传送带
9. 受漆槽　10. 贮漆槽

15.7.3.4　辊涂

就是使工件从几个组合好的转动着的滚筒之间通过时，黏附在滚筒上的液体涂料部分或全部转移到工件表面上而形成一定厚度的连续的涂层。

辊涂机的优点：生产效率高，节省涂料，涂饰环境好，涂层均匀，涂饰质量好，适用于板式部件连续通过式流水线生产。缺点是对被涂工件尺寸精度要求高，不能涂饰带沟槽和凹凸的工件以及整体家具。

15.7.4　涂层干燥

家具等木制品表面漆膜由多层涂层构成，通常每一涂层必须经过适当干燥之后才能涂第二层，以保证各层之间的牢固附着，形成饱满而具有一定物理力学性能的漆膜，达到保护和美化家具表面的作用。

目前我国普遍使用自然干燥的方法进行涂层的干燥固化。但这种方法需要时间长，生产率低，占用场地大，易黏附灰尘，所以必须加速涂层的干燥。常用的加速涂层干燥的方法有对流加热干燥法、红外线辐射干燥法、紫外线辐射干燥法和电子线干燥法等。

复习思考题

1. 简述木家具的接合方式。
2. 如何理解加工基准和其他基准的概念？
3. 如何理解加工精度？
4. 如何理解表面粗糙度？
5. 为什么要进行木制品装饰？装饰方法有哪些？
6. 什么是木制品的涂饰工艺？涂饰工艺大致可以由哪几个阶段组成？
7. 常用的涂饰方法和涂饰设备分别有哪几种？

本章推荐阅读文献

1. 吴悦琦主编. 木材工业实用大全(家具卷). 北京：中国林业出版社，2003.
2. 王逢瑚主编. 家具设计. 北京：科学出版社，2010.
3. 马掌法，黎明主编. 家具设计与生产工艺(第2版). 北京：中国水利水电出版社，2012.
4. 李军，熊先青主编. 木质家具制造学. 北京：中国轻工业出版社，2011.
5. 吴智慧主编. 木家具制造工艺学(第2版). 北京：中国林业出版社，2012.

第 3 篇
林产化学加工工程

　　林产化学加工工程以可再生的木质和非木质森林植物资源为原料，经化学或生物技术加工，生产各种化学产品或原料。主要包括树木提取物化学与工程、木材化学与工程、林产生物化学加工和制浆造纸工程。

　　在本篇中，首先阐述林产化学加工工程的概貌，然后介绍若干林产化工典型企业案例，进而分别介绍林产化工的主要工业领域和方向：松香与松节油生产、栲胶生产、植物原料水解工艺、木材热解及活性炭生产、木材制浆与造纸。

第16章
林产化学加工工程案例与热点

【本章提要】本章主要阐述林产化学加工工程的含义和研究内容，生物质资源与林产化工，林产化工在我国国民经济中的地位，林产化工与其他工业行业的关系，林化产品的主要加工方法。列举了多个林产化工工程的典型案例。介绍了林产化工的发展现状、前沿热点和发展前景。

16.1 林产化学加工工程简介

16.1.1 林产化工概述

林产化学加工工程(chemical engineering of forest products，简称林产化工)是以植物资源特别是森林植物资源为原料，通过化学或生物化学的方法，制取人类生产和生活所需要的各种林产化学品的工业集群。林产化学工业主要包括：

①木材化学加工工业 主要包括制浆造纸业、木材热解工业、木材化学水解工业等。产品主要有纤维素及其衍生物、纤维材料、木质素及其衍生物、活性炭及炭(碳)材料、纸浆及纸张、生物质燃料气、固体成型燃料、木材液化燃料油及化学品、焦油化学品、酒精、糠醛、葡萄糖、木糖醇等。

②林产生物化学加工工业 主要是生物水解工业。产品主要有葡萄糖、木糖、低聚木糖、能源酒精、酵母、酶及酶制剂、饲料及以糖为平台化合物制备的化学品等。

③提取物化学加工工业 主要有松脂加工工业、木本油脂工业、林产香料工业等。产品主要有天然树脂、植物精油、植物油脂、植物淀粉、木本香料、树胶和黏胶、林产药物、植物色素、植物生物活性物质等。

④昆虫资源产品加工工业 主要产品有紫胶、白蜡、胭脂、桑蚕蛋白等提取物。

⑤林产精细化学品加工工业 以上述林化初级产品为原料，通过化学合成和复配的方法，生产合成材料、化工原料、工业助剂、营养食品、饲料及添加剂、香精香料、药品、活性物质、化学中间体、精细化学品等。

16.1.2 林产化工的研究内容

林产化学加工工程的研究内容非常广泛，主要有以下研究内容：

(1)森林植物化学工程研究

①天然树脂 研究天然树脂资源、化学性质及其利用。松脂是自然界最大宗的天然

树脂，是生产松香和松节油的主要原料。以松脂为对象，研究其化学组成、物理与化学特性以及松香、松节油的深度加工，提取和合成多种功能性树脂及精细化学产品。

②植物多酚类物质 研究植物单宁原料的化学组成及其结构。目前重点研究植物多酚制备单宁酸、药物中间体和木工胶黏剂，制备石油泥浆稀释剂、锅炉除垢剂和脱硫剂等。

③植物纤维原料水解 研究利用农林副产物纤维原料，用化学水解法制取糠醛、葡萄糖、酒精和木糖醇等高价值化工产品。

④木材热解 综合利用森林抚育、采伐以及木(竹)材加工剩余物等木质原料，制备活性炭、木(竹)炭、木(竹)焦油、木(竹)馏油等化工产品及固体、液体和气体燃料等。

⑤树冠生物活性物质和天然药物 在我国储量丰富的植物根、茎、皮及某些常绿树冠中，对所含的生物活性物质进行提取、成分分析和结构鉴定等，分离出有重要药用及功能性食用价值的化合物。

⑥天然芳香油和其他提取物 研究各种天然芳香油的资源、提取、精制及成分单离等工艺技术，以及单离成分合成各种香料，各种天然食品、色素、植物油脂，以及树胶和黏胶的化学及提取工艺技术。

(2)林产生物化学工程研究

研究农林副产物的纤维素和半纤维素的生物化学加工利用，以及固定细胞产酶等多种纤维素酶制备与酶水解技术应用于农作物秸秆、林业废料和粮食加工剩余物的综合利用，制取酒精、单细胞蛋白、食用菌、药用菌、工业酶制剂以及动物、水产饲料等产品。

(3)木材化学与制浆造纸工程研究

研究以木材及其他植物纤维为原料，通过化学、生物化学或化学机械处理的方法，制成各种纸浆、纸张、纸板和木材化学产品；研究木材化学反应机理、低污染制浆工艺以及开发新型木材化学产品。

(4)林产精细化工研究

主要以初级林产化学品为原料，研究林产精细有机化学品生产工艺、生物高分子材料、天然产物化学加工、造纸化学品方面的基础理论和应用开发。研究范围包括涂料、胶黏剂、化工助剂、香精香料、表面活性剂、生物活性物质、绿色化工、生物高分子材料、造纸助剂等精细与专用化学品。

(5)木材化学保护与改性研究

研究木材的物理和化学性质、微生物破坏机理，通过物理、化学及生物化学等处理方法，延长木材使用寿命，提高木材品质。目前研究重点是木材阻燃、防腐、防蛀方法、工艺及其药剂的研制和应用等。

(6)林产化工过程与控制研究

主要研究林产化工及制浆造纸生产中的单元操作、工艺优化和工艺设备设计，以及工艺过程的计算机模拟仿真、集散控制及仪表自动化等。当前研究重点是制浆蒸煮过程计算机控制、松脂蒸馏塔自动控制、造纸过程计算机仿真、纸机留着率控制动态模拟等。

16.1.3 生物质资源与林产化工

林产化工是以植物资源特别是森林植物资源为原料的化学工业，林产化工的发展取决于森林生物质资源的丰富与否，换言之，林产化工对森林资源有绝对的依存度。因此，保护和培育森林资源，研发特用资源，是发展林产化学加工业的前提条件。

这里所讲的森林资源是广义的概念，即指整个森林系统所具有的资源，包括森林植物、动物、微生物、真菌、苔藓及藻类等。

我国国土幅员辽阔，气候区域跨度大，自然条件多样化，有广阔的地域适于植物生长，蕴藏着丰富的森林生物资源。据统计，世界上有 1/8 的植物种类生长在我国，单植物类群就达 250 个属。我国有高等植物 3 000 多种，苔藓 2 100 多种，蕨类 2 600 多种，真菌和地衣 4 000 多种，脊椎动物 4 500 多种，无脊椎动物 20 多万种（包括昆虫 15 万种），酵母占世界生物总量的 1/4。我国高等植物和兽类的数量仅次于巴西和哥伦比亚，居世界第 3 位。

我国生物资源总量达到 4.37×10^8 t 油当量，其中农作物秸秆就达 2.05×10^8 t 油当量，薪材超过 $5\,200 \times 10^4$ t 油当量，禽畜粪便达 $8\,800 \times 10^4$ t 油当量。生物质主要包括薪炭林、经济林、用材林、农作物秸秆、农林产品加工剩余物、禽畜粪便和各类有机垃圾等。我国生物质资源生产总量达到 30×10^8 t 干物质/年，相当于 10×10^8 t 油当量，约为我国目前石油消耗量的 3 倍。

因此，我国的林产化工业有着优越的先天条件和丰富的森林资源做保障。采取化学和生物化学的方法，充分地综合利用森林生物质资源，为市场提供所需的各种林产化学品，是我国林产化工产业的重要使命。

16.1.4 林产化工在国民经济中的地位

林业在社会经济发展中具有战略性地位。需要统筹林业生态建设和产业建设，发展高效林业。应大力发展特色林产品加工业，延长加粗林业产业链，提高附加值，优化产业结构，综合利用资源，把林产品加工业做足、做深、做透，把精深加工推向一个新的高度。因此，森林资源的化学综合利用和精细化学品加工是一项重要的产业选择。

林产化学工业是我国林业产业和化学工业的重要组成部分，也是充分合理利用森林生物质资源，提高林产品科技含量和经济效益的有效手段。森林资源具有多样性并可以再生，在科学管理的前提下能实现永续利用并在质量上得到改进和提高。许多林产化学工业产品具有独特性能，目前还难以被其他产品所取代。因此，以森林资源为基础原料的林产化学工业具有长久的生命力。

我国山地比重大，农田面积相对不足，劳动力充足，林区经济发展滞后，而且老少边穷地区大多处在林区。因此，开发利用山地森林资源进行化学加工，不但能够帮助山区人民脱贫致富，使有限的粮田得到更好地利用，还可以为社会提供化学品、食品、饲料、药物和材料等多种产品，满足人民日益增长的需要。所以，林产化工是我国林业产业的重要组成部分，在我国国民经济中具有重要地位。在国民经济建设中，特别是在生物质产业替代传统的化石产业，为市场提供生物质材料、生物质能源和生物质化学品方面，起着越来越重要的作用。

16.1.5　林产化工与其他工业行业的关系

林产化学加工工程学科在国家的学科分类中列为工学门类的林业工程（forestry engineering）一级学科下属的二级学科。

林产化学加工工程学科是一门综合性的应用学科，其主要学科基础是化学、化学工程学、林产化学工艺学、化工机械学、化工控制学、林学、微生物学等。与基础化学工程、石化工程、轻化工程、制药工程等化学工程学科密切相关，相互交叉、互相借鉴、互相促进。与林业工程的其他二级学科既紧密联系，又分工合作，成为林业工程中举足轻重的一个分支。

林产化学工业借鉴其他工程学科的基本理论、基本原理、工艺技术和产业管理方法，运用于森林资源的化学和生物化学加工，从而形成独特的工业体系和产业集群，成为我国林业产业和化学工业的重要组成部分。

16.1.6　林化产品的主要加工方法

林产化学品的生产主要采取以下工艺技术方法：

（1）提取法

采用水、水蒸气、有机或无机溶剂、惰性气体、超临界或亚临界流体等，通过物理的方法从树木（植物）的各个部分（包括树干、根、枝、叶、果、果壳、花卉等）提取所需要的化工产品。

这种方法主要有：①浸提法；②萃取法；③蒸馏法；④超临界或亚临界流体萃取法；⑤超声波辅助提取法；⑥微波辅助提取法等。通过提取法生产的林化产品主要有天然树脂、植物精油、木本油脂、植物色素、植物胶等。

（2）压榨法

主要是通过机械（压榨机）方法，对被处理原料施加一定的外压力，使原料受到挤压或使细胞破碎，将有效成分从原料细胞中挤压出来。生产的产品主要有植物精油、植物油脂、植物胶、糖类、淀粉、植物药等。

（3）吸附法

采用合适的吸附剂并在流动的携带气体的作用下，将植物原料中的挥发性成分吸附于吸附剂中，然后选用适当的溶剂将有效成分脱附出来，经精制而得到合格的产品。用这种方法生产的产品主要有植物精油、植物香料、植物药物（农药、医药）等。

（4）水解法

采用化学的或生物化学的方法，将植物原料转化为糖，然后将相应的糖转化为各种产品，经精制而得到合格的产品。用这种方法生产的产品主要有葡萄糖、木糖、低聚糖、酒精、糠醛和药物等。

（5）热解法

采用热化学的方法，将生物质原料转化为木炭、生物气、醋液、多酚类焦油，从中可得到炭及炭（碳）材料、燃料及化学品等。用这种方法生产的产品主要有能源炭、炭材料、活性炭、燃料气、固体燃料、化学品等。

（6）综合加工法

采用化学药剂蒸煮的方法或机械研磨等方法，将植物原料中的纤维素与木质素相分离，制备纸浆、棉浆等。经进一步加工得到纸张、人造丝、纤维素产品、木质素产品、涂料和炸药等。

（7）精细化学加工

采用化学、物理、物理化学和生物化学的方法，对林化初级产品进行化学合成、分解、分子修饰、结构改造、变性和精密分离等，生产出各种功能性树脂、涂料、胶黏剂、表面活性剂、营养食品、食品添加剂、各种香料、糖类、药品、燃料和各种工业助剂等精细化学产品。

除上述加工方法外，采用光、电、声、磁和辐射等辅助方法，对林化初级产品进行精细化学加工，也是林化产品研究、开发和生产的重要方法和手段，是用高新技术改造和发展林产化学工业的努力方向和现实课题。

16.2　林产化工工程案例

16.2.1　松脂生产企业案例

【例 16.1】

1. 公司概况

广西某林化集团是一家专业从事林化产品和林化深加工产品生产经营的大型现代化企业。该公司由中国最早成立于 1946 年的某松脂厂改制而成，是目前全国松香行业唯一一家国家级农业产业化重点龙头企业，也是国内松香、松节油及其深加工生产规模最大的松脂加工企业。

集团公司主要从事脂松香和脂松节油及其深加工、林产精细化工、造漆涂料工业生产和经营。集团下属 11 个分公司，生产经营的产品在合成橡胶、电子、胶黏剂、焊锡剂、食品、医药、香精香料、家装和工业装修等行业广泛应用。专业化的生产经营和高效化的现代化管理使集团各公司在各自的应用行业处于领先地位，拥有一批国家专利，产品畅销全国，出口西班牙、美国、韩国、日本等 60 多个国家和地区。

该公司主要产品分为脂松香及其深加工系列产品和脂松节油及其深加工系列产品 2 大类。主要产品年生产规模为：脂松香 20 000t、脂松节油 5 000t、歧化松香 30 000t、歧化松香钾皂 30 000t、歧化松香钠皂 20 000t、精制松香 5 000t、氢化松香 3 000t、食用酯胶 7 000t、萜烯树脂 3 000t、合成芳樟醇 2 000t、二氢月桂烯醇 500t。还生产合成樟脑、合成冰片、高纯蒎烯分离、长叶烯、龙鱼系列油漆、涂料、树脂等 50 多种林产化工和精细化工产品，为化工、造纸、油墨、涂料、合成橡胶、ABS 工程塑料、食品、香精香料、口香糖、泡泡糖、医药、电子等行业提供了优质的原材料和中间体。

公司 1993 年步入全国最大 500 家化工企业行列，1999 年被列为全国 166 家高新技术产品出口企业之一，2000 年被列为全国首批 130 家重点联系自营出口企业之一，

2001 年被认定为国家火炬计划重点高新技术企业，2003 年荣获全国"五一"劳动奖状，2004 年至今被认定为全国农业产业化重点龙头企业，2005 年和 2007 年两次被认定为中国工业行业排头兵企业，2005 年被认定为全国农产品加工企业技术创新机构，2006 年被认定为全国农产品加工业出口示范企业。经过 60 多年来的发展，该公司已成为国内脂松香和脂松节油深加工能力最强的综合性林产化工企业。该公司建有新产品研究开发部和新产品中试中心，是林化专业大学生实习基地。

2. 脂松香、脂松节油生产工艺流程

集团公司产品多种多样。以松脂为原料，采用蒸汽法生产脂松香和脂松节油，生产工艺流程如图 16-1 所示。

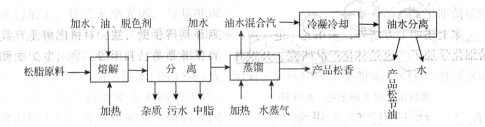

图 16-1 脂松香、脂松节油生产工艺流程

在松脂加工成脂松香和脂松节油产品的过程中，还需要处理相应的企业管理、工艺技术、装置设备、场内运输、公用工程、质量保证、采购供应、营销贸易和环境保护等一系列复杂的工程、技术、经济和管理问题。

16.2.2 栲胶生产企业案例

【例 16.2】

1. 工厂简介

广西某栲胶厂是广西壮族自治区直属国有企业，地处广西南宁市北郊。该厂建于 1969 年，由原林业部林产工业设计院设计，建厂投资 220 多万元，属国家二级企业。厂区占地面积 7.5hm²，设有栲胶生产车间和深加工车间，现年生产栲胶超过 4 000t。以杨梅、余甘子为主要原材料生产各类栲胶产品，为我国专业生产栲胶、没食子酸、单宁酸、没食子酸丙酯、KCA 脱硫剂、WST 粉状减水剂等林化产品的外贸出口厂家。产品畅销全国各地，远销美国、日本和东南亚等国。该栲胶厂多年来均为林化专业大学生实习基地。

2. 栲胶生产工艺流程

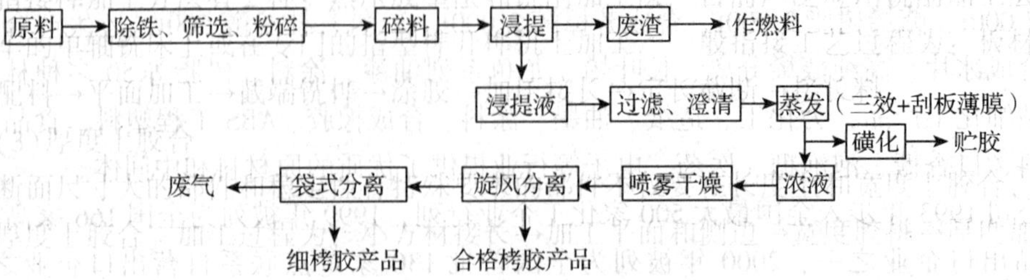

图 16-2 栲胶生产工艺流程

16.2.3 活性炭生产企业案例

【例 16.3】

1. 公司简介

福建某活性炭股份有限公司位于福建省南平市，创立于 1999 年，为国内综合实力最强的木质粉状活性炭生产企业，年生产能力达 2×10^4 t 活性炭。在过去十多年中，公司从年产 500t 的小厂迅速发展成为国内活性炭行业的佼佼者，产品市场占有率达 15%。公司确立了自主创新方面的优势和能力，使产品的技术优势和市场优势始终保持领先地位，并填补了一系列的技术空白。公司自主研发的"处理废气用的带有非金属电极电场的环保装置"、"化学炭生产转炉"、"物理炭生产转炉"和"物理法化学法一体化活性炭生产工艺"已申请发明专利权或实用新型专利权。凭借高性价比的产品与服务，公司在国内建立起了体系完备、响应快速的营销网络，并积极拓展海外市场，目前海外业务已布及法国、俄罗斯、意大利、土耳其、日本、泰国、印度、阿根廷、巴西、南非等几十个国家和地区。

2. 活性炭生产工艺流程

以木屑生产粉末活性炭为例，其生产工艺流程如图 16-3 所示。

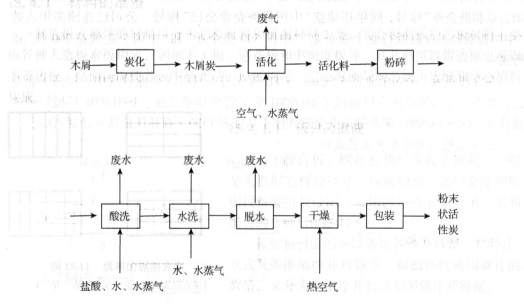

图 16-3 活性炭生产工艺流程

16.2.4 纸张生产企业案例

【例 16.4】

1. 公司概况

某纸业(江苏)股份有限公司地处长江江畔，建于 1997 年，占地 5.33km²，现有员工 5 000 余名，总投资 35.1 亿美元，年产铜版纸 200×10^4 t 以上，已成为世界上单厂规模最大的铜版纸生产企业之一。

公司秉承永续经营的理念，不断实践着循环经济和绿色造纸，走出了一条可持续发展的新型工业化道路，迄今环保投入已超过 15 亿元人民币。2000 年获得了"江苏省绿色企业"称号，2003 年获得国家环保百佳工程称号，2004 年获得了国家环保最高荣誉——"国家环境友好企业"称号。2006 年被评为"2006 中国企业社会责任调查最具社会责任感"前 50 家优秀企业，并获得特别单项奖"循环经济贡献奖"。2007 年被国家旅游总局评为工业旅游示范点，为全国造纸行业第 1 家。2011 年通过中国环境标志（Ⅱ型）产品认证。2012 年被列为国家"资源节约型环境友好型企业"首批创建试点企业。2013 年被评为国家重点行业"清洁生产示范企业"。

公司的研发能力与水平处在国内造纸行业前列。2010 年被评为"江苏省工业化与信息化融合试点企业"和"国家火炬计划重点高新技术企业"。2012 年被评为"全国轻工业信息化与工业化深度融合示范企业"。2013 年公司"环保医疗影印用纸"荣获第 41 届日内瓦国际发明展最高等级金奖，同年还荣获 PPI 大奖"创新产品开发"奖项，这是中国纸业首次取得 RISI PPI 的奖项。

公司在其他各项事业中均取得了一定的成绩，2007 年被中华慈善总会授予"中华慈善事业突出贡献奖"，2009 年荣获全国"五一"劳动奖状，2010 年荣获"全国造纸行业劳动关系和谐企业"称号，同年还荣获"中国优秀企业公民"称号。公司已连续多年入选"中国造纸轻工业造纸行业十强企业""中国 500 强企业"和"中国企业效益 200 佳"排行榜。

在管理领域，公司纸业将 6 Sigma、CTR 等先进工具引入企业管理中，提高了企业运营效率。公司纸业还先后通过了 ISO9001 质量管理体系认证、ISO14001 环境管理体系认证、OHSAS18001 职业健康安全管理体系认证和 PEFC（森林认证认可计划）认证。

2. 制浆造纸简要生产工艺流程

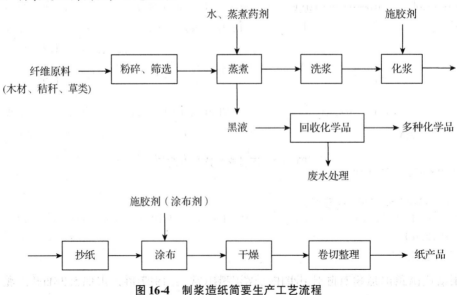

图 16-4　制浆造纸简要生产工艺流程

16.2.5　糠醛生产企业案例

【例 16.5】

1. 公司概况

山东济南某集团股份有限公司始建于 1979 年，占地 80hm²，现有员工 2 000 余名，总资产近 20 亿元，是一家立足于玉米芯等植物秸秆综合利用深加工、专业生产各种生物质能源及生物质化工产品的大型化工企业集团，下设 8 家控股或全资子公司。

经过不断探索，公司在植物秸秆的开发、研制和综合利用方面走出了一条成功的道路，把我国丰富的农业资源优势转化为经济竞争优势，形成了以铸造材料、工业酚醛为主导，涉足生物化工领域的专业化、系列化、规模化的产品生产结构。其中公司主导的呋喃树脂技术达到世界领先水平，占有国内同类产品市场份额的 1/3 以上，并远销欧美、东南亚等 50 多个国家和地区，产销量居世界第 1 位。

公司坚持以人才为基础、以科技为先导、以创新为核心的发展理念，现有研究生以上学历及高级职称人员 60 余人，大中专毕业生占公司职工总数的 40% 以上，拥有了一支高素质的管理团队和科研开发队伍。在科研及品质保证上，公司建立了全国同行业内第一家省级企业技术中心，购进了世界一流的科研检测设备，从而保证了公司的创新能力，确保了公司产品质量国际先进、国内领先的地位。

近十多年来，公司产品先后荣获国内同行业最高奖"金鼎奖"、山东省名牌产品、山东省著名商标、中国农业博览会名牌产品等荣誉称号。公司还分别于 1997 年和 2002 年通过了 ISO9002 质量体系和 ISO14000 环境体系认证。

2. 糠醛生产工艺流程

以直接法生产糠醛为例，其生产工艺流程如图 16-5 所示。

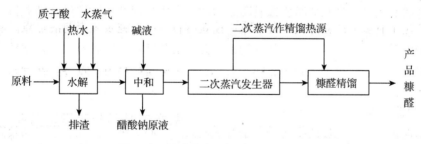

图 16-5　糠醛生产工艺流程（直接法）

16.3　林产化学加工工程的发展

16.3.1　林产化工的发展现状

我国人民在长期的历史进程中积累了许多关于林产品化学利用的知识和经验。植物纤维造纸技术的发明推动了世界文明的进步，生漆、桐油、松脂、樟脑、五倍子、木炭、天然药物等林化产品的采制和利用早已付诸实践。

林产化学工业是我国的传统产业。1949 年以来，我国的林产化学研究以及产业有了长足的发展，现已初步形成体系，生产领域和技术水平都有较快地发展。当前，我国的松香、天然橡胶、木质活性炭、树叶饲料、林产药物、栲胶、林产油脂和精油、木材制浆造纸和木材水、热解等都有了良好的产业基础。我国林产化学工业领域的一些产品的产量和出口贸易额已跃居世界前列。林产化工已成为我国林业产业和化学工业的重要组成部分，为推动我国工业的发展和进步，为山区经济的繁荣和林农的脱贫致富，作出了重要贡献。

全国现有林化初级产品生产企业 2 000 多家，年生产纸张 1.1×10^8 t，松香 80×10^4 t，松节油约 12×10^4 t，活性炭 20×10^4 t，糠醛 20×10^4 t，栲胶及植物单宁深加工产品超过 2×10^4 t，木本芳香油超过 2×10^4 t。除此以外，还生产植物油料、色素、糖类、树胶和黏胶、生物活性物质、紫胶、食品添加剂、生物碱和植物药等产品。对上述产品进行深加工又生产出功能性树脂、胶黏剂、表面活性剂、食品添加剂、香精香料、药品（医药和农药）、燃料和工业助剂等精化工产品。

目前，我国主要林化产品在世界上的位次：脂松香、活性炭和糠醛产量和出口量均居世界第 1 位，造纸产量世界第 1 位。生漆、天然樟脑、山苍子油、肉桂油、茴香八角油、白蜡、五倍子、茶树油、桐油等是我国的林特产品，享誉世界林化产品市场。

16.3.2 林产化工的前沿热点

林产化工行业的发展有着悠久的历史，曾经是人们获取食品、药品、能源、材料和有机化工产品的主要方面之一。由于农林生物质资源的丰富性和可再生性，以及原料易得、低廉、加工方法简单、环境友好等特点，林产化工产业的发展具有可持续性，是今后解决食品、药品、原材料、能源等问题的重要途径，当属 21 世纪具有光明前景的朝阳产业。

林产化工有多个产业分支，各分支产业具有各自的研究及生产前沿热点。各产业分支的共同前沿热点主要有：强化基础理论研究和前瞻性应用基础研究，开发新的林化资源，研发新产品、新技术、新工艺和新装备，节能减排和环境友好等。各分支产业的前沿热点如下：

（1）松脂产业

采用遗传育种等先进的生物技术培育优质高产产脂树种，研究和推广高效高产化学采脂方法，研发新的节能减排松脂加工技术工艺，采用高新技术改造传统产业，研发松香、松节油功能性新产品，推广新产品在医药、电子、食品、材料和工业助剂等方面的应用。

（2）栲胶产业

改进栲胶质量，扩大栲胶用途，加大对植物栲胶基本理化性质和化学组成研究。在植物多酚研究和开发利用方面，进一步开发其在医药、食品、日用化学品等新兴应用领域。在工艺技术方面采用热泵技术，节省蒸汽损耗，使用三效四罐提高蒸发效率，采用气体喷雾强化干燥效果，提高产品质量，提高工厂经济和环保效益。

（3）活性炭产业

加强活性炭微孔结构和表面化学基团的关系研究，构建大型化、自动化、连续化、无公害化活性炭制造体系。扩大活性炭在碳材料、大容量电容器、环保、食品及药品提纯、美容护肤、香烟焦油及有害物质的过滤和化工催化剂等方面的应用，将活性炭与储能、膜过滤、化工分离、测控传感器及生物机体等有机联系起来。提高活性炭品种的多样化以及性能的功能化和专用化。

（4）制浆造纸业

启动"林浆纸一体化""清洁生产"和"产业升级"三大引擎，推动造纸行业迈向"生态文明"。加快新技术的应用，淘汰落后装备并整合资源，优化产品结构，提高装备水平，降低资源消耗，降低生产成本，提高能源的有效利用率。开发特种纸和功能纸新产品，从原始工艺及装备设计上解决污染问题。紧跟国家"互联网+"行动计划，推动移动互联网、云计算、大数据、物联网等与现代造纸业的结合，在行业中促进电子商务、工业互联网和互联网金融的健康发展，引导互联网企业拓展纸业国际市场。

（5）糠醛产业

提高农作物秸秆原料的综合利用和经济效益。以糠醛产品为平台化合物，发展生物质能源和生物质化学品，发展以呋喃类化学品为基础的药物化学品、化工材料、化工助剂、高能燃料和香料化学品等。

16.3.3　林产化工的发展前景

由于世界人口激增、需求旺盛、工业生产过度消耗资源和能源，出现了世界性的资源危机、环境危机和能源危机。加之化石资源临近枯竭，人们越来越清楚地认识到，清洁生产是解决环境问题的最好办法。全面地、综合地、有效地利用生物质资源，替代或部分替代化石资源和化石能源是解决资源危机和能源危机的重要途径。

随着自然界石油、煤炭、天然气等化石资源的逐步枯竭，人类生活和生产将逐步回归到依靠生物资源和生物质能源。对此，世界各国特别是发达国家未雨绸缪，投入大量的人力物力，进行生物资源和生物质能源的研究与开发，以期逐步替代化石资源，应对未来的资源和能源危机。林产化学工业是通过综合利用森林植物资源，采用化学和生物化学的方法，为国民经济建设生产所需能源和化工产品的产业部门。因此，以生物质为资源的林产化学工业是前景光明的朝阳产业。

当前，占市场 80% 以上的化学品和燃料能源均来自石化和煤化工业。我国对世界石油市场的依存度达到 50% 甚至更高。因此，通过林产化学工业综合利用森林生物质资源，解决资源和能源问题，成为相当紧迫的战略性需要。

现在世界各国都在构建植物资源化学转化利用的基本战略框架。美国制定并开始实施生物质转化研发计划。以生物质（bio-mass）为原料，通过生物化学的方法，建立糖化学平台（sugar platform），将生物质转化为糖，以糖为平台化合物，为市场提供燃料和化学品；通过热化学转化方法，建立热化学平台（thermo-chemical platform）向市场提供燃料油、生物质气、炭材料和化学品等；通过生物精炼（bio-refineries）的方法对上述平台化合物进行精炼，合成市场所需的材料、燃料和各种化学品。

　　除美国之外，包括我国在内的世界各国都在制定自己的生物质转化研发计划，以期应对资源危机、环境危机和能源危机，维护民众的生存权和发展权。

　　林产化工迎来了大发展的黄金机遇期。我们应抓住这一发展良机，面对市场，进行战略转型，发展林产化学制造业，用高新技术改造和发展林产化学工业。

复习思考题

1. 林产化工与木材加工工程有何区别？
2. 请列举工业生产和日常生活中常见的林产化工产品。
3. 你认为在生物质资源利用方面会有什么进一步的发展？
4. 林产化学加工的方法有何特点？
5. 你还了解哪些林产化工企业？与本章介绍的企业案例有何异同？
6. 你认为生物资源和生物质能源会取代化石资源吗？为什么？

本章推荐阅读文献

1. 贺近恪，李启基主编. 林产化学工业全书. 北京：中国林业出版社，2001.
2. 刘自力主编. 林产化工产品生产技术. 南昌：江西科学技术出版社，2005.
3. 安鑫南主编. 林产化学工艺学. 北京：中国林业出版社，2002.
4. 伍忠萌主编. 林产精细化学品工艺学. 北京：中国林业出版社，2002.

第 17 章

松香与松节油生产

【本章提要】介绍脂松香、脂松节油生产工艺技术：松脂的采集、储存和加工。分别介绍松香、松节油的组成、性质和用途。

松香和松节油是世界上生产量最大的一种天然树脂与天然精油。它们互相以溶液状态存在于某些针叶树的树脂道中，尤其在松属树木中含量最多。从化学组分看，松脂是固体的多种树脂酸溶解在液体的单萜烯和倍半萜烯中所形成的混合溶液。松脂加工时，从挥发性气体中获得的萜烯类精油称为松节油，非挥发性的树脂酸熔合物称为松香。

在工业上，由于松脂的来源不同，生产松香和松节油的方法也不同，主要有 4 种方式：

①从松树活立木上采割松脂，经解吸"蒸馏"加工得到脂松香和脂松节油。这是生产松香和松节油的主要方法，全球生产量最大。

②用汽油浸提松树明子，将浸提液加工提取松香和松节油，所得产品分别称为木松香和木松节油或浸提松香和浸提松节油。由于资源的匮乏，生产量逐步减少。

③在以松木为原料、用硫酸盐法制浆造纸时，从蒸煮木片时的小放气过程中回收硫酸盐松节油，从木浆浮油中提取浮油松香，也称妥尔油松香或高油松香。至今，美国仍保持着全球最大的生产量。

④干馏含脂量高的松木或明子，可以得到干馏松节油，生产量很小。

以上产品中以脂松香和脂松节油的产量最大，质量最好。本章主要介绍脂松香、脂松节油的生产工艺及技术。

17.1 脂松香、脂松节油生产

17.1.1 松脂的采集

在松树树干的木质部和初生皮层上，有规律地开割伤口，使松脂大量流出，并收集起来的作业称为采脂。

17.1.1.1 采脂树种及分布情况

我国采脂的主要树种有松属中的马尾松、云南松、思茅松、南亚松、红松、油松和少量杂交松等。

①马尾松　为我国的主要采脂树种，产脂量较高。分布于淮河流域和汉水流域以

南，东至台湾，西至四川中部、贵州中部和云南东南部。每株年产松脂 1.5~2kg，高的达 10kg 以上，广东省德庆县高良乡有一棵松树年产松脂高达 50 kg 以上。

②云南松　分布于西藏东部、四川西部及西南部、云南、贵州西部和广西西北部。是一种高海拔树种，是云贵两省的主要采脂树种。一般每株年产松脂 3.5~6kg，高的达 10kg。

③思茅松　分布于云南南部、西部。是云南省思茅地区的主要采脂树种。产脂量略高于云南松，其松节油中 α-蒎烯含量达 95 % 以上。

④南亚松　为典型的热带松类，分布于海南中部、广东和广西南部。每株年产脂量高达 10kg，松脂中含油高达 30% 以上，油中含 α-蒎烯 95 % 以上。

⑤红松　分布于黑龙江小兴安岭、吉林东部及北部。为我国东北的主要采脂树种，每株年产松脂 2kg 左右。

⑥油松　分布于辽宁、内蒙古、河北、山东、山西、河南、陕西、甘肃、青海和四川北部，为荒山造林树种。每株年产松脂 1.5~2 kg。

⑦湿地松　原产美国东南部，20 世纪 50 年代中后期我国江西省吉安地区开始成规模地引种湿地松。近年来，我国南方各省大面积引种。湿地松产脂量高，尤其富含 β-蒎烯。

另外，我国采脂树种还有一些引种的国外松，如加勒比松、火炬松和湿加松等。湿加松是国内科研机构采用生物技术，使湿地松和加勒比松杂交培育的高产脂树种。

世界主要采脂树种：在美洲是湿地松、加勒比松、长叶松等；在欧洲是欧洲赤松、欧洲黑松、阿勒颇松、意大利松、海岸松、卵果松、曲枝松等；在东南亚是马尾松、云南松、思茅松、南亚松、卡西亚松和苏门答腊松等。

17.1.1.2　松脂树脂道的构造与树脂的形成

木材的显著特征常在 3 个切面上观察，即横切面——与树干相垂直所切成的平面；径切面——通过髓心、与木射线平行、与横切面呈直角所切成的平面；弦切面——与木射线垂直并与年轮成切线相切的面。

松木可以采脂是因为它的木材中具有一种特殊结构，称为树脂道。松脂集聚在树脂道中。松树的树脂道在木质部、针叶和初生皮层中形成 3 个独立系统。采脂就是割伤松树树干中生活木质部的树脂道或韧皮部，使松脂不断流出。树脂道有纵生、横生两类。在树干横切面上用肉眼或用放大镜仔细观察，在边材的晚材部分或靠近晚材带的早材处可以看到一些针头状的小白点，单个为主，偶有成对。它们在剥去树皮的树干表面或在树干的弦切面上就成为浅色的短条纹，这类树脂道与树干主轴平行，称为纵生树脂道。横生树脂道分布在木射线中，与树轴呈辐射状排列，在木段表面或弦切面上观察即为带褐色的斑点，在径切面上是一些浅棕色的线条。松木木材的显微结构如图 17-1 所示。

松脂的形成是一个复杂的生理过程。松树针叶吸收土壤中的水分和无机盐类，在阳光的照射和叶绿素与酶的作用下合成糖类，再经生物化学反应和一系列中间产物，进一步合成萜烯类和树脂酸类物质。因此，良好的立地条件与充足的光照能使松树生成更多的松脂。

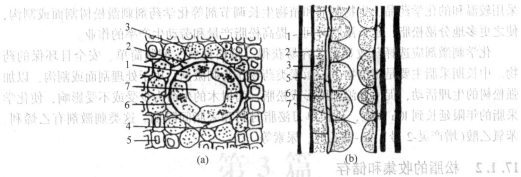

图 17-1　树脂道在显微镜下的解剖图

(a) 木材横切面上的纵生树脂道　(b) 纵生树脂道的纵切面

1. 泌脂细胞　2. 死细胞层　3. 伴生薄壁细胞　4. 细胞间隙

5. 管胞　6. 树脂道　7. 树脂道内充满树脂

17.1.1.3　松脂的采集

对符合采脂规程的松林进行采脂，目前多进行常法采脂。为了充分利用松脂资源，在伐前还可进行强度采脂。为了降低劳动力成本，节约采脂割面，延长松树采脂年限，还可采用化学采脂的方法进行采脂作业。

(1) 常法采脂

不用化学药剂或刺激剂处理割面或割沟的采脂作业称常法采脂。根据松林采脂年限划分，有长期、中期、短期采脂。一般采 10 年以上的称长期采脂，5~10 年称中期采脂，5 年以内称短期采脂。采脂期限不同，采用的方法亦不同。凡是近期不采伐的松林，可以采用长期采脂法。

根据割面部位扩展方位不同，采脂工艺分为上升式采脂法和下降式采脂法(图 17-2)。上升式采脂法是割面部位从树干根株(距地面 20cm)开始采割，第一对侧沟开于割面的底部，以后开割的侧沟都在前一对侧沟的上方，逐渐向上扩展。下降式采脂法则相反，割面部位从树干高处开始采割，第一对侧沟开在割面的顶部，以后开割的侧沟都在前一对侧沟的下方，逐渐地无间隙地向下扩展，一般割到距离地面 20cm 为止。复合式采脂法是指上升式和下降式相结合的方法。

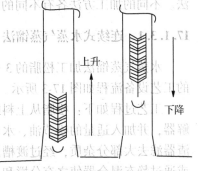

图 17-2　上升式和下降式

采脂法示意

(2) 强度采脂

强度采脂只适用于 2 年内将要砍伐的松树。技术上主要采取加大割面负荷率、增开割面、增加割沟次数、加大割沟宽度和深度、阶梯状采脂和强刺激物化学采脂等措施。以最大限度地在立木松树存活期内获得更多的松脂。

(3) 化学采脂

化学采脂包括上述强度化学采脂，但是作为一种更经济有效的采脂方法，主要是指采用较温和的化学药品、生物制剂和植物生长调节剂等化学药剂刺激松树割面或割沟，使之更多地分泌松脂，延长泌脂时间，提高松脂产量和劳动生产率的作业。

化学刺激剂应选择药效显著、容易获得、价格便宜、配制简单、安全且环保的药物。中长期采脂主要是用植物生长激素类药物作为刺激剂，用于处理刮面或割沟，以加强松树的生理活动，促使分泌细胞形成松脂，而树木的生命力少受或不受影响，使化学采脂的年限延长到10a以上，延长单刀泌脂时间和采脂间隔期。这类刺激剂有乙烯利、苯氧乙酸(增产灵-2号)、α-萘乙酸、尿素等。

17.1.2　松脂的收集和储存

为了降低采脂劳动力成本，又保证松脂中松节油含量在15%左右，应每隔15~20d收集松脂一次，除去混入脂液内的水分和杂质。从采脂林区收集的松脂，应装入干净的非铁质容器，加盖存放。各地松脂送往加工厂后应分级分类储存在贮脂池中，并加水保养，防止污染变质及松节油的挥发。松脂贮存应注意防火。

17.1.3　松脂加工

松脂加工的目的是将挥发性的松节油与非挥发性的松香分离，并除去杂质和水分。最传统的方法是将松脂放在金属容器中，直接火加热。松节油具挥发性，沸点相对较低，先蒸发逸出，经冷凝冷却后收集，容器底部留下的便是松香。后来人们将水蒸气蒸馏工艺及技术应用于松脂加工。水蒸气蒸馏工艺技术分3个工段：松脂熔解，熔解脂液的净制、除去杂质和水分，净制的脂液水蒸气蒸馏，分离松节油和松香。用水蒸气蒸馏加工松脂的工艺分连续式和间歇式2类。还有一种分离方法是将水滴入松脂加热容器中产生水蒸气，带出松节油，以降低松脂加工温度，提高产品质量，这种工艺称为滴水法。不同的加工方法各有不同的工艺流程。

17.1.3.1　连续式水蒸气蒸馏法

水蒸气蒸馏法加工松脂的3个工段以连续方式进行的为连续式水蒸气蒸馏法，典型的工艺设备流程如图17-3所示。

工艺过程如下：松脂从上料螺旋输送机输入料斗，再经螺旋给料器不断送入连续溶解器，并加入适量的松节油、水和脱色剂。在溶解器中松脂被加热熔解。熔解脂液经除渣器滤去大部分杂质，经过渡槽放出污水后，再放入水洗器，用热水或搅拌、或对流、或通过静态混合器使之充分搅和，然后送入连续或半连续澄清槽。澄清后的脂液经浮渣过滤器滤去浮渣后，放入净脂贮罐，澄清的渣水间歇或连续地从澄清槽底部放出。中层脂液经中层脂液澄清槽澄清后放入中层脂液压脂罐，再经高位槽返回熔解器回用，或者单独生产黑松香，回收松节油。脂液泵将澄清脂液从净脂贮罐抽出，经过转子流量计计量、预热器加热后连续送入脂液蒸馏塔。也有的工厂从预热器抽取部分松节油，油和水的混合蒸气经分凝器分出含蒎烯量高的油分，经冷凝冷却、油水分离、盐滤后即得工业蒎烯产品(含蒎烯95%以上)，含蒎烯量相对较低的油分(90%以上)作为优油收集。脂液进入蒸馏塔后由间接蒸汽(闭汽)加热，直接蒸汽(活汽)蒸馏，上段蒸出优油和水的

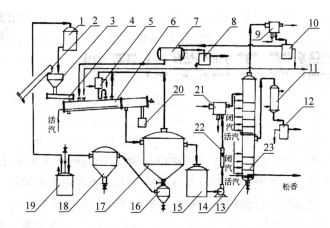

图 17-3　连续式水蒸气蒸馏法松脂加工工艺设备流程

1. 溶解油贮罐　2. 螺旋输送器　3. 加料斗　4. 给料器　5、9、11. 冷凝冷却器(换热器)
6. 连续溶解器　7. 优油贮罐　8. 盐滤器　10、12. 油水分离器　13. 放香管　14. 酯液泵
15. 过滤器　16. 稳定器　17. 连续澄清器　18. 中层酯液澄清器　19. 压脂罐　20. 残渣
授器　21. 脂液预热器　22. 转子流量计　23. 连续蒸馏塔

混合蒸汽，下段蒸出重油和水的混合蒸汽，分别经冷凝冷却、油水分离和盐滤后成为产品优油和重油入库。有的工厂在蒸馏塔的中段还有熔解油(中油)和水的混合蒸气蒸出，经冷凝冷却、油水分离后的油分作熔解油使用。蒸馏塔蒸出松节油后塔底连续放出产品松香，并进行包装，冷却后入库。

17.1.3.2　间歇式水蒸气蒸馏法

间歇式水蒸气蒸馏法松脂加工工艺设备流程如图17-4所示。

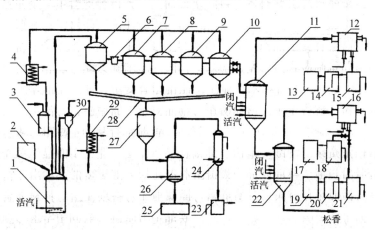

图 17-4　间歇式水蒸气蒸馏法松脂加工工艺设备流程

1. 溶解釜　2. 加料斗　3、17. 溶解油(中油)贮罐　4、12、16、24、29. 冷凝冷却器(换热器)
5. 过渡槽　6. 过滤器　7、8、9、10. 澄清槽　11. 一级蒸馏釜　13. 优油贮罐　14、20. 盐滤器
15、18、21、23. 油水分离器　19. 重油贮罐　22. 二级蒸馏釜　25. 黑香或残留受器　26. 喷提
锅　27. 中层酯液澄清罐　28. 排渣水槽　30. 分离器

　　工艺过程如下：松脂从贮脂池用螺旋输送机送入车间料斗。生产量大的工厂还通过压脂罐将压缩空气压入车间料斗。松脂从车间料斗进入熔解釜(锅)，并加入熔解油、水和脱色剂。以直接水蒸气(活汽)加热熔解，熔解脂液用水蒸气压入过渡槽(锅)，杂质残留在滤板上定期排出，熔解时逸出的蒸气经冷凝冷却后回流釜中。从过渡槽放出大部分渣水的脂液，间歇地经水洗器流入澄清槽组澄清。滤去浮渣的澄清脂液放入计量罐，分批压入一级蒸馏釜进行蒸馏操作。从一级蒸馏釜蒸出优油和水的混合蒸气，经冷凝冷却器、油水分离器和盐滤器处理，得到产品优级松节油。蒸出优油的脂液放入二级蒸馏釜进行蒸馏操作。从二级蒸馏釜先后蒸出熔解油(中油)和水的混合蒸气以及重油和水的混合蒸气，经分别冷凝冷却和油水分离后，熔解油直接送至熔解油高位槽作稀释和熔解松脂之用；重油再经盐滤器除去残留于油中的水分得到产品重油。脂液从二级蒸馏釜蒸出重油后得到产品松香，放入松香贮槽，分装于松香包装桶内，冷却后入库。

17.1.3.3 滴水法

　　滴水法松脂加工工艺流程如图17-5所示。

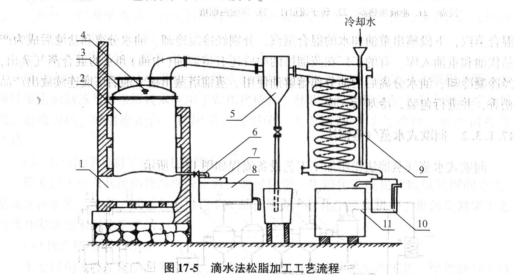

图17-5　滴水法松脂加工工艺流程

1. 炉膛　2. 蒸馏锅　3. 装料口　4. 清水入口　5. 捕沫器　6. 放香管
7. 松香过滤器　8. 松香冷却器　9. 冷凝器　10. 油水分离器　11. 松节油贮罐

　　滴水法工艺比较简单。将松脂装入蒸馏锅内，用直接火加热。为了降低蒸馏温度，在加热至一定温度时滴入适量清水，水很快加热至沸点以上产生水蒸气，与松节油的蒸气一同蒸出，经冷凝冷却器冷却后入油水分离器，油分再经盐滤器得商品松节油，按不同蒸馏温度分别收集不同油品。蒸出全部松节油后，趁热从锅内放出松香，滤去杂质，进行包装，冷却后入库。

17.2　松香的组成、性质和用途

17.2.1　松香的组成

松香按不同来源分为 3 种：脂松香、木松香和浮油松香，统称工业级松香。工业级松香经相关化学反应如氢化、脱氢、歧化、聚合等后，由于非环基部分的改性，提高了松香的稳定性，改善了松香的物理及化学性质，所得的产品称为改性松香。工业级松香和改性松香都可通过其羧基的化学反应转化为羧酸衍生物，称为松香衍生物。

松香是一种复杂的混合物，按来源不同其组成亦各异。但主要组分是多种同分异构的树脂酸。依据树脂酸结构的不同，分为枞酸型树脂酸、海松酸型树脂酸和劳丹型树脂酸 3 种。另外，还有脂肪酸和非酸性物质（中性物质）。一般的工业级松香中，树脂酸的含量在 85.6%~88.7%，脂肪酸含量在 2.5%~5.4%，中性物质含量在 5.2%~7.6%。树脂酸是一类混合物的总称，除劳丹型树脂酸外，枞酸型和海松酸型树脂酸都具有 $C_{19}H_{29}COOH$ 的分子式，相对分子质量为 302.46，分子中含有一个羧基和两个双键。由于双键的位置不同，而形成多种同分异构树脂酸。

17.2.2　松香的性质

由松脂制得的松香是一种透明而硬脆的固态物质，折断面似贝壳且有玻璃光泽，颜色由淡黄至褐红色，具体随原料品质和加工工艺条件而定。

松香溶于许多有机溶剂，如乙醇、乙醚、丙酮、氯仿、苯、二硫化碳、四氯化碳、松节油、油类和碱溶液中，不溶于水。比重 1.05~1.10，软化点在 60~85℃，120℃成液态。松香的热容量为 2.25kJ/（kg·℃），沸点 300℃/0.667 kPa，闪点（开口式）216℃。

松香具有易结晶的特性，结晶现象就是在厚的透明松香块中出现树脂酸的结晶体，松香因而变浑浊，肉眼可见。结晶松香的熔点较高（110~135℃），难于皂化。在一般有机溶剂中有再结晶的趋势，使其在肥皂、造纸、油漆等工业中的使用价值降低。

松香易被大气中的氧所氧化，尤其在较高温度或呈粉末状时更易氧化。松香极细的微粒与空气混合极易爆炸，雾状粉尘的自燃点 130℃，爆炸下限 12.6 g／m³。

在隔绝空气的情况下，将松香加热到 250~300℃时，松香被裂解而生成松香油。松香是易燃物，燃烧时发生大量浓黑烟。

松香的物理性质，如颜色、软化点、比旋光度、结晶趋势和黏度等通常为松香品质的主要指标。

17.2.3　松香的用途

17.2.3.1　直接应用

我国一些工业部门使用的是未改性松香。据统计，各部门的松香用量比例为：肥皂

50%，油漆 25%，造纸 12%，其他 13%。

(1)肥皂工业

松香与苛性钠一起蒸煮形成松香皂。其化学反应如下：

$$C_{19}H_{29}COOH + NaOH \longrightarrow C_{19}H_{29}COONa + H_2O$$

松香皂的特点是质软，在水中易溶解、易起泡沫，能溶解油脂，具有很强的去污力。

(2)造纸工业

松香用于普通低档纸张的施胶。未经施胶的纸张书写时容易透过墨水，并且对印刷油墨的接受能力差。纸浆施胶一般是将松香制成松香皂，同明矾一起加入打浆机内纸浆中。当纸浆在干燥圆筒上滚压和加热时，树脂酸和松香皂软化，胶黏着各个小纤维，并填充在小纤维之间。

(3)油漆工业

松香常用作制备漆的基本原料，用来制造催干剂、软化剂及人造干性油。

(4)油墨工业

主要用作快干剂和载色体，印刷后的墨迹清晰，色调活泼，并起光亮、黏合作用。

除了以上典型的应用外，松香在橡胶工业、电气工业、金属加工工业、医药农药工业、印染针织工业、食品工业等也有广泛应用。

17.2.3.2　松香再加工

利用松香树脂酸分子中双键和羧基的各种反应进行改性，称为松香的再加工或深加工，其产品分别称为改性松香和松香衍生物。主要产品有：氢化松香、歧化松香、聚合松香、马来松香、松香酯、松香醇、松香胺和松香盐等。这些产品性能更加优越，用途更加广泛，在橡胶工业、电气工业、金属加工工业、医药农药工业、印染工业、食品工业和工业助剂等方面得到更加广泛的应用。

17.3　松节油的组成、性质和用途

17.3.1　松节油的组成

松节油是液态萜烯类物质的混合物，一般通式为$(C_5H_8)_n$。

松节油的组成因树种、原料品质、采割及加工方法不同而异。我国生产的松节油主要是马尾松松节油，其主要化学组成为 α-蒎烯，约占 85% 以上。此外，尚含有 5% 左右的 β-蒎烯，2% 左右的茨烯，2% 左右宁烯，以及少量 β-水芹烯和部分高沸点的长叶烯等。近年来，大量引种的湿地松采脂已进入旺盛期，湿地松松节油含有更多的 β-蒎烯。

17.3.2　松节油的性质

松节油是无色透明、具有芳香气味的液体，是一种优良溶剂，能与乙醚、乙醇、

苯、二硫化碳、四氯化碳和汽油等互溶，不溶于水。易挥发，属二级易燃液体。其比热容为 0.45~0.47，导热系数 0.136W/(m² · K)，热值 45 426.8kJ/kg，闪点(开口式)35℃，爆炸极限(下限)0.8%(32~35℃)。松节油的物理性质如相对密度、折射率(折光指数)、比旋值、沸点、黏度等，与油的组成有关。松节油的化学性质取决于萜烯的双键和小环结构，在一定的条件下能进行异构化、氧化、烷基化、氢化、热解、脱氢、加成、聚合等多种化学反应。这些反应扩大了松节油的多种用途。

17.3.3　松节油的用途

松节油是一种优良的溶剂，广泛用于油漆、假漆、催干剂、胶黏剂和其他类似的产品中。在纺织工业上用来制造媒染剂和染料。松节油还用于医药、电子及选矿等方面。

松节油最主要的用途是用于各种合成化学工业的原材料。目前主要用于合成樟脑、合成龙脑(冰片)、合成香料、合成材料和合成橡胶等。

(1)合成樟脑

合成樟脑是白色的晶体，易溶于许多有机溶剂中，微溶于水。樟脑容易升华。

用松节油合成樟脑，工业生产大都采用同分异构法，即从松节油中分馏出 α-蒎烯，经异构为茨烯，茨烯经酯化、水解、脱氢等反应生成樟脑。

合成樟脑是制造赛璐珞的增塑剂，在无烟火药上作稳定剂，在医药上作强心剂、清凉剂，在农药上用作杀虫剂等。

(2)合成龙脑

合成龙脑又称合成冰片，为六角形片状、白色透明晶体，主要用于医药、农药和合成药物中间体等。

(3)合成香料

松节油中的 α-蒎烯和 β-蒎烯可以合成多种香料，如合成松油醇、芳樟醇、薄荷脑、香茅醛、紫罗兰酮、檀香、龙涎酮等上百种香料。

复习思考题

1. 松脂的不同采集方法有何异同？
2. 简述松脂的形成和分泌原理。
3. 连续式和间歇式水蒸气加工松脂的工艺有何不同？
4. 简述松香和松节油的用途，你看见过松香或松节油的哪种用途？

本章推荐阅读文献

1. 程芝主编. 天然树脂工艺学. 北京：中国林业出版社，1996.
2. 安鑫南主编. 林产化学工艺学. 北京：中国林业出版社，2002.
3. 贺近恪，李启基主编. 林产化学工业全书. 北京：中国林业出版社，2001.

第18章

栲胶生产

【本章提要】 本章介绍了栲胶的分类、性质和用途；栲胶原料的采集、贮存；栲胶生产工艺，包括原料粉碎、筛选、浸提、蒸发、喷雾干燥等。

栲胶是从富含单宁的树皮、果壳和虫瘿等植物原料中提取制成的浓缩的产品，常以原料名称命名，如黑荆树栲胶、毛杨梅栲胶、落叶松栲胶等。经浸提、浓缩等过程制成的栲胶，为棕黄到棕褐色的固体(粉状、粒状或块状)或浆状体。栲胶主要用作制革工业的鞣皮剂，所以又称植物鞣剂、鞣料浸膏。栲胶及栲胶深加工产品还用于石油钻井、化肥和炼油(脱硫化氢和硫醇)、人造板、合成纤维印染、提炼锗、锅炉水处理、食品和制药等工业领域。

18.1 栲胶的分类、性质和用途

栲胶是以单宁为主要成分的复杂混合物，栲胶成分可粗略地分为单宁、非单宁、不溶物和水。单宁为栲胶的有效成分。非单宁的成分为：简单酚类、有机酸、淀粉、蛋白质、色素、树脂及无机盐等。单宁和非单宁都溶于水，二者合称为可溶物。可溶物与不溶物一起统称为总固物。

纯度，是单宁在可溶物中的比率值，即单宁在单宁与非单宁总量中的重量百分比：

$$P = \frac{T}{T + NT} \times 100 = \frac{T}{S} \times 100$$

式中　P——纯度(%)；

T, NT, S——为单宁、非单宁、可溶物的含量(%)。

单宁含量越高，非单宁含量越低，则纯度越高，而栲胶的质量就越高。通常以纯度衡量栲胶质量，一般要求栲胶的纯度在50%以上。

18.1.1 单宁的分类

单宁是 tannins 的译音，即植物单宁(vegetable tannins)，又名鞣质或植物鞣质。单宁通常是由相近似的复杂多酚组成的混合物。按照单宁的化学结构特征，将单宁分为水解单宁及缩合单宁2大类。

(1)水解类单宁

水解单宁是棓酸(即没食子酸)或与棓酸有生源关系的酚羧酸与多元醇结合组成的酯。水解类单宁分子结构中的酯键易被酸、碱、酶所水解而失去单宁的特性。水解产物主要是酚酸类、糖(多为葡萄糖)或多元醇。此类单宁根据水解产生的酚酸的不同又分为2类:没食子单宁及鞣花单宁。

(2)缩合类单宁

缩合类单宁是以羟基黄烷为组成单元的缩聚物,分子中的全部芳香核都以碳—碳键相连。单宁在水溶液中不被酸、碱、酶水解。在强酸的作用下,单宁分子缩聚生成暗红色沉淀(红粉)。在酸—醇作用下,多数缩合类单宁均生成花色素,这类缩合单宁属于聚合的原花色素。

后来发现了一批含黄烷醇基、黄烷酮基和原花色素基的鞣花单宁(如窄叶青冈素、麻栎素等)。这类单宁分子中含有水解单宁和缩合单宁2种类型的结构单元,具有2类单宁的特征,这类单宁被称为复杂单宁而拟列为新的一类单宁。

18.1.2 栲胶的性质

18.1.2.1 栲胶的物理性质

栲胶一般为有色的非晶形固体,能无限制的溶解于热水中,形成胶体溶液。部分溶于丙酮、乙酸乙酯、甲醇、乙醇等溶液。不溶于乙醚、石油醚、氯仿、二硫化碳和甲苯等溶剂。

栲胶具有苦涩味,有收敛性。

18.1.2.2 栲胶的化学性质

栲胶是复杂的混合物,其主要的有效成分是单宁。

(1)单宁与蛋白质反应

在栲胶鞣革过程中,单宁与蛋白质结合,使动物生皮能鞣制成柔软的皮革。这是单宁最重要的化学性质。

单宁具有涩味,也是由于单宁与唾液蛋白、糖朊的结合作用,是唾液失去对口腔的润滑作用而引起的感觉。植物体内单宁对蛋白质的结合具有收缩脱水、防虫防腐的作用。单宁可作为蛋白质的吸附体,用于制作固定化酶,以清除酒类饮料中的蛋白质,净化含汞废水等。

(2)单宁的水解反应

水解类单宁分子中的酯键,在酸、碱、酶的作用下易水解。五倍子单宁加硫酸,在100℃温度下水解6h或在130℃温度下水解3~4h,五倍子单宁完全水解,生成没食子酸和葡萄糖。

(3)单宁的缩合反应

缩合类单宁在水溶液中加热时,单宁分子之间会产生无规则的缩合,形成不溶于水的红褐色沉淀物"红粉"。这是栲胶生产中应避免的。

缩合类单宁与甲醛在碱(或酸)催化下起缩合反应,可制成胶合剂。

(4)单宁与金属离子作用

单宁分子中邻位酚羟基的氧原子能够提供孤对电子,它是常见的配位原子,单宁则是配位体。金属离子(中心离子)也称络合物的形成体,它有杂化轨道,可以接受配位原子的孤对电子,生成螯合物。单宁与三氯化铁($FeCl_3$)溶液作用,可生成蓝黑色或蓝绿色溶液。单宁与 Ca^{2+}、Mg^{2+}、Hg^{2+}、Pb^{2+}、Zn^{2+} 等金属离子能形成络合物沉淀。

(5)单宁的氧化反应

单宁与酚类物质一样,分子中具有较活泼的酚羟基,在水溶液中最易氧化,pH 值低于 2.5 时氧化很慢,pH 值为 3.5~4.6 时氧化加快,在碱性或有氧酶的条件下,氧化很快。缩合类单宁在日光照射作用下,形成共轭的醌甲基发色团,使其颜色变深。

(6)单宁与亚硫酸盐作用

单宁与亚硫酸盐可发生加成、置换、取代等反应。反应的结果能提高栲胶的冷溶性,增强单宁的稳定性,提高单宁的分散度,使单宁的渗透速度加快、颜色变浅。

(7)单宁与甲醛反应

缩合单宁在酸、碱催化下与甲醛反应时,先在 C-8 或 C-6 位生成羟甲基加成物,再与 2 个缩合单宁的单元 A 环缩聚成二聚物。继续反应下去即生成不溶于水的高聚物。但是由于大分子单宁的空间位阻大,移动又慢,反应活性点相距较远,借助甲醛生成的($—CH_2—$)交联链的长度不足以在反应点间形成足够的交联,造成胶黏剂的强度不足。通常加入酚醛树脂或脲醛树脂,使其与单宁共聚。由于合成树脂的链长,能在单宁间形成足够的交联,使单宁胶的强度增加。

18.1.3 栲胶的用途

栲胶传统用于制革工业,是生产重革最主要的鞣革剂。动物生皮必须经过鞣制才能变成柔软、坚固、美观、富有弹性、不透水和不腐烂的革。每吨重革约需 0.8t 栲胶鞣制。制革工业要求栲胶的单宁含量高、渗透速度快、结合力强、冷溶性好、颜色浅、鞣液稳定性好和沉淀物少。

栲胶还广泛用作锅炉除垢防垢剂,石油和地质钻井泥浆处理剂,陶瓷、水泥、黏土制品工业用的稀释剂,人造板胶黏剂,金属表面防锈剂,稀有金属浮选剂,纺织印染的固色剂。

此外,栲胶在农业上用于加速种子发芽、抑制植物病毒、促进牲畜生长。还可作蓄电池的负极添加剂,以及用于渔业、医药、卫生等部门。因此,栲胶已成为我国工业、农业、国防和交通运输等许多部门不可缺少的化工原料。

18.2 栲胶生产

18.2.1 栲胶原料的采集

18.2.1.1 树皮原料的采集

余甘子树皮最好在五、六月立木人工剥皮,树干留 1~3cm 的树皮营养带,首先上下直切,然后分段横切(约 20cm 长),再将树皮撬开剥下。不能用刀斧敲击树皮而损伤木质部,这样1年后可长出再生树皮,以保护资源。

毛杨梅树皮常在初夏树液流动时人工剥皮,其尺寸约20cm。

木麻黄和黑荆树树皮是在秋季采伐后人工剥皮,先按2m锯断树干,树皮剥下并锯成lm长。

落叶松树皮是在采伐、运输到场后人工剥皮。冬天剥皮难,夏天剥皮易。其长度小于lm。

剥下的树皮尽快送到工厂加工,可提高栲胶质量和产量。如不能及时送到工厂加工,应晾干,防止日晒雨淋而降低树皮和栲胶质量。

18.2.1.2 果壳、五倍子的采集

我国栓皮栎和麻栎的果实分别在8~9月和9~10月成熟。由于树林较分散,树较高,橡椀多是过熟落地后由人工收集,橡椀颜色变深,还有霉烂和杂物,影响其质量。

土耳其大鳞栎较矮(4~6m),橡椀采集是在成熟前用竹竿从树上打下,随即风干。橡椀颜色浅、质量好。

五倍子的成熟期受各地气候和海拔高度的影响而有所不同,一般以产地五倍子常年爆裂盛期前10~15d内采收较合适。为了保持倍子完好,低处的倍子用手连倍柄摘下,或连小叶或复叶摘下;高处用有叉的竹竿扭掉树叶下来,再将倍子摘下。尽可能不要弄破倍体,以免浸烫时倍内进水而不易晒干。天然倍林中,应留种倍(3~5个/株),让其自然爆裂,倍蚜迁飞至栎类植物上继续繁殖,保证翌年产量。采摘的鲜倍及时投入沸水浸烫,待倍表变色就迅速捞出,放在太阳下晒干或微火烘干。

18.2.2 栲胶原料的贮存

①要求 贮存中应使原料质量尽量少降低;贮存足够数量以保证生产需要;原料易燃要注意防火。

②贮存方式 主要有简单仓库贮存、简易栅贮存和露天堆垛贮存。

18.2.3 栲胶生产

栲胶生产工艺过程有原料粉碎、筛选和输送,单宁的浸提,浸提液的蒸发,浓胶喷雾干燥等。

栲胶生产工艺流程如图18-1所示。

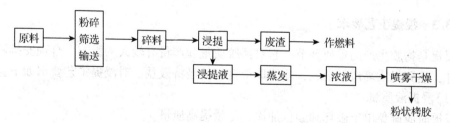

图18-1 栲胶生产工艺流程

18. 2. 3. 1　原料的粉碎

（1）粉碎的目的

①供应浸提合格碎料　碎料的粒度是影响浸提过程的主要因素。碎料粒度变小，可以缩短水溶物从碎料内部转移到淡液中的距离，增大碎料与水的接触面积，从而加速浸提过程，缩短浸提时间，减少单宁损失，提高浸提率和浸提液的质量。

②破坏细胞组织　单宁含于植物细胞组织中，如表皮层、厚皮层和韧皮层的木栓细胞、次生韧皮细胞、韧皮薄壁细胞。树皮和木材的细胞绝大多数顺树轴方向排列，因此原料粉碎时，横向切断树皮和木材，就能更多的破坏细胞组织。橡椀压碎后再压片也能较多的破坏其细胞组织。由于原料细胞组织被破坏，从而加速水分的渗入、单宁的溶解和扩散。

③增加浸提罐加料量　粉碎可在一定程度上增加原料的堆积密度，从而增加浸提罐的装料量，提高浸提罐的利用率和能力。

（2）粉碎的要求

原料的粉碎要尽量减少粉末和大颗粒，使碎料粒度比较均匀，达到适合浸提需要的粒度范围，通常为 1.5~3.0mm。大于 3.0mm 的颗粒返回二次粉碎；小于 1.5mm 的细颗粒可以单独浸提或烧锅炉。

18. 2. 3. 2　原料的筛选和净化

将颗粒大小不一的物料通过一定尺寸孔径的筛面，分成不同粒度级别的过程称为筛选。原料的筛选和净化是提高产品质量的重要环节。

①改善碎料的粒度　粉碎后的原料须经筛选除去粉末，大块料返回再粉碎，选出粒度合乎浸提要求的碎料。

②除去杂质　原料在采集、包装、贮存过程中，往往混入一些泥沙、石块、铁质等物质。其数量和种类因产地和原料种类而异。这些杂质有以下害处：

a. 泥沙灰尘中的钙、镁与单宁生成沉淀，使单宁损失，不溶物增加。还易沉积在蒸发器加热管上，形成管垢，降低蒸发器生产能力。

b. 原料夹带的铁质与单宁生成蓝黑色络合物，使成品颜色变深，质量下降。

c. 石头、铁块的存在，不仅降低产品质量，而且损坏粉碎机。

筛选常在原料粉碎前后进行，粉碎后筛选使粒度趋于均匀。

18. 2. 3. 3　浸提工艺要求

浸提是栲胶生产的重要环节，它对栲胶质量和产量有较大的影响。合理安排浸提工艺条件，达到优质高产低消耗，才能取得良好的经济效益。对浸提工艺要求如下：

（1）浸提液质量

浸提时应避免单宁破坏和颜色加深，尽量提高质量。

（2）抽出率

抽出率是指由原料中浸出的物质（单宁或抽出物）占原料含量的质量百分率。抽出率高，原料消耗低。但不能单纯追求抽出率，因为浸出的非单宁如多于单宁，会使浸提液的质量下降。合适的抽出率由试验确定，一般使抽出物抽出率达 85% 左右，单宁抽出率达 90% 以上。

（3）浸提液浓度

在相同的总含量下，浓度与液量成反比。浓度高有利于减少蒸发负荷和蒸汽消耗。但液量不足会使抽出率降低，原料消耗增加。要求在满足抽出率的条件下减少液量，增加浓度。

（4）生产率

生产率按单位容积的日产栲胶量 $[kg/(m^3 \cdot d)]$ 或日处理原料量 $[kg/(m^3 \cdot d)]$ 计。前者与原料含抽出物的大小有关。要求在满足质量及抽出率的前提下，达到高的生产率。

浸提液质量、浓度、抽出率、生产率之间存在着矛盾。例如，放液量增加可提高抽出率，但浓度降低。温度提高使抽出率、生产率增加，但温度过高会使质量下降。罐数增多使抽出率增加，但生产率降低。粒度小使抽出率、生产率增加，但粒度过小会造成结团、堵塞，而使抽出率、生产率降低。这些矛盾需通过合理安排浸提工艺条件（浸提温度、放液量、罐数等）来解决，以取得较好的总体效果。

18.2.3.4　浸提工艺条件

（1）预处理

原料浸提的工艺条件有原料的内在性质（原料透水性、单宁分子大小及溶解性），原料的粒度及形状，浸提温度、次数和时间，出液系数，溶液流动和搅动，化学添加剂的品种和数量，浸提水质等。

（2）浸提

● 原料性质及粒度

根据菲—爱公式，原料粒度小，浸提时溶质在原料内的扩散距离减小，扩散表面积增加，被打开的细胞壁增多，使浸提速度加快，从而提高浸提液质量（纯度）和单宁或抽出物的产量（抽出率）。

各种植物原料的组织结构、透水性和含有单宁的水溶性都不相同。因此，各种原料的粒度是不相同的。例如，五倍子、橡椀等属较易浸提的原料，可以采用较大粒度，延长浸提时间，仍然可以得到较高的抽出率。而落叶松树皮由蜡质层和软木脂层交互重叠构成，透水性很差，红粉单宁较多，必须采用较小的粒度（横向切碎最好），添加亚硫酸盐，才能得到较高的抽出率。

细胞组织的破坏有利于浸提。原粒粒度大小尽量均匀，以便控制一致的浸提条件，使原料中的单宁浸出。

● 浸提温度

在菲—爱公式中，扩散速度与绝对温度成正比，与溶剂黏度成反比。提高温度，使单宁浸出快而完全，从而提高抽出率。但温度过高，单宁受热分解或缩合，浸提液质量下降。因此，温度是浸提的重要条件。

各种原料中的单宁对热敏感性不同，漆叶单宁在60℃下有分解。五倍子单宁在75℃浸提时也分解成没食子酸、二没食子酸和三没食子酸。因此，漆叶、五倍子浸提温度应分别低于60℃和75℃。毛杨梅树皮、落叶松树皮和坚木的单宁可耐115～120℃。

• 浸提时间

浸提时间是指原料与溶液接触的时间。一般是根据浸提液质量、抽出率及设备的生产率选择最合理的时间。

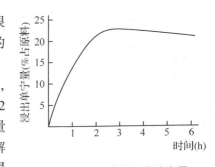

用单罐浸提橡椀（粒度3～5mm，80～90℃）时，不同时间浸出的单宁量（占原料的百分比），如图18-2所示。第1h单宁浸出较快，第2h浸出的单宁增加量只有第1h的一半多，超过2h单宁得率因单宁热分解而降低。橡椀在70℃下浸提近8h，大部分单宁被浸出来。

图18-2 不同时间浸出的单宁量

• 浸提次数

浸提次数一般由试验确定：对落叶松树皮使用7罐组，浸提13次。毛白杨梅树皮使用8～10罐组，浸提15～19次，浸提19次效果较好。

• 出液系数

出液系数是浸提时放出的浸提液量与气干原料的质量百分比。其下限值是由溶液浸没原料所需的体积决定的，低于此值，浸提不能正常进行。浸提落叶松树皮和毛杨梅树皮时，采用较大的出液系数（600%～650%），以提高抽出率。虽然浸提液浓度低，蒸发负荷和蒸汽耗量增加，但还是较为经济的。

• 搅拌和溶液流动

浸提时溶液在原料表面上的流动速度达到湍流状态时，形成涡流扩散，大大加快单宁的浸出。搅拌使原料颗粒离开原来位置而移动，不仅加速扩散，也增加液固接触表面，消除粉末结块和不透水的现象。

对于浸提罐组，采用不间断的转液方式，溶液自循环，可经常保持溶液流动状态。采用小流量上水泵，适当提高罐的长径比以延长溶液流动时间。对于平转型连续浸提，原料膨胀，溶液自循喷淋，加快喷淋液的渗透和流动。

• 化学添加剂

浸提时添加某些化学药剂，可以提高单宁的产率，改进或改变单宁的性质。最常用的是亚硫酸盐浸提，此外还有磷酸三钠、碳酸钠、氢氧化钠、烷基苯磺酸钠等添加剂，但使用不普遍。

• 水质及其他

浸提用水质量主要是指水的硬度、含铁量、pH值、含盐量及悬浮物质。单宁与硬水中的钙、镁离子结合形成络合物，使单宁损失，溶液颜色加深，且易在蒸发罐内结垢。单宁与铁盐形成深色的络合物，使溶液的颜色大为加深（特别是蓝色值）。水中含盐过多使单宁盐析，使栲胶中灰分增加。水的pH值增加虽然有利于单宁的溶解和扩散，但单宁在pH值为7～8条件下，接触空气时易氧化而颜色加深。

（3）蒸发

浸提所得到的浸提液浓度低，干物质含量在10%以下，不能直接使用，需要进行蒸发，除去水分以提高浸提液的浓度。因为单宁是热敏性物质，在高温下容易分解，所以采用真空蒸发。

（4）干燥

经蒸发后得到的浓溶液可用于制革。由于液体栲胶包装运输不方便，且容易变质，因此，要进一步除去水分，以干燥成固体或粉状栲胶。

复习思考题

1. 简述栲胶的用途。
2. 简述栲胶生产工艺过程，说明浸提过程的影响因素有哪些？

本章推荐阅读文献

1. 王庆兴主编. 林产化学工艺学. 北京：中国林业出版社，1993.
2. 安鑫南主编. 林产化学工艺学. 北京：中国林业出版社，2002.
3. 孙达旺主编. 栲胶生产工艺学. 北京：中国林业出版社，1997.
4. 孙达旺主编. 植物单宁化学. 北京：中国林业出版社，1999.
5. 贺近恪，李启基主编. 林产化学工业全书. 北京：中国林业出版社，2001.

第 19 章

植物原料水解工艺

【本章提要】本章介绍糠醛生产工艺过程、糠醛的特性和用途，酒精的生产工艺过程、酒精的特性及用途。

地球上每年借光合作用形成的植物生物质多达 $2\,000 \times 10^8$ t。从化学本质而言，这 $2\,000 \times 10^8$ t 生物质中占多数的是纤维素，其次是半纤维素和木质素。纤维素和半纤维素都可通过加水分解反应将大分子转变为相应的单糖，或进一步采用其他的化学和生物化学的加工方法，制取更为有用的各种产品。生物质是可再生资源，可以预料，随着矿物原料的枯竭，世界将从石油、煤和天然气的化学加工逐渐过渡到生物质的化学和生物化学加工。

植物纤维原料水解，是使原料的高聚糖中连接糖单体的苷键，在水溶液中经过加热发生断裂反应，将高聚糖转变为单糖和低聚糖，再通过化学和生物化学的方法转变为其他化合物产物。应用植物纤维原料的水解技术已经成功生产出酒精、饲料酵母、糠醛及其衍生物、木糖和木糖醇，以及其他工业和民用产品。水解工业的原料主要包括木材、竹材、森林采伐和木材加工的剩余物、秸秆及农业废弃物、野生植物和纤维性生活垃圾等。

19.1 糠醛生产

植物纤维原料水解生产糠醛是植物纤维原料水解工业的最早应用，目前，工业规模的糠醛产品仍由植物原料水解制取。糠醛是 1832 年德国人德博涅耳在利用硫酸作用于糖和淀粉制取甲酸时，意外地发现的。1922 年，美国用燕麦壳生产出第一吨商品糠醛，从此开始了工业化生产的历史。我国的糠醛生产始于 1942 年(天津)。糠醛是重要的基本化工原料，广泛用于合成树脂、纤维、橡胶、染料、医药、农药、溶剂等生产领域。目前全世界糠醛年产量在 30×10^4 t 以上，以美国为最多，中国、印度、巴西、多米尼加共和国等国家也有相当大的产量。目前我国的年产量在 15×10^4 t 以上(2009 年)，是一个糠醛生产和出口大国。

依照化学原理，糠醛是聚戊糖在酸性催化剂的作用下，经加温加压水解生成戊糖后，经进一步脱水转变而成。由于植物纤维原料中富含聚戊糖半纤维素，因此，它们都是生产糠醛的潜在原料。

$$\underset{\text{聚戊糖}}{(C_5H_8O_4)_n} + \underset{\text{水}}{nH_2O} \longrightarrow \underset{\text{戊糖}}{nC_5H_{10}O_5}$$

$$C_5H_{10}O_5 \xrightarrow{\quad} C_5H_4O_2 + 3H_2O$$
$$\text{戊糖} \qquad\qquad \text{糠醛}$$

19.1.1　糠醛的理化性质

糠醛属于呋喃型的杂环醛，即呋喃甲醛。它具有类似杏仁油的气味，外观是一种淡黄色的油状液体。在接触空气存放时，特别是糠醛中含有酸时，会自行氧化而变色，由蛋黄色逐渐变为深棕色，甚至变成黑褐色树脂状物质。糠醛的含氧呋喃杂环既呈现二烯化合物的双烯性质，又呈现出芳香族化合物的特征，加上分子中含有醛基，故其化学性质活泼，反应能力很强。

在室温下(20℃)，糠醛在水中的溶解度为8.3%，水在糠醛中的溶解度为4.8%。糠醛能溶于很多有机溶剂，例如，在室温下能和酒精、丙酮、乙醚、醋酸、苯、四氯化碳等互溶。芳烃和烯烃在糠醛中极易溶解，而脂肪族饱和烃则在糠醛中的溶解度很小。因此，糠醛常用作选择性溶剂。

糠醛化学性质活泼的主要原因是其结构中的醛基和呋喃环都有很强的反应性。发生在醛基上的反应主要有氧化、氢化、缩合、脱羰基等。呋喃环上的主要反应有加成、取代、开环等。通过这些反应可以制取大量的衍生物，例如，顺丁烯二酸、顺丁烯二酸酐、糠酸、糠醇、四氢糠醇、甲基呋喃、甲基四氢呋喃、呋喃、四氢呋喃、硝基呋喃以及树脂、塑料等。

糠醛属于有毒物质，工厂操作区空气中的最大容许浓度为$10mg/m^3$。当糠醛浓度高于$1\sim1.5mg/m^3$时，人即可闻到糠醛气味。糠醛在空气中的浓度大时，会毒害人体的神经系统。糠醛车间应安装排风系统。

19.1.2　糠醛生产工艺

19.1.2.1　生产糠醛的原料

从反应来看，糠醛是由植物原料的聚戊糖转变而成，所以聚戊糖含量高的植物原料是生产糠醛的好原料。这类原料主要有玉米芯、葵花籽壳、棉籽壳、甘蔗渣、稻壳、阔叶材等。这些原料中聚戊糖的含量在16%~35%。

19.1.2.2　糠醛水解工艺

水解工段是生产糠醛过程中最重要的部分。我国当前普遍采用的典型水解工艺流程是间歇式串联水解工艺。植物纤维原料通过自然干燥、除尘等处理后，与酸混合，采用串联方式进行蒸煮，获得含糠醛的冷凝液。现行的生产工艺中，水解压力通常为0.5MPa。含有糠醛的蒸汽采用气相中和和二次蒸汽发生器冷凝得到冷凝液，并回收热能，然后通过蒸馏等精制工艺制得糠醛成品。

图19-1所示的糠醛生产工艺流程为：植物原料玉米芯等，从备料工段经斗式提升机，送到混酸机。浓硫酸由浓硫酸库经酸管压至浓酸计量槽，计量后慢慢进入已放好温水的配酸槽中，配成6%~8%的稀酸，在混酸机中以固液比1:0.4均匀混合玉米芯和稀

硫酸后送入水解锅。装料结束后，关闭进料口，进行升压。升压期间再排除锅内空气，减少对产品的氧化作用并使锅内蒸汽压力与其温度相适应。之后，经排醛管排出含醛蒸汽，经分离器分离杂质后，送冷凝器，待含醛冷凝、排醛后，借水解锅内余压排出锅内残渣到喷放器中。

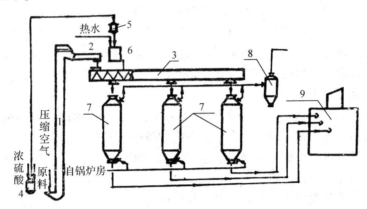

图 19-1　我国典型糠醛工艺流程

1. 斗式提升机　2. 螺旋输送机　3. 混酸机　4. 酸槽　5. 酸计量槽
6. 配酸槽　7. 水解锅　8. 分离器　9. 木质素喷放器

19.1.3　糠醛的用途

糠醛的实际应用范围很广，这首先与其有高的化学反应活性有关。糠醛及其衍生物广泛用作有机溶剂。合成呋喃型聚合物是工业上利用糠醛的重要方向。目前世界上生产糠醛总量的 50% 以上用于合成糠醇，作为合成铸造用树脂的原料。生产其他用途的呋喃树脂只占糠醛产量的 15%。用作净化润滑油的选择性溶剂的糠醛量约占 15%。其余糠醛用于合成衍生物、各种农药、医药等。

19.1.3.1　作为选择性溶剂

糠醛是选择性溶剂，它对芳香烃、烯烃、极性物质和某些高分子物质的溶解能力大，而对脂肪烃等饱和物质以及高级脂肪酸等化合物的溶解能力小。利用这一性质，在石油工业上精制润滑油，即将润滑油中芳香族和不饱和物质提炼出去，以提高润滑油的黏度和抗氧化性能，同时还可以降低硫和碳渣的含量，还可从石油中提取芳香族化合物。此外，加入糠醛还可以改进柴油机燃料的质量。

糠醛的良好选择性和耐热性，以及易于回收等优点，使它成为在木松香和浮油松香等动植物油脂的精制领域广泛应用的溶剂。

19.1.3.2　糠醛的再加工产品

(1)糠醛氢化产品

糠醛氢化反应按其催化剂、反应压力、反应温度等条件的不同，可分别还原醛基或呋喃环而得到糠醇、四氢糠醇、甲基呋喃、呋喃和四氢呋喃等重要化工原料。

（2）糠醛树脂

糠醛可以直接用作合成树脂的原料，例如，与丙酮和甲醛相作用合成糠醛丙酮甲醛树脂，用作玻璃钢等黏合剂和防腐涂料等。还可与苯酚、甲醛相作用而得到糠醛苯酚甲醛树脂，用于木制品生产。

（3）其他产品

对糠醛进行催化氧化制成丁烯二酸（马来酸），用作生产农药、不饱和聚酯树脂、水溶性漆、医药等的重要原料。糠醛还用于生产医药和兽药，如硝基呋喃类药物，可用于某些细菌性感染的治疗。

糠醛还可以用作防腐剂、消毒剂、杀虫剂和除锈剂。

19.2 酒精生产

在厌氧条件下，微生物把单糖转化成乙醇，称为生物乙醇。植物原料中的高聚糖水解成可溶性单糖后，经过微生物发酵可制成乙醇。植物原料具有可再生性且生物乙醇对环境安全无害，因此，生物乙醇转化技术长期以来一直是世界生物质研究领域的重点内容之一。针对不同的植物原料，筛选和利用优良的生物转化体系，可以大幅度提高生物乙醇的转化效率，有望将其生产成本降低到与石油乙醇相同的水平。乙醇已成为一种越来越重要的汽车燃料。

目前，我国生产酒精的原料主要是谷物和马铃薯等。然而，从节约粮食的角度出发，应用非粮食原料生产酒精更加合理。据研究，以不同原料生产酒精时的酒精得率见表 19-1。

表 19-1 不同原料的酒精得率

原料种类	酒精得率（kg/t 原料）
木材加工剩余物	170~200
谷物	280~310
马铃薯	93~117

从表中可看出，每吨绝干木材加工剩余物的酒精产量相当于 0.6t 谷物或 1.7t 马铃薯的产量。采用木材加工废料生产酒精既可节约大量的粮食，又能提高木材的利用率，对发展多种经营十分有益。

19.2.1 酒精的生产工艺

19.2.1.1 菌种

植物纤维原料经水解特别是酸法水解后的水解糖液，具有以下特点：糖液浓度较低，且含有较多不利于微生物发酵的杂质，如甲醛等。因此，与使用粮食原料制取生物酒精相比，使用植物纤维原料发酵制取酒精所用的酵母菌要求具有下列性能：对糖液中的不良杂质，如糠醛、腐殖质、甲酸、二氧化硫等有较强的抵抗力；较高的酒精产率，能适应醪液中较高的酒精浓度；对杂菌的抵抗力强；能在较高的温度和酸度下进行发酵使用等。

19.2.1.2　酒精发酵

把酵母菌接入水解的糖液后，由于酵母的总表面积大，对糖有很大的吸附作用，在酒精酵母的生化作用下，使糖分解为酒精和二氧化碳。最终酒精留在液体中，排出 CO_2。

$$C_6H_{12}O_6 \xrightarrow{\text{酶作用} } 2C_2H_5OH + 2CO_2$$

酒精发酵的动态变化过程可分为 3 个阶段，即前发酵、主发酵和后发酵。这 3 个阶段表现出不同的酒精发酵速度和酵母繁殖速度以及反应现象。

（1）前发酵

前发酵期主要是酵母的适应生长繁殖时期，糖的消耗主要用于酵母本身的生长繁殖，用于生产乙醇的糖所占的比例较少。因此，在这一阶段，酒精产率低，产生的 CO_2 也较少。

前发酵期的长短取决于酵母的浓度。当水解糖液为酵母所适应，并达到一定的酵母浓度时，便转入主发酵阶段。

（2）主发酵

主发酵是发酵过程的主要阶段，酵母消耗大量糖而生成乙醇和二氧化碳，并产生大量泡沫而发生响声，发酵液不断上下回旋流动，同时产生热量，可使发酵液温度上升。为了降低发酵温度，在主发酵阶段需要冷却和搅拌。

随着糖浓度的降低，发酵速度逐渐下降，进入后发酵期。

（3）后发酵

后发酵是一种缓慢的、静静的、平稳的发酵状态，CO_2 放出少，泡沫逐渐消失。

19.2.1.3　蒸馏

发酵液中除乙醇外还含有水分等杂质，主要分为 2 类：一是挥发物质，包括甲醇、甲醛、甲酸、乙醛、乙酸、乙酸乙酯、糠醛、萜烯等；二是不挥发物质，包括有机酸、未发酵糖、酵母、营养盐、石膏、木素等。

为了从发酵液中提取酒精、除去杂质和水分，生产上常采用三塔式连续蒸馏和精馏的方法。

19.2.2　酒精的特性及用途

酒精是易燃液体，在空气中酒精饱和蒸汽燃烧温度范围为 11～41℃。

近年来由于石油资源和石油制品的减少，价格提高，许多国家开始组织酒精生产，把酒精作为内燃机特别是汽车的燃料。利用添加 10% 酒精的汽油作燃料，使用时不需要改装发动机。

在汽油中添加酒精能保证燃料的辛烷值，这样就可以不往汽油中添加四乙铅。在混合燃料中每 3% 的酒精可以提高燃料辛烷值 1 单位。添加酒精还可提高燃料的抗震性，汽油的自燃温度为 290℃，而掺加酒精的汽油为 425℃。使用混合燃料时尾气的毒性比使用单一燃料时要低得多。制备燃料乙醇时，不需进行深度净化除杂，只利用一塔醪液精馏设备即可，这就减少了单位产品能耗。制备混合燃料时，可以应用体积浓度为 96.0%～96.2% 的酒精。酒精可提高水在汽油中的溶解度，减少燃料混合物分层的危险。当制备具有较高乙醇含量的燃料混合物时，则必须进行脱水处理。酒精的脱水一般用环己烷、苯、三氯乙烷等与之共沸蒸馏，可以得到浓度为 99.3%～99.8% 的酒精。酒精还广泛应用于医疗卫生等行业。

复习思考题

1. 简述糠醛生产的工艺过程。
2. 简述糠醛的理化性质和用途。
3. 简述酒精生产的工艺过程。
4. 简述酒精的特性和用途。
5. 使用生物乙醇和汽油的混合燃料，有何优缺点？

本章推荐阅读文献

1. 王庆兴主编. 林产化学工艺学. 北京：中国林业出版社，1993.
2. 安鑫南主编. 林产化学工艺学. 北京：中国林业出版社，2002.
3. 张矢主编. 植物原料水解工艺学. 北京：中国林业出版社，1993.
4. 李忠正主编. 植物纤维资源化学. 北京：中国轻工业出版社，2012.
5. 贺近恪，李启基主编. 林产化学工业全书. 北京：中国林业出版社，2001.

第 20 章
木材热解及活性炭生产

【本章提要】本章阐述木材热解的 4 个阶段和热解主要产物，以及木材炭化、木材干馏、林产植物纤维原料的气化与液化的基本工艺；介绍了活性炭的孔隙、吸附特性和应用，介绍生产活性炭的气体活化法和化学药品活化法的原理与基本工艺。简述了生物质能源技术，包括化学转换、热化学转换、能源植物和垃圾发电等。

按林产植物原料的种类及所制取的产品的不同，林产植物纤维原料热解主要应用于木材的炭化与干馏、林产植物纤维原料的气化和液化等生物质能源加工以及活性炭生产等。

20.1　木材热解

20.1.1　木材炭化

在隔绝空气或有限空气供给的条件下，在炭化装置内使林产植物原料热分解，以制取木炭的过程称为木材炭化。木材炭化的主要产品是木炭，有时也可以收集少量的液体产品。

木材炭化过程需要热量。可以向炭化装置中供给少量空气，使热分解生成的产物及部分原料木材燃烧，从而提供热量。因此，热分解能在没有其他外加能源的状况下完成，不受地理条件的限制，从而使木材炭化作业能在山区、林区就地进行，易于普及，但木炭得率比较低。

20.1.2　木材干馏

在隔绝空气的条件下，让木材在干馏釜中进行热分解，以制取甲醇、醋酸、丙酮、木焦油抗聚剂、松焦油、木炭及木煤气等多种化工产品的过程，称作木材干馏。

木材干馏工业在历史上曾经是制取甲醇、丙酮、木焦油抗聚剂等产品的重要工业部门。例如，甲醇又称木精，这与它最早是由木材干馏所制得有关。随着科学技术的发展，甲醇现在主要用合成的方法生产，醋酸、丙酮等产品也类似。因此，目前我国的木材干馏工业的主要产品是松焦油及松木炭等。然而，林产植物资源是一种再生性资源，从长远看，木材干馏产品仍具有潜在的优势。

20.1.3　林产植物原料的气化与液化

在高温下，利用氧气或含氧气体作氧化剂，使固体状态的林产植物原料转化成可燃性气体的热化学过程称为气化。采用快速热解、高沸点溶剂或催化热解等方法，将固体状态的林产植物原料转化成液体燃料油的热化学过程叫做液化。

热解气化和液化可以将林产植物纤维原料加工转化为气体燃料和液体燃料油，是生物质气化和液化的主要方法，也是制备生物质能源的主要手段。

20.2　木材热解的基本理论

20.2.1　木材热解的4个阶段

根据热解过程中温度和生成产物的变化情况，木材热解大体划分为4个阶段。

（1）干燥阶段

这个阶段的温度在150℃以下，主要依靠外部供给的热量使木材中所含水分蒸发，木材的化学组成几乎没有变化。

（2）预炭化阶段

这个阶段的温度为150～275℃，木材的热分解反应比较明显，木材的化学组成开始发生变化，木材中比较不稳定的组分（如半纤维素）分解生成二氧化碳、一氧化碳和少量醋酸等物质。

以上2个阶段都要外界供给热量来保证热解温度的上升，所以又称为吸热阶段。

（3）炭化阶段

这个阶段的温度为275～450℃，木材发生急剧的热分解，生成大量的气体和液体产物。生成的液体产物中含有大量的醋酸、甲醇和木焦油，生成的气体产物中二氧化碳含量随热解温度的升高而逐渐减少，而甲烷、乙烯等可燃性气体逐渐增多。这一阶段产生大量的反应热，所以又称为放热反应阶段。

（4）煅烧阶段

温度上升到450～500℃，木炭中残留的挥发物质的分解，使木炭中的固定碳含量逐渐提高，生成少量的气体产物，但液体产物很少。该阶段吸热。

20.2.2　木材热解产物

木材热解时可以得到固体、液体和气体3类产物（木材气化时，固体产物也转变成气态产物）。

（1）固体产物

木材热解的固体产物是木炭，其结构疏松多孔，可以用作燃料以及制造活性炭、二硫化碳等产品的原料。

（2）液体产物

木材热解所产生的蒸汽气体混合物经冷凝分离后，可以得到液体产物（粗木醋液）和气体产物（不凝性气体或木煤气）。粗木醋液是棕褐色液体，除含有大量水分外，还含有200种以上的各种有机物。

阔叶材干馏得到的粗木醋液澄清时分为2层，上层为澄清木醋液，下层为沉淀木焦油。澄清木醋液是黄色到红棕色的液体，有特殊的烟焦气味，比重为 1.02 ~ 1.05，其中含有 80% ~ 90% 的水分和 10% ~ 20% 的有机物，经进一步加工可以得到醋酸（或醋酸盐）、丙酸、丁酸、甲醇和有机溶剂等产品。

沉淀木焦油是黑色、黏稠的油状液体，相对密度为 1.01 ~ 1.10，其中含有大量的酚类物质，经加工后可以得到杂酚油、木馏油、木焦油抗聚剂、木沥青等产品。

（3）木煤气

热解得到的气体产物通常称为木煤气，一般用作为燃料，其主要成分是二氧化碳、甲烷、乙烯、氢气等。木煤气的产量和组成因炭化温度和加热速度等不同而异。

20.3 活性炭特性

活性炭是由含碳物质制成的外观黑色、孔隙结构发达、比表面积大、吸附能力强的一类微晶质炭。其物理和化学性质稳定，不溶于水或有机溶剂，能在高温和各种酸碱环境中使用，容易再生，用途广泛。

活性炭的种类很多。根据原料的不同，可分为木质原料等植物性原料活性炭、煤炭等矿物性原料活性炭和其他含碳原料活性炭。根据制造方法的不同，又可分为气体活化法（又称物理法）活性炭、化学药品活化法（简称化学法）活性炭。按其外观形状则可分成粉末状活性炭、颗粒状活性炭（包括不定型破碎活性炭及成型颗粒活性炭 2 类）以及纤维状活性炭（又称活性炭纤维）等。此外，根据用途的不同，还可以分为气相吸附活性炭、液相吸附活性炭、催化剂及催化剂载体活性炭等。

20.3.1 活性炭的孔隙及其形状

活性炭是难石墨化炭，其基本结构单元是类石墨微晶，它们在活性炭中呈现紊乱的排列方式，导致微晶之间形成了许多空隙，即孔隙。活性炭与其他微晶质炭的不同之处在于通过其制造过程中的活化反应，使微晶质碳结构中的一些非组织碳、单个碳六角形网平面层以及部分石墨状微晶边缘上的碳被活化除去，从而生成了一些新的孔隙，使活性炭的孔隙结构更加发达。此外，用气体活化法生产出来的活性炭，木质等植物原料中原有的孔隙仍能保留在活性炭中，成为活性炭孔隙组成的一部分，但是这类孔隙尺寸通常都比较大。

活性炭中孔的形状是多种多样的，大多数很不规则。例如，有两端开口的毛细管状，也有一端封闭的孔隙，还有墨水瓶状、狭缝状、"V"字形裂口状或其他不规则形状的孔隙等。活性炭的孔隙大小通常用半径或孔宽表示，这是把活性炭中的孔隙模型化为圆筒形或狭缝形孔隙后计算的结果。

20.3.2 活性炭孔隙的大小及作用

20.3.2.1 活性炭孔隙的大小

活性炭孔隙的大小分布范围很广。尺寸从几 Å 到几百 nm 的孔隙都存在，但活性炭的大部分孔隙尺寸都小于 10nm，尤其集中在 2nm 左右。目前主要采用国际应用化学联合会的分类方法对孔隙大小进行分类，即按照孔宽大小分为微孔(孔宽小于 2nm)、中孔(孔宽 2~50nm)和大孔(孔宽大于 50nm)3 类。这 3 类孔隙在吸附过程中遵循不同的吸附理论，大孔应用多层吸附理论，中孔可以应用多层吸附理论和毛细管凝聚理论，微孔可以应用容积充填理论。

20.3.2.2　活性炭孔隙的作用

(1)大孔

通常活性炭中大孔的比孔容积为 0.2~0.8cm³/g，比表面积为 0.5~2m²/g。其比表面积不大，吸附量有限。在吸附过程中，大孔主要起着通道的作用，即吸附质经过它而进入其内部的中孔和微孔。而且，当活性炭用作催化剂载体时，较大的孔隙即作为催化剂附着的部位。

(2)中孔

在一般的活性炭中中孔的比孔容积较小，为 0.02~0.10cm³/g，比表面积为 20~70m²/g，不超过其总比表面积的 5%。用延长活化时间、减慢升温速度或用化学药品活化等特殊方法，可以生产出中孔特别发达的活性炭，使其比孔容积高达 0.7cm³/g，比表面积达 200~450m²/g。

在气相吸附中，当吸附质气体的分压比较高时，中孔通过毛细凝聚作用吸附并将吸附质凝聚成液体状态。在液相吸附中，特别是在吸附焦糖色之类大分子物质时，中孔具有重要作用，液相吸附中常用中孔发达的活性炭。此外，与大孔类似，中孔也具有吸附质通过它而进入其内部微孔的通道作用，是负载催化剂的场所。

(3)微孔

与其他种类的吸附剂相比较，活性炭的特点是微孔特别发达。通常，活性炭中微孔的比孔容积为 0.20~0.60cm³/g，比表面积约占总比表面积的 95%。

巨大的比表面积赋予微孔很大的吸附容量，微小的孔径决定了其对于浓度极低的吸附质仍具有良好的吸附能力。微孔是吸附的主要场所，在吸附质分压比较低的气相吸附中显得更加重要。因此，气相吸附中常用微孔发达的活性炭。

20.3.3　活性炭的吸附特性

活性炭吸附剂具有以下特点。

(1)非极性与疏水性

活性炭是非极性吸附剂，表面呈疏水性，因此适于吸附非极性物质，而对极性物质的吸附能力较差。活性炭对空气中的有机溶剂以及溶解在水中的有机物质具有良好的吸附性能，而对水溶液中的大多数金属离子的吸附能力较差，就与活性炭的这一性质有关。

(2)微孔发达、比表面积大、吸附能力强

在目前工业上使用的吸附剂中，活性炭的比表面积最大，而且其微孔特别发达。比表面积大，表示活性炭的孔隙结构发达，吸附能力强。

活性炭的孔隙结构发达，孔径分布范围广，从而使得活性炭能够吸附直径大小不同的多种吸附质，即能够应用于多种场合。尤其是其微孔特别发达，使活性炭对气相或液相中低浓度的微量物质也能有效地进行吸附，即能够应用于对产品的纯度要求高的场合，作为高纯度处理用的吸附剂使用。

此外，活性炭表面含有一些有机官能团，使活性炭表面形成了部分极性区域。必要时还可以通过表面改性处理来提高极性区域的比例，以提高活性炭对某些极性物质的吸附能力。

(3)具有催化性质

活性炭作为催化剂或催化剂载体，可以应用于多种场合。当活性炭作为吸附剂使用时，除了吸附性本身发挥作用以外，活性炭的催化性能以及炭本身所具有的反应性能等，也会起作用。

(4)性质稳定、可以再生

活性炭的化学性质稳定，不溶于水及有机溶剂，能耐酸、碱，并能承受比较高的温度、压力的作用，因此能够应用在多种场合。但是，高温和强氧化剂能使活性炭发生氧化分解。经使用后失去吸附能力的活性炭，能够通过再生重复使用。

20.4　活性炭的生产工艺

工业上，由各种含碳原料生产活性炭的方法有气体活化法和化学药品活化法 2 种。气体活化法使用水蒸气之类含氧气体作为活化剂，化学药品活化法则用氯化锌之类化学药品作为活化剂。有时，也将这 2 种类型的活化剂配合使用，以生产一些具有特殊性能的活性炭产品，这样的生产方法称作混合活化法。

20.4.1　气体活化法

20.4.1.1　气体活化的基本原理

气体活化是使用水蒸气、烟道气或空气之类含氧气体作为活化剂，在高温下与原料的炭化物进行活化反应，使炭化物的孔隙结构逐渐发达起来并最终变成活性炭的过程。

在气体活化过程中，活化剂对原料炭化物的活化作用，主要体现在如下 3 个方面。

(1)清除堵塞在原料炭孔隙中的焦油等非组织碳，使原料在炭化过程中业已形成的孔隙开放、畅通

气体活化法生产活性炭时，所使用的木材、煤等含碳原料，首先要进行炭化制成原料炭，然后再进行活化处理。在原料炭中已经形成了一些孔隙，但被焦油之类非组织碳堵塞着，使这些孔隙有的无外部开口，有的不够畅通，不能发挥孔隙在吸附时应有的作用。在活化过程中，气体活化剂与非组织碳作用的结果，使这部分孔隙开放、畅通，真正能发挥孔隙的作用。

（2）气体活化剂有选择性地与原料炭表面上的碳原子发生活化反应，结果生成了新的孔隙

原料炭结构中石墨状微晶的不规则排列，造成了其表面的不均一性。暴露在原料炭表面上石墨状微晶的端面或者晶格缺陷处的碳原子，与暴露在表面上的微晶基底面上的碳原子相比较，更加富于反应性。它们与气体活化剂发生反应，并以一氧化碳、二氧化碳气体的形态从原料炭上不断脱除。其结果，在原料炭上逐渐生成一些新的孔隙，使孔隙结构渐渐发达起来。

（3）气体活化剂与原料炭原有孔隙内表面上碳原子发生活化反应的结果，使孔径变大

原料炭原有孔隙内表面上碳原子与气体活化剂发生反应，并以一氧化碳、二氧化碳气体的形态不断地从孔壁上脱除，结果导致孔径逐渐变大，有时还会造成相邻孔隙之间孔壁的消失，结果孔隙合并，孔径更大。

在气体活化法活化过程中，当活化作用正常进行时，原料炭的重量逐渐减少，其充填密度不断下降，孔隙结构越来越发达，活化程度逐渐深化。工业生产上常常使用控制活化过程中原料炭烧失率的方法来控制活化程度，调节产品活性炭的孔隙结构。

20.4.1.2　气体活化法工艺流程

气体活化法可以生产颗粒活性炭，也可以生产粉末状活性炭。

生产活性炭的主体设备称为活化炉，活化炉有多种类型。

随着原料种类、活化炉类型及对产品活性炭要求的不同，气体活化法生产活性炭有多种工艺路线。

（1）气体活化法生产不定型颗粒活性炭

不定型颗粒活性炭又称破碎状颗粒活性炭，用质地坚硬的含碳原料生产。常用的原料有椰子壳、杏核壳、核桃壳、橄榄核以及煤等。

以果壳炭为原料，用斯列普炉生产触媒载体用不定型颗粒活性炭的工艺流程如图20-1所示。生产其他品种的不定型颗粒活性炭时，根据产品活性炭的质量要求，可以适当地增减工艺步骤。

（2）气体活化法生产粉末状活性炭

随着原料炭性质及所使用的活化炉种类的不同，气体活化法生产粉末状活性炭常用的方法有多管炉水蒸气活化法、沸腾炉空气—水蒸气活化法、闷烧炉烟道气活化法、土耙炉空气—水蒸气活化法等多种。

20.4.2　化学法生产活性炭

化学药品活化法采用氯化锌、磷酸或其他化学药品作活化剂生产活性炭，简称化学法。它是把木屑之类含碳原料，用氯化锌等活化剂的水溶液浸渍以后，进行炭活化、回收及精制等处理从而生产出活性炭的一种方法。

该法与气体活化法相比，除了使用的活化剂性质不同以外，通常对原料性质也有一定的要求。例如，用氯化锌作活化剂时，要求含碳原料中氧含量应不少于25%，氢含

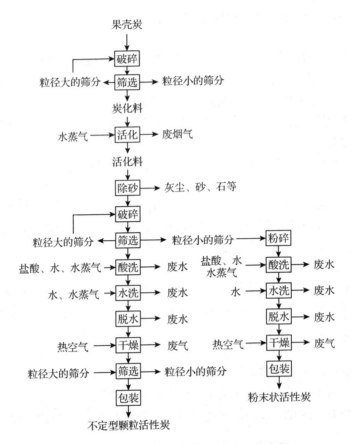

图 20-1　不定型颗粒活性炭的生产工艺流程

量不少于 5%。否则，活化剂氯化锌难以发挥作用。因此，常常直接用木屑之类植物原料。

可以作为生产活性炭活化剂的化学药品，除了氯化锌及磷酸以外，硫化钾、硫酸钾、氢氧化钾、氯化钙、氧化钙、硫酸等也具有一定的活化作用，但以氯化锌用得最普遍，对其研究得也比较多。氯化锌在活化过程中的作用如下。

（1）润胀作用

木屑等植物原料中含有大量的纤维素及半纤维素。在室温下，用活化剂氯化锌水溶液进行浸渍时，它们便发生润胀。随着温度的升高和水分的蒸发，高温下高浓度的氯化锌溶液能进一步使它们分散，直至转变成胶体状态。在此期间，还伴随着发生水解反应和氧化反应，使部分半纤维素及纤维素逐渐解聚成多糖及单糖，最终使原料变成了均匀的可塑性物料。

（2）催化脱水作用

在 150℃ 以上的温度下，氯化锌对含碳原料中的氢和氧具有催化脱水作用，使它们更多地以水分子的形态从原料中脱除，从而减少了在热解过程中与碳元素生成有机化合物如焦油等的概率，使原料中的碳更多地保留在固体残留物炭之中。

（3）骨架造孔作用

含碳原料在上述水解、氧化、脱水及热降解过程中生成葡萄糖、戊醛糖、糖醛酸、左旋葡萄糖等低分子产物，热降解还形成大分子碎片。它们在400℃及更高的温度下，相互之间通过芳香缩合作用等反应，进一步缩合脱水而转变成微晶质碳的结构。氯化锌在该温度范围内呈熔融的液体状态，并分布在结构当中，从而为缩合生成的炭提供了一个可以依附的骨架，使它们在其表面逐渐聚集成特殊的微晶质碳的结构。当炭活化生成的产物中氯化锌骨架被溶解除去以后，结果就形成了比通常的微晶质碳发达得多的孔隙结构。图 20-2 为氯化锌活化法生产粉末状活性炭的流程。

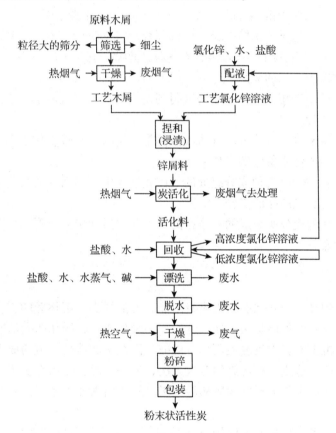

图 20-2　氯化锌活化法生产粉末状活性炭工艺流程

20.4.3　活性炭的应用与再生

20.4.3.1　活性炭的应用

活性炭是由含碳材料制得的外观黑色、内部孔隙结构发达、比表面积大、吸附能力强的一类微晶质炭。它广泛地用作吸附剂、催化剂及其载体。

作为吸附剂和催化剂，活性炭在医药、制糖、食品、饮料、食用油、味精、有机合成、回收溶剂、水处理、废气处理及环境保护等领域有着广泛的用途。

活性炭在液相中的应用最初用于脱色。后来使用粉末状活性炭，使随后的蒸发、过滤、结晶等操作更容易进行，并且具有提高产品纯度和稳定性等优点，使其应用范围不断扩大。1927 年，美国芝加哥市首先使用活性炭净化自来水，除去水源中混入的苯酚与消毒用氯气反应而生成的氯酚，为活性炭开辟了一个新的巨大市场。

第一次世界大战时，活性炭开始应用于气相吸附。为了对付战场上使用的毒气（1915 年），开始研究防毒面具用活性炭。这不仅促进了气相吸附用活性炭的工业生产，而且通过用各种金属盐类浸渍活性炭来分解有毒气体，开创了活性炭作为催化剂或催化剂载体的研究。

此后，活性炭的应用范围不断扩大。时至今日，活性炭不但在食品、饮料、制糖、味精、制药、化工、电子、国防之类工业部门及环境保护中获得了广泛的应用，而且作为家用净水器、冰箱除臭剂、防臭鞋垫及香烟过滤嘴等制品中的核心材料，已经与人们的日常生活有越来越密切的关系。

不论是气相还是液相，活性炭作为吸附剂使用的目的，大体上可以归纳成精制、捕集或回收、分离 3 种。

①精制是在主要含有效成分的气体或液体中，用活性炭吸附除去不需要的少量杂质成分，以提高产品的使用价值的操作。

②捕集或回收是从由几种成分组成的气体或液体中，用活性炭吸附有效的成分，解吸后获得更浓或者更纯产品的操作。

③分离是将几种成分所组成的气体或液体，利用活性炭的吸附作用分离出不同成分或者成分组合的操作。

20.4.3.2　活性炭再生

将使用后达到吸附饱和状态而失去吸附能力的活性炭，用物理的、化学的或生物化学的方法，把所吸附的物质除去，使活性炭恢复吸附能力的操作叫做活性炭的再生。

活性炭通过再生能多次反复使用，可以减少活性炭的消耗，节约成本。同时，也是防止使用后的活性炭造成二次污染的有效方法。另一方面，在活性炭用于捕集、回收或分离的场合，让活性炭所吸附的物质从活性炭上脱离出来加以利用，同时也使活性炭获得再生。

吸附是放热过程。吸附时，吸附剂活性炭、吸附质及媒体三者之间受亲和力的作用，在一定条件下达到平衡状态，即吸附饱和状态。此时，要将活性炭上的吸附质脱离出来，可以采用一些改变平衡条件的方法进行脱附，如减压再生、加热脱附、化学再生、溶剂再生、置换再生等。

当吸附质是高沸点的有机物之类难脱离的物质时，可用分解或氧化的方法将有机类吸附质除去，如氧化分解再生法、焙烧再活化再生法等。

20.5　生物质能源

生物质能是绿色植物通过光合作用将太阳辐射的能量转化为储存的化学能，以生物质的形式固定下来的能源。据估算，地球上的绿色植物储存的总能量大约相当于 8×10^{12} t 标煤，比目前地壳内已知可供开采的煤炭总储量还多 11 倍。地球上绿色植物一年固定的太阳能大约为 3×10^{21} J，相当于人类目前年消耗能量的 6 ~ 10 倍。

20.5.1　化学转换技术

生物质化学转换最简单的方法是直接燃烧。但是，直接燃烧烟尘大，热效率低，能源浪费大。

生物质压块细密成型技术将农林剩余物进行粉碎、烘干、分级处理，放入成型挤压机，在一定的温度和压力下形成较高密度的固体燃料。该方法使用专用技术和设备，在农村有很大的推广价值。

20.5.2　热化学转换技术

20.5.2.1　生物质液化技术

生物质热解是生物质受高温加热后，其分子破裂而产生可燃气体（一般为 CO、H_2、CH_4 等混合气体）、液体（焦油）及固体（木炭）的热加工过程。采用直接热解液化方法可将生物质转变为生物燃油。据估算，生物燃油的能源利用效率约为直接燃烧的 4 倍，且辛烷值较高，将生物燃油作为汽油添加剂，其经济效益更加显著。

制取生物燃油通常采用高压溶媒法和闪爆式液化法。高压溶媒法需将生物质和熔媒混合，在高温高压下经数十分钟的热分解处理，最后得到燃油和其他产物。闪爆式液化法是在大气压条件下，生物质于 550℃ 左右加热约 1s，使生物质在瞬间几乎全部气化，然后快速结成液体，得到生物燃油。

20.5.2.2　生物质气化技术

生物质气化技术是将固体生物质放置于气化炉内加热，同时通入空气、氧气或水蒸气，使之产生品位较高的可燃气体。它的特点是气化率高，可达 70% 以上，热效率可达 85%。气化系统主要由气化炉（器）、燃气净化器、风机、贮气柜、管路和燃器具（如锅炉、灶）等组成。

在高温下，利用气化剂使木材之类植物原料或其他含碳固体材料，转变成可燃性气体的热化学过程称作气化。进行气化的设备是煤气发生炉。

利用气化的方法将木质原料、农作物秸秆或有机性工业废弃物转化成气体燃料，在保护地球环境、防止污染方面也有很大意义。

20.5.3　生物转化技术

生物质的生物转化是制备生物质能源的主要方法之一。研究历史最长的方法是将植物纤维原料水解得到的六碳糖进行微生物发酵，从而制备生物乙醇。采用玉米等粮食进行微生物发酵生产生物乙醇的技术已较成熟，且已实现工业化生产。但对木材、秸秆等植物纤维原料的生物乙醇生产技术还存在许多技术障碍，其生产效率有待提高，生产成本有待降低。

另外，利用动植物脂肪油或其使用过后的地沟油为原料，采用生物酶催化油脂的转酯化反应，生产生物柴油，已成为生物柴油绿色生产的主要途径。

20.5.4　能源植物

通过培养、种植能分泌出类似石油乳汁(有的果实或枝叶含有很高的油分)的树木，并将它们的分泌物(或提取物)作简单的加工，可获得各种各样的植物油，可以替代柴油作燃料。

世界上有许多油料植物，例如美洲香槐就是一种石油树，用割胶的方式从树干上得到一种白色乳汁，稍加提炼就可得到石油。还有东南亚的合欢树、我国台湾省的高冠树、美国的绿玉树、续随树都属于石油树。南美亚马孙大森林中的苦配巴树、菲律宾的一种椰子树、我国海南省的油楠都能生产"柴油"。一棵苦配巴树在2h内可以流出一二十升金黄色的油状物，成分接近柴油。美国1978年还首次培育出一种能产石油的草，这种"石油草"每年每公顷可产油25~125桶。澳大利亚从大桉叶藤、半角瓜2种野草中成功地提取出燃油。巴西还有一种豆科植物，从树干上钻孔到树心后就会流出油状液体，不用加工就可当做柴油使用。

除利用生物本身"生产"石油外，利用工程微藻生产柴油也将成为生物质能的一个重要途径。采用转基因技术构建的这种特殊工程微藻，含脂质率高达40%以上，可用于生产生物柴油。日本从一种细小藻类中生产出石油，这种藻类每平方米每天可产出5~6g石油。美国科学家使用一种名叫巨藻的海藻成功地生产出天然气，据计算，利用相当于美国陆地面积5%的海面养殖海藻生产天然气就足以满足全美之需。

20.5.5　垃圾发电

垃圾发电是一种非常有效的减量化、无害化和资源化措施。垃圾中的二次能源物质——有机可燃物所含热量多、热值高，每2t垃圾可获得相当于燃烧1t煤的热量。焚烧处理后的灰渣呈中性、无气味、不引发二次污染，且体积减小90%，重量减少75%。

垃圾发电可以先将垃圾与水混合后，压碎变成液体，利用微生物将这些有机物质分解并释放出气体(65%是CH_4)，CH_4被提纯、浓缩后通过燃料电池发电。也可以将垃圾在高温下焚烧和熔融，炉内温度高达900~1 100℃，垃圾中的病原菌被杀灭，达到无害化目的，并得到可燃气体，可燃气和余热可用于发电。

我国有丰富的生物质资源，仅农产品的秸秆年产量就达到5.6×10^8t以上，还有1.1×10^8t薪柴。历年垃圾堆存量也高达60×10^8t，年产垃圾近1.4×10^8t。生物质和经过分拣的城市垃圾不加利用就是一种垃圾，将造成很大的资源浪费和环境污染，如加以科学利用则是一种宝贵的资源。据统计，我国现有668个城市中有2/3被垃圾环带所包围，城市垃圾造成的损失每年高达250亿~300亿元。若采取高新技术来利用生物质能，并提高其利用率，不仅可以解决生活用能问题，还可用作各种动力和车辆的燃料。

复习思考题

1. 木材炭化与木材干馏有何异同？
2. 木材热解有哪几个阶段？木材热解产物有哪些？
3. 简述活性炭孔隙的来源、形状、分类、作用及吸附特性。
4. 简述气体活化法、化学药品活化法生产活性炭的原理和工艺过程。
5. 简述活性炭的应用与再生。
6. 简述生物质能源的主要生产方法。

本章推荐阅读文献

1. 王庆兴主编. 林产化学工艺学. 北京：中国林业出版社，1993.
2. 黄律先主编. 木材热解生产工艺学. 北京：中国林业出版社，1996.
3. 贺近恪，李启基主编. 林产化学工业全书. 北京：中国林业出版社，2001.
4. 安鑫南主编. 林产化学工艺学. 北京：中国林业出版社，2002.
5. 袁振宏主编. 生物质能利用与技术. 北京：化学工业出版社，2004.
6. 周建斌主编. 生物质能源工程与技术. 北京：中国林业出版社，2011.

第21章

木材制浆与造纸

【本章提要】简要介绍了造纸用植物纤维原料的组成、种类及贮存。重点阐述木材制浆方法和工艺、纸浆洗涤和筛选。简述了纸张的分类、规格和性能指标，介绍了造纸工艺包括打浆、供浆、造纸湿部化学、抄造等。

21.1 造纸原料

21.1.1 植物纤维

纸张是由纤维互相交织而形成的厚薄均匀的薄片，纤维之间主要依靠纤维结合力——氢键结合，提供给纸张足够的强度。纸张的评价指标有：匀度反映了纤维在纸页中均匀分布的程度；抗张强度反映了纤维在平面方向上的强度；耐破度、层间结合力等反映了纸张在厚度方向上纤维结合的程度。

造纸用的纤维主要是植物纤维，一般植物纤维是否适合于造纸，主要从其化学组成和纤维形态2方面考虑。

（1）植物纤维原料的主要化学组成

植物细胞由细胞壁物质和非细胞壁物质组成，前者占90%以上。成熟细胞细胞壁成分是纤维素、半纤维素和木质素。纤维素和半纤维素合在一起，称综纤维素，属于糖类中的高聚糖；木质素属于芳香族高聚物。非细胞壁物质包括提取物和灰分。

①纤维素（cellulose） 纤维素是由 β-D-葡萄糖通过 1→4 苷键连接而成的线型高分子化合物。

纤维素是构成细胞壁的主体。纤维素大分子聚集成束，构成微纤丝，以不同方式沿轴缠绕，构成细胞壁各薄层。纤维素是植物原料的主要化学成分，也是纸浆的主要化学成分，化学制浆过程应尽量使其不受破坏或少受破坏。

②半纤维素（hemicellulose） 细胞壁中的非纤维素高聚糖，由2种或2种以上糖基构成，具有分枝结构。分布在微纤丝之间。

生产一般纸张用化学浆时，半纤维素应适当保留。生产纤维素衍生物工业用浆时，则应尽量除去。

③木质素（lignin） 木质素是苯丙烷单元通过醚键和碳碳键连接而成的具有三度空间结构的芳香族高聚物，其结构复杂，性质活泼。

木质素主要分布在胞间层和细胞壁中微纤丝之间，在制浆过程中要尽量除去。

（2）纤维原料的纤维形态

不同树种的纤维细胞形态不尽相同。针叶木主要由管胞和薄壁细胞构成，典型的阔叶木则主要由导管、木纤维和薄壁细胞 3 种细胞组成。

纤维形态指纤维的长度、宽度、长度与宽度的均匀性、长宽比、壁腔比、非纤维组成的含量等。纤维形态与纸张性能有极其密切的关系。纸张的强度是由纤维本身的强度以及纤维与纤维之间的结合强度构成的，这主要取决于原料的纤维形态。

21.1.2　造纸原料种类

制浆造纸可用的植物纤维种类很多，主要有 2 大类。

（1）木材纤维原料（wood fiber）

①针叶材（软木，soft wood）　云杉、冷杉、铁杉、落叶松、马尾松、云南松、湿地松、火炬松等。

②阔叶材（硬木，hard wood）　杨木、桦木、椴木、桉木、榆木等。

（2）非木材纤维原料（non-wood fiber）

①禾本科茎干　竹、芦苇、稻草、麦草、蔗渣、高粱秆、芝秆等。

②韧皮纤维　麻类、桑皮、构皮、檀皮、棉秆皮。

③叶纤维　龙须草、剑麻。

④籽毛纤维　棉花、棉短绒、破布。

⑤人造纤维　黏胶纤维、铜氨纤维、醋酸纤维。

⑥合成纤维　涤纶、维尼纶、腈纶等。

⑦矿物纤维　玻璃纤维、石棉、矿渣棉。

⑧动物纤维　羊毛、蚕丝。

21.1.3　造纸原料的贮存

制浆造纸厂所用的造纸原料都要进行贮存，主要是为了：一是维持工厂正常连续生产；二是改进原料的质量。原料在贮存过程中，通过风化等自然作用，可减少原料的水分，并使水分得到均匀分布，减少树脂的含量，稳定原料的质量，使原料变得更适于制浆，以达到节约蒸煮化学药品用量的目的。草类原料堆存 4~6 个月以后，由于草堆有一定的温度，草中的非纤维组分像果胶、淀粉、蛋白质、脂肪等因自然发酵，使纤维细胞间的组织受到破坏，这样蒸煮药液更易渗透，比新草更易于除去木素，也可减少用碱量。再如，蔗渣经过贮存可使水分降低到 25% 以下，并可除去大部分残余糖分。原料如果贮存方式不当，保管不善，就会发霉变质，甚至使纤维素降解，相对地增加灰分。

21.2　木材制浆

21.2.1　制浆方法的分类

制浆是指用化学方法、机械方法或两者结合的方法使植物纤维原料离解成为纸浆的

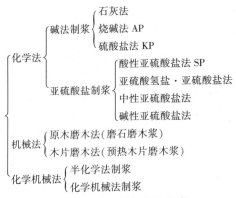

图 21-1 主要制浆方法分类

生产过程。主要制浆方法有化学法、机械法和化学机械法等，如图 21-1 所示。

不同制浆方法生产得到的纸浆，其得率各不相同。以木材为原料时，不同制浆方法的得率范围见表 21-1。

表 21-1 不同制浆方法纸浆得率

纸浆种类	纸浆得率(%)
化学浆	40~50
高得率化学浆	50~65
半化学浆	65~85
化学机械浆	85~90
预热木片磨木浆和化学预处理预热木片磨木浆	90~94
磨石磨木浆和木片磨木浆	94~98

21.2.2 制浆方法和工艺

21.2.2.1 化学制浆

利用化学方法，尽可能地脱除植物纤维原料中使纤维黏合在一起的胞间层木质素，使纤维细胞分离或易于分离成纸浆；同时必须使纤维细胞壁中的木素含量适当降低，纤维素溶出要少，半纤维素要尽可能保留。

（1）碱法制浆（Alkaline Pulping）

碱法制浆是用碱性化学药剂处理植物纤维原料，将原料中的木质素溶出，尽可能保留碳水化合物，使原料纤维彼此分离成纸浆。

根据所采用的化学药剂，碱法制浆主要分为石灰法、烧碱法和硫酸盐法。烧碱法适用于大部分非木材纤维原料及阔叶木。硫酸盐法适用于木材纤维原料及部分非木材纤维原料。

碱法制浆蒸煮原理：首先用蒸煮液浸透纤维原料。然后 3 阶段脱除木质素，对木材原料为初始脱木质素、大量脱木质素和残余脱木质素 3 阶段；对非木材原料是大量脱木质素、补充脱木质素和残余脱木质素 3 阶段。纤维原料主要成分发生化学变化：木质素的部分醚键断裂，木质素大分子碎片化而降解溶出；纤维素产生剥皮反应、终止反应和碱性水解；半纤维素也发生复杂的化学及物理化学变化。

碱法制浆蒸煮设备主要分为：间歇式蒸煮器、连续式蒸煮器和喷放装置。

（2）亚硫酸盐法制浆（Sulfite Pulping）

其中酸性亚硫酸盐法对半纤维素损伤较大，木质素严重缩合，主要适用于木材纤维原料。亚硫酸氢盐法对半纤维素损伤及木质素缩合有所改善，适用于木材纤维原料。中性亚硫酸盐法对半纤维素损伤很小，药品用量大，温度高，时间长，多用于生产半化学浆。碱性亚硫酸盐法具有碱法制浆的特点，可用于木材及草类原料。

21.2.2.2　机械法、化学机械法和半化学制浆

这些制浆方法的具体种类主要有：

SGW——磨石磨木浆，图 21-2 为磨木浆的制备。

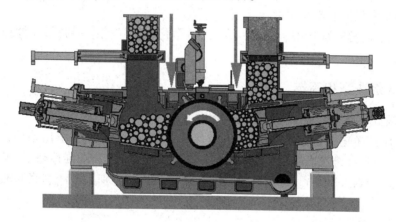

图 21-2　磨木浆的制备

PGW——压力磨石磨木浆。

TGW——高温，磨石磨木浆，磨木温度 >100℃。

TMP——预热盘磨机械浆，木片在 >100℃预气蒸，常压磨浆；或在第 1 阶段温度 >100℃盘磨磨浆，第 2 阶段在常压下或 >100℃用盘磨磨浆。

CMP——化学盘磨机械浆，木片用化学品在常压低温下或 >100℃预处理，用盘磨常压下磨浆。

CTMP——化学预热机械浆，木片加化学品在 >100℃预汽蒸，第 1 段盘磨磨浆温度 >100℃，第 2 段盘磨常压磨浆。

TMCP——热磨机械化学浆（或 OPCO 浆），第 1 段盘磨磨浆温度 >100℃，然后进行化学处理，再经过第 2 段常压磨浆。

SCP——半化学机械浆。

NSSC——中性亚硫酸盐半化学浆。

ASSC——碱性亚硫酸盐半化学浆。

21. 2. 2. 3　废纸制浆

（1）概述

日本、英国、德国等国家的废纸利用率达到 50%，而中国的废纸利用率仅为 25%，我国的废纸回收率和利用率均较低。我国废纸再生利用存在的问题是：对其价值认识不足；工艺、设备落后；自产废纸成分复杂；废纸回用周期长。

废纸再生利用的意义：节约原料；降低成本（减少 50% 化工原料、60%~70% 能源，节约 50% 用水）；工艺流程简单，投资仅为同等规模制浆厂的 30%；减轻污染；节约能源。

（2）废纸再生利用过程

废纸再生利用过程是将废纸通过机械的、化学的处理，除去杂物，保留纤维，制成纸浆并抄造纸或纸板的过程。

废纸再生利用的基本流程为：

废纸的收集→离解（碎解、疏解、蒸煮）→净化→筛选除杂→脱墨→漂白→打浆→抄纸→成品

21. 2. 3　纸浆洗涤和筛选

（1）废液提取及纸浆洗涤、筛选的作用

除去杂质，净化纸浆。蒸煮废液中的主要杂质有：蒸煮废液（溶出木质素、糖类及蒸煮化学药品）；纤维性杂质（未蒸解物、非纤维细胞等）；非纤维性杂质（树脂、金属杂质及无机非金属杂质等）。废液分为黑液和红液 2 类，分别是碱法制浆和酸法制浆的蒸煮废液。

（2）废液提取与纸浆洗涤

目的是分离废液和浆料。要求废液提取率高，提取废液浓度高，浆料洗净度高。

纸浆洗涤的原理：置换洗涤主要借助扩散作用，扩散的推动力是纤维内外废液的浓度差；稀释脱水洗涤通过稀释并充分混合浆料，借助扩散作用使纤维内部的溶解物转移到外部，经过滤脱水分离废液；压榨洗涤的洗涤效率受进出口浓度的影响较大，一般用于纸浆的浓缩。

纸浆洗涤设备与工艺流程：

①螺旋挤浆机　主要结构由压榨螺旋、滤鼓和锥形塞头组成。利用挤浆原理变螺距、变螺旋直径或二者同时变化洗涤浆料。

②双辊挤浆机　主要由压辊、浆槽和螺旋输送器组成（图 21-3）。利用压力挤浆脱水。

③鼓式真空洗浆机　主要由洗鼓、分配头、真空系统组成。利用稀释脱水，置换洗涤。

④水平带式真空洗浆机　主要由滤网及传动带、真空系统组成。通过稀释脱水和置换进行洗涤。

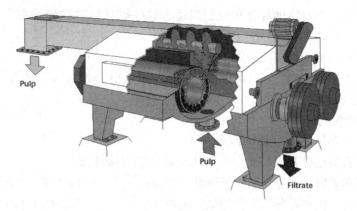

图 21-3 双辊挤浆机

（3）纸浆的筛选和净化

①筛选原理 杂质的尺寸大小和形状均与纤维不同，利用过筛的方式进行分离。净化纸浆是针对杂质的相对密度与纤维不同，利用重力沉降或离心分离将杂质除去。目的是除去不溶性杂质（包括纤维性和非纤维性杂质）。要求筛选及净化效率高，渣中良浆含量低。

②筛选设备 主要包括粗选设备如高频振框式平筛，精选设备如离心筛（CX 筛）、高频圆筛、旋翼筛等。最常用的为旋翼筛（立式离心筛、压力筛），其主要结构组成为筛鼓和旋翼。

③净化设备 主要由沉砂沟（沉砂盘）和锥形除渣器组成。

④筛选净化流程的组合形式 采用多段筛选（净化）和多级筛选（净化）的组合方式。

21.2.4 纸浆的漂白

漂白是用化学药剂处理本色浆，进一步降解、除去纸浆中的残余木质素或破坏残余木质素的发色基团，提高纸浆的白度。常用的漂白方法有：溶出木质素的漂白（适用于化学浆的漂白）和保留木质素的漂白（适用于高得率浆的漂白）。

漂白药剂包括氧化性漂白药剂，如分子氯、氧气、过氧化氢、二氧化氯等；还原性漂白药剂，如连二亚硫酸盐等。影响纸浆色泽的因素：木质素本身的发色基团；化学制浆过程中木质素结构引入的新的发色基团；其他影响纸浆白度的物质，如有机抽提物、重金属离子等杂质。

漂白方法通常根据漂白药剂来表述。化学浆的漂白常用氧化性漂白剂。

21.3 造纸

21.3.1 纸张的分类和规格

（1）基本概念

①纸 GB/T 4687—2007 规定：纸是从悬浮液中将植物纤维、矿物纤维、动物纤维

以及化学纤维或这些纤维的混合物沉积到适当的(专门的)的成形设备上,经过干燥制成的平整、均匀的薄片(片状物)。

②定量　单位面积纸页的相应重量,g/m²。

纸和纸板的主要区别是定量或厚度。一般把定量小于225g/m 或厚度小于0.5mm 的称为"纸",反之称为"纸板"。

(2)纸和纸板的分类

①根据定量和厚度分为纸和纸板。

②根据抄造方法分为机制纸、手工纸和无纺布(不纺织布)。

③根据所用原料不同分为植物纤维纸、矿物纤维纸、金属纸和合成纸。

④根据用途,纸主要分为文化用纸、工农业技术用纸、包装用纸和生活用纸等;纸板分为包装用纸板、工业技术用纸板、建筑类纸板和印刷与装饰用纸板。

(3)纸张的规格尺寸

尺寸是纸张质量标准的第 1 项指标,其规格分为平板纸和卷筒纸 2 种:平板纸的规格为长度和宽度;卷筒纸的规格为宽度。如卷筒纸的规格:1575,1092,880,787mm。平板纸的规格:880 × 1230,787 × 1092,880 × 1092,787 × 960,690 × 960,850 × 1168;以 787 ×1092 应用最广,适合于大多数印刷机幅宽。一张 787 ×1092 平板纸裁成 16 张称为 16 开,裁成 32 张称为 32 开,裁成 64 张称为 64 开。

21.3.2　纸张的性能指标

(1)纸张的强度性能指标

①抗张强度是在规定的条件下,纸或纸板所能承受的最大张力,即测定试样承受纵向负荷而断裂时的最大负荷。抗张强度可用绝对抗张力、抗张强度、抗张指数、裂断长等形式表示。

②纸和纸板的撕裂度是指撕裂纸或纸板时所做的功,主要分为内撕裂度和边撕裂度 2 个部分。

③纸和纸板的耐破度是指纸或纸板在单位面积上所能承受的均匀增大的最大压力,用 kPa 表示。

(2)纸和纸板的光学性能

①透明度和不透明度指光束照射在纸面上透射的程度。不透明度越大,纸张越不透印,印刷后的字迹越清楚。纸张的定量增加,不透明度增加;紧度增加,不透明度下降。

②白度是指在可见光范围内 400 ~700nm 纸浆等产品显白的反映。

(3)纸和纸板的印刷性能

①平滑度　评价纸张表面凹凸程度的一个指标。

②表面强度　指在印刷的过程中,当油墨作用于纸或纸板表面的外向拉力大于纸或纸板的内聚力时,引起表面的剥裂。以连续增加的速度印刷表面,直到纸面开始拉毛时的印刷速度来衡量,故也称为拉毛速度,单位为 m/s。

21.3.3　造纸的工艺流程

一般造纸工艺流程如图 21-4 所示。

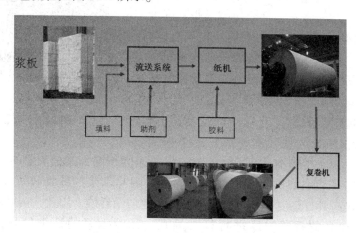

图 21-4　一般造纸工艺流程图

21.3.4　打浆

利用物理的方法处理悬浮于水中的纸浆纤维，纤维因受到剪切力的作用而使其具有造纸机生产所要求的特性，生产出符合质量要求的纸和纸板，这一操作过程，称为"打浆"。

（1）打浆对纤维的作用

①细胞壁的位移和变形　由于机械作用力，使得微纤维产生弯曲变形，微纤维空隙增大。

②吸水润胀　由于纤维细胞壁变得疏松，内聚力下降，纤维体积增大。

③细纤维化　纤维在打浆过程中受到打浆设备的机械作用而产生纤维的纵向分裂，表面分离出细小纤维，纤维两端帚化起毛。

④切断　纤维受到大的剪切力作用，而发生断裂的现象。

（2）打浆对纸张性能的影响

打浆能提高纤维结合力从而提高纸张强度，进而满足纸机的运行性和纸张的性能指标。

决定纸张强度的指标有：纤维结合力、纤维本身的强度、纤维的分布、纤维的排列方向等。纤维结合力是纸张强度最根本的因素。

（3）打浆工艺和设备

①打浆工艺　纸张的种类很多，每种纸具有不同性质，如何在打浆中满足各种不同性质的要求，就必须采用合适的打浆方式，制定和掌握好打浆主要工艺条件。打浆工艺主要分为长纤维的黏状打浆、短纤维的黏状打浆、长纤维的游离状打浆、短纤维的游离状打浆 4 种方式。游离状打浆是以横向切断纤维为主的打浆方式。黏状打浆是以纵向分裂纤维使之细纤维化为主的打浆方式。实际生产中，在游离状打浆与黏状打浆之间还有

半游离状打浆、半黏状打浆的方式。

②打浆设备　打浆设备使纤维获得良好的柔软性、可塑性和尺寸的合理性，提高纤维的相对结合面积和氢键结合数量，从而提高纸张的强度。打浆使各种原料、辅料、添加剂等均匀混合。打浆设备分 2 类：间歇式打浆设备如荷兰式打浆机、伏特式打浆机等；连续式打浆设备如圆柱磨浆机、圆锥磨浆机、盘磨机(图 21-5)等。

图 21-5　盘磨机

(4)木浆的打浆特性

木材纤维大体分为针叶木和阔叶木 2 大类。在同类树种中，由于植物本身在不同季节的生长速度不同，又分为早材(春材)和晚材(秋材)。据此，它们各自的打浆特性是不同的。阔叶木浆的纤维较短，一般为 0.8 ~ 1.1mm。既要提高其打浆度，又要尽量避免过多地切断纤维。因此，阔叶木浆应以较低的打浆比压、较高的打浆浓度进行打浆为宜。针叶木浆的纤维较长，一般在 2 ~ 3.5mm，当用于生产某些中薄纸如打字纸、油封纸等时，为满足纸的匀度要求，需要将其切断到 0.8 ~ 1.5mm。因此，应根据纸种的要求来确定打浆的工艺条件。早材纤维壁较薄，纤维柔软，打浆时容易分离成单根纤维，打浆比较容易。晚材纤维长，细胞壁厚而且硬，初生壁不易被破坏，打浆时纤维容易遭到切断，吸水润胀和细纤维化比较困难。因此，含晚材比例大的浆，在中等打浆，特别是黏状打浆时，应以较低的比压、较高的浓度打浆。

21.3.5　纸料的流送系统及造纸湿部化学

(1)纸机前的供浆系统

纸机前的流送系统必须满足：在一定的造纸机车速下，输送的纤维量稳定；纸料中各种组成的配比稳定；保证送上纸机的纸浆浓度、温度、酸碱度等工艺条件稳定；保证纸料的精选质量。

(2)供浆系统的一般流程

供浆系统的一般流程为：

贮存→配浆→成浆→调量→稀释→净化筛选→稳浆→流浆箱

其中，贮存是为了保证连续生产的需要；配浆是用 2 种或 2 种以上的浆按照一定的比例抄造纸，其比例称为"配比"；调量是调节纸张的定量，按照纸机的车速和纸的定量要求调节供浆量，保证供浆量的稳定和按照要求对供浆量进行调节；稀释是把来自成浆池的浓度通常为 3% 的纸浆与白水混合，以适应不同上网浓度的要求，上网浓度受纸种、定量、纤维的分散性质以及浆料滤水性能的影响，稀释工艺主要分混合箱型和冲浆池型 2 种。图 21-6 为供浆系统示意。

(3)造纸湿部化学

在纸张的抄造过程中，为了减少纤维的用量，提高纤维在网部的留着率，满足高速纸机的运行要求和产品性能要求，现在造纸过程常添加各种化学品。

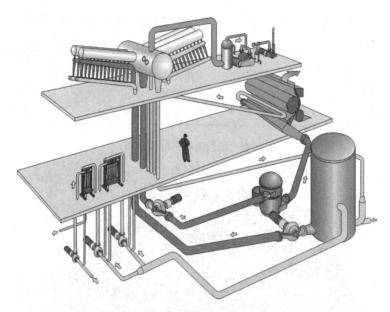

图 21-6　纸机的供浆系统示意

造纸化学品的主要作用是：改善纸机的抄造性能；减少纸张两面差；减少纸张定量波动；提高纸机清洁程度，防止沉淀物的产生；改善纸页成形和纸张匀度。

造纸化学品包括施胶、添加矿物填料、增强剂、助留助滤剂、染色剂、消泡剂、防腐杀菌剂等，分为功能性化学品和过程化学品 2 类。

湿部化学品主要影响纸张的结构性能、机械性能、表观性能、屏蔽和阻抗性、持久性。

21.3.6　纸的抄造

（1）造纸机

①造纸机的分类　各种造纸机的主要区别在于成型部。根据造纸机的结构（成型部结构）特点，造纸机大致可分为长网造纸机（图 21-7）、圆网造纸机（图 21-8）和夹网造纸机（图 21-9）3 种。

图 21-7　长网造纸机网部结构

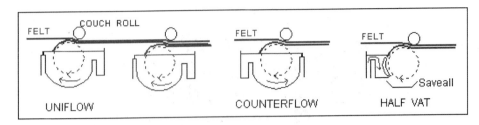

图 21-8　圆网造纸机网部结构

图 21-9　夹网造纸机网部结构

②造纸机的组成　包括纸料流送系统、压榨部、干燥部、压光卷取部以及传动及控制系统。其中纸料流送系统将纸浆从冲浆泵经净化、筛选、除气后进入流浆箱成型部，纸料从流浆箱上网脱水(重力、真空脱水)成型。压榨部加压脱水。干燥部由烘缸干燥脱水。

(2)纸页的成形和脱水

①网部的主要作用　成形和脱水是造纸机网部的主要作用。长网造纸机一般纸料的上网浓度为 0.1%~1.2%，出伏辊时纸页的干度为 15%~25%，成纸的干度为 92%~95%。即每千克纤维上网时含水为 1 000~830kg，出伏辊时含水量为 4~7kg，成纸中只含水分 0.05~0.08kg。网部脱水量大，占纸机脱水量的 90% 以上。脱水初期即在长网部的前部，又占网部脱水总量的 80%~90%。圆网造纸机和长网造纸机单面脱水，而夹网造纸机是双面脱水。

②流浆箱　被称为"造纸机的心脏"。流浆箱是现代造纸机的关键部位，是连接"流送"与"成形"2 部分的关键枢纽，也是现代纸机上发展最快的部件之一。流浆箱的主要作用是提供没有横流速度、不规则分流或浆道、横向均一、稳定的浆流。

③网部主要脱水元件　包括案板、案辊、湿吸箱、真空吸水箱和真空伏辊等。

④压榨部　通过机械压力尽可能多的脱掉湿纸页中的水分，减少干燥时的蒸汽消耗。压榨提高了纸的紧度和强度，消除纸面上的网痕，提高纸页的平滑度，减少纸页的两面性。根据压榨辊的型式及构造可以把压榨分为平压辊、真空压辊、沟纹压辊、盲孔

压辊和可控中高辊等。目前最先进的压榨方式是靴型压榨。

⑤干燥部　压榨后的干度为40%~50%，经过干燥后达到92%~95%。干燥部质量占纸机总质量的60%~70%，动力消耗和设备费用占纸机50%以上，蒸汽消耗量占纸成本5%~15%。通过干燥能增加纸的强度，增加纸的平滑度，完成纸的施胶。

干燥部主要由烘缸、烘毯缸、导毯辊、刮刀、引纸绳、帆毯校正器和张紧器、汽罩或热风罩、机架和传动装置组成。

⑥压光和完成整理　压光的主要作用是提高纸的平滑度、光泽度和纸幅度均匀性。按照用户的要求，通过复卷机或切纸机将大纸卷裁切成适合印刷机要求的小纸卷或平板纸。

复习思考题

1. 植物纤维原料有哪些种类？
2. 植物纤维的化学组成？
3. 制浆方法如何分类？各种制浆方法有何特点？
4. 纸浆洗涤、筛选和漂白的目的及作用是什么？
5. 纸张如何分类？
6. 打浆对单根纤维和成纸性能有什么影响？
7. 造纸化学品对纸张抄造有何影响？
8. 画出制浆造纸一般生产工艺流程图。
9. 流浆箱的主要作用是什么？

本章推荐阅读文献

1. 李忠正主编. 植物纤维资源化学. 北京：中国轻工业出版社，2012.
2. 詹怀宇主编. 制浆原理与工程. 北京：中国轻工业出版社，2009.
3. 贺近恪，李启基主编. 林产化学工业全书. 北京：中国林业出版社，2001.
4. 何北海主编. 造纸原理与工程. 北京：中国轻工业出版社，2010.
5. 刘忠主编. 造纸湿部化学. 北京：中国轻工业出版社，2010.

参考文献

《中国森林》编辑委员会 . 1997. 中国森林(第一卷 总论)[M]. 北京：中国林业出版社 .

陈祥伟，胡海波 . 林学概论[M]. 北京：中国林业出版社 .

国家林业局 . 2014. 中国森林资源报告[M]. 北京：中国林业出版社 .

赵尘 . 2008. 森工与土木工程科技进展[M]. 北京：中国林业出版社 .

罗福午，刘伟庆 . 2012. 土木工程(专业)概论[M]. 4 版 . 武汉：武汉理工大学出版社 .

王立海 . 2001. 木材生产技术与管理[M]. 北京：中国财政经济出版社 .

张金池 . 2011. 水土保持与防护林学[M]. 2 版 . 北京：中国林业出版社 .

李坚 . 2014. 木材科学[M]. 3 版 . 北京：科学出版社 .

周定国 . 2011. 人造板工艺学[M]. 2 版 . 北京：中国林业出版社 .

萧江华 . 2010. 中国竹林经营学[M]. 北京：科学出版社 .

许恒勤，张泱 . 2003. 林区道路工程 . 哈尔滨：东北林业大学出版社 .

黄晓明，许崇法 . 2014. 道路与桥梁工程概论[M]. 北京：人民交通出版社 .

任征 . 2011. 公路机械化施工与管理[M]. 北京：人民交通出版社 .

马立杰，王宇亮 . 2014. 路基路面工程[M]. 北京：清华大学出版社 .

于英 . 2011. 交通运输工程学[M]. 北京：北京大学出版社 .

祁济棠，吴高明，丁夫先 . 1995. 木材水路运输[M]. 北京：中国林业出版社 .

冯耕中，刘伟华 . 2014. 物流与供应链管理[M]. 北京：中国人民大学出版社 .

国家林业局 . 2005. 森林采伐作业规程(LY/T 1646 - 2005)[S]. 北京：中国林业出版社 .

史济彦 . 2001. 生态性采伐系统[M]. 哈尔滨：东北林业大学出版社 .

王立海，杨学春，孟春 . 2005. 森林作业与森林环境[M]. 哈尔滨：东北林业大学出版社 .

黄有亮 . 2015. 工程经济学[M]. 南京：东南大学出版社 .

戎贤，杨静，章慧蓉 . 2014. 工程建设项目管理[M]. 2 版 . 北京：人民交通出版社 .

赵尘，张正雄，余爱华，陈俊松 . 2013. 采运工程生态学研究[M]. 北京：中国林业出版社 .

顾炼百 . 2011. 木材加工工艺学[M]. 2 版 . 北京：中国林业出版社 .

王恺 . 2002. 木材工业实用大全(人造板表面装饰卷)[M]. 北京：中国林业出版社 .

王恺 . 2002. 木材工业实用大全(涂饰卷)[M]. 北京:中国林业出版社 .

王恺 . 2002. 木材工业实用大全(木材保护卷)[M]. 北京:中国林业出版社 .

吴悦琦 . 2003. 木材工业实用大全(家具卷)[M]. 北京:中国林业出版社 .

贺近恪,李启基 . 2001. 林产化学工业全书[M]. 北京:中国林业出版社 .

刘自力 . 2005. 林产化工产品生产技术[M]. 南昌:江西科学技术出版社 .

安鑫南 . 2002. 林产化学工艺学[M]. 北京:中国林业出版社 .

伍忠萌 . 2002. 林产精细化学品工艺学[M]. 北京:中国林业出版社 .

程芝 . 1996. 天然树脂工艺学[M]. 北京:中国林业出版社 .

王庆兴 . 1993. 林产化学工艺学[M]. 北京:中国林业出版社 .

孙达旺 . 1997. 栲胶生产工艺学[M]. 北京:中国林业出版社 .

孙达旺 . 1999. 植物单宁化学[M]. 北京:中国林业出版社 .

张矢 . 1993. 植物原料水解工艺学[M]. 北京:中国林业出版社 .

李忠正 . 2012. 植物纤维资源化学[M]. 北京:中国轻工业出版社 .

黄律先 . 1996. 木材热解生产工艺学[M]. 北京:中国林业出版社 .

袁振宏 . 2004. 生物质能利用与技术[M]. 北京:化学工业出版社 .

周建斌 . 2011. 生物质能源工程与技术[M]. 北京:中国林业出版社 .

詹怀宇 . 2009. 制浆原理与工程[M]. 北京:中国轻工业出版社 .

何北海 . 2010. 造纸原理与工程[M]. 北京:中国轻工业出版社 .

刘忠 . 2010. 造纸湿部化学[M]. 北京:中国轻工业出版社 .

附　录

附录 1　森林工程专业认识实习要点

附 1.1　实习目的和任务

(1)目的：使学生初步认识森林工程专业所从事的工作，培养专业兴趣。

(2)任务：使学生接触森林、森林资源和森林环境，初步认识采运工程、道路工程、桥梁工程、机械工程的内容，对工程制图、工程测量、工程设计、工程施工、工程制造、工程运行、工程实验建立起初步的概念和直观的印象，建构起对本专业工作的整体认识，从而为后续课程学习打下一定的感性认识基础。

附 1.2　实习基本要求

(1)通过参观工程现场、实验室以及观看录像、课件，使学生了解森林资源、森林环境、采伐运输、森工机械、机械设计、机械制造、工程材料、工程结构、道路工程和桥梁工程等方面的知识，全面了解森林工程的实施过程，建立森林工程包括采运、道路、机械和管理的初步概念和直观认识。

(2)认真观察工程现场，聆听介绍，记录所见所闻，多想多问，做好实习日记，完成实习作业。

(3)遵守纪律，听从指挥，注意安全。

(4)实习结束后，提交实习日记、实习作业、实习总结报告。

附 1.3　实习地点

校内：各实验室

校外：各实习基地、工程现场

附 1.4　实习内容

附 1.4.1　采运工程

(1)伐区环境：伐区地形、林木、植被、水系、道路、气候等。

(2)采伐作业：油锯锯木演示，伐木、打枝、造材、剥皮现场作业。

(3)集材作业：拖拉机、索道、滑道、板车集材作业。

(4)运材作业：汽车、拖拉机运材、装卸作业。

(5)贮木场作业：原木选材、归愣、调拨作业。

附1.4.2　道路工程

(1)道路工程材料：水泥、沥青、石灰、混凝土、砂石、土、钢材。

(2)道路路基：路堤、路堑、挖方、填方、涵洞、边沟、挡土墙。

(3)道路路面：水泥混凝土路面、沥青混凝土路面、砾石路面、泥结碎石路面。

(4)道路施工：施工场地、施工工序、施工机械、施工组织、施工技术文件、道路检测、道路养护。

附1.4.3　桥梁工程

(1)桥梁类型：梁桥、拱桥、刚架桥、悬索桥、斜拉桥。

(2)桥梁结构：上部结构、下部结构、桥面构造。

(3)桥梁施工：沉井、围堰、桥墩、架桥、施工工艺、桥面铺装、施工设备、桥梁检测。

附1.4.4　机械工程

(1)机械系统：发动机、机械传动装置、工作装置。

(2)机械传动：连杆机构、齿轮传动、带传动、链传动、轴系、液压传动。

(3)机械制造：铸造、锻造、焊接、机床、金属加工工艺。

附录2 木材科学与工程专业认识实习要点

附2.1 实习目的和任务

(1)目的：使学生初步认识木材科学与工程专业所从事的工作，培养专业兴趣。

(2)任务：使学生接触木材加工企业，了解木材加工的原料、产品、工艺过程、机械设备和企业环境；初步了解木材科学的基础知识，了解木制品与木质复合材料的类型与制造工艺知识，了解木材工业装备及木材加工自动化方面的知识，建构起对本专业工作的整体认识，从而为后续课程学习打下一定的感性认识基础。

附2.2 实习基本要求

初步掌握各类人造板制造工艺、木材加工工艺以及生产中所应用的木工机械的基本结构、工作原理等，了解一些新工艺、新技术、新设备在木材加工中的应用。培养产品质量和经济意识、生产安全与环保意识以及创新、创业意识。实习过程中，学生必须每天写实习日记，并在实习日记的基础上按要求完成实习报告。整个实习结束后进行考核。实习成绩根据实习报告质量和考核结果统一评定。

附2.3 实习地点

校内实验室，专业展览会，行业内有代表性的企业和大型专业市场。

附2.4 实习内容

实习内容以木材检测、制材工艺与设备、木材干燥工艺与设备、木质制品与家具生产工艺与设备、胶合板生产工艺与设备、刨花板生产工艺与设备、纤维板生产工艺与设备、其他人造板生产工艺与设备、木材加工机械制造技术与工艺、人造板设备制造技术和工艺、木工刀具生产技术及制造工艺、成套设备生产线过程控制技术为主。

附2.5 实习形式

在教师对生产工艺过程和设备原理及结构作简明介绍的基础上，以学生现场观察、详细记录为主，并向操作师傅调查了解。对一些共性的、难以理解的问题教师给予进一步的讲解。在条件许可的情况下，可以请实习单位的技术人员开设讲座，或者现场讲解。

附录3 林产化工专业认识实习要点

以赴某松脂加工厂实习为例，提出以下认识实习要点。

附3.1 实习目的和任务

通过认识实习，使学生初步了解松脂加工的全过程，特别是生产工艺流程和主要生产设备。参观半成品和产品的质量检验中心、公用工程配套设施(如锅炉动力系统、给排水系统、废水处理系统、变配电系统、消防安全系统等)。

附3.2 实习内容及要求

(1)了解工厂生产规模、产品种类、产品质量，全厂各车间的总体布置、工厂管理体制、技术革新情况、今后发展方向等。

(2)了解松香生产工艺：①松脂储存与厂内运输；②松脂溶解工艺流程、工艺技术及主要设备；③熔解脂液的澄清工艺流程、工艺技术及主要设备；④脂液蒸馏的工艺流程、技术参数、蒸馏方式(间歇、连续、半连续等)及主要设备；⑤松香、松节油包装入库。

(3)参观松香、松节油深加工各车间：了解松香、松节油深加工生产的情况，如歧化松香、聚合松香、氢化松香、松香树脂、松节油精密分馏、合成樟脑、合成冰片、合成萜烯树脂、合成松油醇和其他合成香料生产。

(4)了解产品经济及企业管理：①企业组织管理(各职能机构及其职能)；②企业技术管理(全厂和车间技术岗位及职责)；③企业经济管理(主要原料、辅助材料、燃料等的来源、规格、价格，产品价格及销售情况)；④产品的经济核算方法，包括成本项目、出厂价、税率、利润率、固定资产的管理和折旧等，以及劳动工资、各工种的技术等级、工资等级以及附加工资等。

附3.3 实习报告

(1)实习报告的主要内容：①工厂和各车间情况的概要介绍；②车间生产工艺流程图，车间设备的平面简图及简单说明；③生产过程，主要工艺条件及操作方法的描述；④其他(包括心得体会及合理化建议等)。

(2)实习报告的要求：①实习结束后，在要求的时间内提交实习报告；②独立完成实习报告，不得抄袭；③书写报告要字迹工整，语言表达简洁、清晰，草图要求按一定比例用直尺绘制。

附 3.4　实习成绩的考核

实习成绩由指导教师按 3 部分进行考核：

(1)平时成绩：主要考核现场学习认真程度，遵守纪律情况。

(2)实习报告：主要考核实习报告内容的完整性、准确性、分析问题的条理性、清晰和深浅程度。

(3)笔试或口试：主要考核回答问题的准确性和条理性。

附 3.5　实习纪律

(1)学生必须按时到达实习地点。

(2)不得在实习中转地点无故滞留。

(3)实习期间服从带队教师指导。

(4)同学间应互相帮助，不许发生同学之间、同学与企业人员之间的吵闹、斗殴事件。

(5)严格遵守企业规章制度以及企业提出的要求。未经允许不得随意操作按钮或阀门。

(6)离开实习场所必须请假，获准后方可离开，且须在规定的时间内归队。

(7)遵守作息制度，按实习团队规定的时间上、下班，坚持晚自修制度。

(8)坚持每天记录实习日记。